MikroComputer–Praxis

Herausgegeben von
Dr. L.H. Klingen, Bonn, Prof. Dr. K. Menzel, Schwäbisch Gmünd
Prof. Dr. W. Stucky, Karlsruhe

FRAMEWORK-Praxis für kaufmännische Berufe

Band 1:   Modelle auf Kommandoebene

Von Dipl.-Wirtsch.-Ing. Claus Kühlewein, Karlsruhe
und Dipl.-Handelslehrer Karl Nüßle, Saulgau

Springer Fachmedien Wiesbaden GmbH 1990

FRAMEWORK ist ein eingetragenes Warenzeichen der Firma Ashton Tate, Frankfurt/Main.

CIP-Titelaufnahme der Deutschen Bibliothek

Kühlewein, Claus:
FRAMEWORK-Praxis für kaufmännische Berufe / von Claus
Kühlewein u. Karl Nüssle.
   (MikroComputer–Praxis)
NE: Nüssle, Karl:

1. Modelle auf Kommandoebene. – 1990
   ISBN 978-3-519-09336-7   ISBN 978-3-663-12202-9 (eBook)
   DOI 10.1007/978-3-663-12202-9

© Springer Fachmedien Wiesbaden 1990
Ursprünglich erschienen bei B.G. Teubner Stuttgart 1990

Umschlaggestaltung: M. Koch, Ostfildern

Vorwort

Wie sieht es mit der Datenverarbeitung in den kaufmännischen Berufen aus? Seit jeher sind diese Berufe durch vielfältiges Zahlenmaterial und umfangreiche Berechnungen geprägt. Was mit Bleistift, Tischrechenmaschine, Buchungs- und Fakturierautomaten erledigt wurde, konnte nach 1960 in großem Umfange von zentralen elektronischen Großrechnern übernommen werden. Mit der Entwicklung der Personalcomputer seit 1977 ist eine neue Epoche für die kaufmännischen Berufe angebrochen, deren Wirkung noch gar nicht absehbar ist.

Die zentrale Groß-EDV ist tot! Es lebe die dezentrale PC-Anwendung! So könnte das Motto der neunziger Jahre lauten. Mit dem Werkzeug Personalcomputer ist insbesondere für die kaufmännischen Berufe eine neue Qualität entstanden. Auf jedem Schreibtisch kann heute eine EDV-Leistung angeboten werden, die 1970 noch mit einem Millionenaufwand verbunden war. Hinzu kommt, daß der Vorteil der zentralen Datenhaltung in der Groß-EDV durch leistungsfähige Vernetzungen der Personalcomputer und öffentliche Datennetze erhalten bleiben kann.

Aber auch bei den Personalcomputern hat sich in den letzten zehn Jahren schon eine kleine Revolution vollzogen. Mußten zunächst die notwendigen Programme noch aufwendig selbst programmiert werden, so gibt es heute für jeden Bedarf leistungsfähige und zugleich preiswerte Standardprogramme. Niemand muß heute in einem kaufmännischen Beruf seine Standardanwendungen mit großem Zeitaufwand und hoher Fehleranfälligkeit mehr selbst programmieren.

Bei der PC-Standardsoftware zeichnet sich eine weitere Entwicklung für die neunziger Jahre ab. Gab es bisher für viele Einzelanwendungen spezielle Programme mit einem Schwerpunkt, so werden heute integrierte Programmsysteme angeboten, die fast alle Standardanwendungen zusammenfassen. Damit ist der Benutzer nicht mehr gezwungen, von Anwendung zu Anwendung umzulernen, sich auf neue Bildschirmoberflächen und Kommandos einzustellen. Vor allem kann er jedoch alle Daten problemlos zwischen verschiedenen Anwendungen verschieben und miteinander verknüpfen.

Gab es in den allgemeinen PC-Anwendungen Einzelsysteme zur Textverarbeitung, Tabellenkalkulation, Grafik und Dateiverarbeitung, so kann in einem integrierten System wie FRAMEWORK alles einschließlich der Datenfernübertragung harmonisch und sicher miteinander verbunden werden. Mit dieser Möglichkeit ist für die kaufmännischen Berufe ein ideales Grundwerkzeug geboren worden, das auch noch die eigenständige Zusatzprogrammierung gestattet.

Die beiden Autoren dieses ersten Bandes "Modelle auf Kommandoebene von FRAMEWORK für kaufmännische Berufe" haben als erfahrene Praktiker ein Eldorado von Anwendungen für diese große Berufsgruppe vorgelegt. Wer sich die Mühe macht, dieses Angebot zu prüfen, wird feststellen, das er genau das schon immer gesucht hat. Nun ist es da und man muß nur zugreifen!

Grundkenntnisse des Systems FRAMEWORK werden beim Leser vorausgesetzt. Für diese Vorarbeit werden entsprechende Hinweise auf gute FRAMEWORK-Einführungen gegeben. Außerdem bietet Kapitel 7 ein Repetitorium für den FRAMEWORK-Schüler. Der Leser wird ohnehin erfreut feststellen, daß die Benutzerführung von FRAMEWORK nur wenig Hilfen durch Literatur und Handbücher erforderlich macht.

Im zweiten Kapitel werden Modelle zum Bereich: Einkauf - Lager - Vertrieb beschrieben. Angefangen vom Angebotsvergleich über die optimale Bestellmenge und die Lagerverwaltung bis zur Verkaufsanalyse sind die wesentlichen Anwendungen vertreten. Übrigens sind alle diese Modelle auch der folgenden Kapitel auf den zugehörigen Disketten direkt abruf- und einsetzbar.

Kapitel 3 widmet sich dem industriellen Rechnungswesen. Kostenverteilung, Kostenanalyse, Kostenvergleich, Break-even-point sind die zugehörigen Stichworte. Und es paßt unter FRAMEWORK eben alles zueinander. Daten aus jeder Anwendung lassen sich sofort und auch automatisiert in andere Anwendungen übernehmen. Damit ist ein integriertes System besonders für Lehr- und Lernzwecke den herkömmlichen Einzelsystemen deutlich überlegen.

Nach Kapitel 4 mit Modellen zum Rechnungswesen im Handel, das sich vorwiegend mit Kalkulationsproblemen beschäftigt, geht es in Kapitel 5 in die Fakturierung und Mahnung. Von diesen Ansätzen kann man vor allem in kleineren Betrieben sofort Gebrauch machen. Die Modelle sind soweit ausgeführt, daß auch EDV-unerfahrene Benutzer damit nach kurzer Einarbeitung umgehen können.

Die Modellpalette wird durch eine Wertpapierverwaltung in Kapitel 6 abgeschlossen, die sowohl für den privaten wie den beruflichen Einsatz geeignet erscheint. Aktien und Rentenwerte werden in zwei Modellen verwaltet und erlauben einen schnellen und aktuellen Überblick. Grafische Ergänzungen unter FRAMEWORK sind leicht möglich.

In einem wichtigen Punkt soll voreiliger Kritik vorgebeugt werden. Die Verarbeitung der Daten unter FRAMEWORK findet ausschließlich im Hauptspeicher statt. Bei größeren Dateien kann das mit der Standardgröße des Hauptspeichers von 640 KB schnell Probleme machen. Allerdings unterstützt FRAMEWORK Erweiterungen des Hauptspeichers, so daß mit dem Trend zum MB-Hauptspeicher dieses Problem zugunsten der Arbeitsgeschwindigkeit behebbar ist. Für Lehr- und Lernzwecke reichen 640 KB i. a. jedoch aus.

Im Folgeband "Modelle auf Programmebene" werden die Autoren auch die unter FRAMEWORK III problemlose Anbindung des Datenbanksystems dBASE beschreiben. Für große Datenmengen und weitergehende Datenbankarbeiten ist damit eine ideale Schnittstelle zu dem weit verbreiteten Ashton-Tate-Produkt dBASE geboten.

Wer neu in die PC-Anwendungen in einem kaufmännischen Beruf einsteigen will, wird mit diesem Band unter FRAMEWORK ein ideales Hilfsmittel vorfinden, das vor allem die üblichen Einstiegsschwierigkeiten abmildert. Wer schon mit Einzelsystemen auf dem PC arbeitet, wird schnell die Vorteile und Möglichkeiten eines integrierten Ansatzes erkennen und erleben können.

Schwäbisch Gmünd, im Herbst 1989

Dr. Klaus Menzel für die Herausgeber der MCP-Reihe

Inhaltsverzeichnis

1. Benutzerhinweise

1.1 Für Framework-Profis

Gehören Sie bereits zu den FRAMEWORK-Profis, dann brechen Sie hier ab und machen weiter mit Modell 2.1.

1.2 Für alle übrigen

Sind Sie sich jedoch nicht ganz sicher darüber, ob Sie zu diesem Expertenkreis gehören, dann sollten Sie hier weiterlesen:

Dieser Band verfolgt das Ziel, mit verschiedenen Modellen Anregungen zum praktischen Einsatz von FRAMEWORK III zu geben. Er setzt Grundkenntnisse im Umgang mit FRAMEWORK III voraus.

Falls Sie noch etwas unsicher im Handling sind, sollten Sie zuerst den Repetitor am Ende des Buches durcharbeiten. Darin werden an relativ einfachen Beispielen grundlegende Möglichkeiten von FRAMEWORK III aufgezeigt. Hier können Sie zu verschiedenen Aufgaben die Befehlssequenzen nachlesen.

Im Repetitor werden die einzelnen Module von FRAMEWORK III größtenteils isoliert dargestellt, während in den anderen Modellen über das Konzept-Modul versucht wird, eine sinnvolle Kombination der verschiedenen Arten von Frames einzusetzen. Die Modelle zum Themenkreis Einkauf - Lager - Vertrieb wurden an den Anfang gestellt, da diese relativ wenig umfangreiche und damit leicht überschaubare Anwendungen enthalten.

Die Abgrenzung der einzelnen Themenkreise wurde mehr nach pragmatischen als nach sachlogischen Gesichtspunkten durchgeführt. Das Rechnungswesen in den Themenkreisen 3 und 4 überschneidet sich mit der Thematik Einkauf - Lager - Vertrieb. Die Deckungsbeitragsrechnung wurde dem Themenkreis 4, also dem Rechnungswesen im Handel zugewiesen. Hier kann sie vielleicht mehr Anregung geben als beim industriellen Rechnungswesen, wo die Deckungsbeitragsrechnung ein anerkanntes Verfahren des Rechnungswesens darstellt.

Der 5. Themenkreis behandelt die Rechnungsschreibung und das Mahnwesen mit der Serienbrieferstellung. Im 6. Themenkreis geht es um die Beschaffung und die Aufbereitung von Informationen zu Aktien und festverzinslichen Wertpapieren sowie die Verwaltung dieser Papiere.

2. Einkauf-Lager-Vertrieb

	Modelle	Dateien
2.1	Das beste Angebot: Angebotsvergleich	01ANGVGL
2.2	Nicht zuviel und nicht zuwenig: Optimale Bestellmenge	02OPTB
2.3	Dispositionshilfen: Lagerkennziffern	03LAGERZ
2.4	Ordnung im Lager: Lagerverwaltung	04LAGER
2.5	Die Verkaufsschlager: ABC-Analyse	05ABC
2.6	Der richtige Weg: Absatzmittler	06ABSATZ
2.7	Richtig gestreut: Werbebrief	07WERBE
2.8	Soll und Ist: Verkaufsanalyse	08UMSATZ

2.1 Das beste Angebot: Angebotsvergleich — Datei: 01ANGVGL

Beim Vergleich der Angebote verschiedener potentieller Lieferanten sind neben Fakten, wie Qualität, Lieferbereitschaft und Kulanz auch eine Reihe numerischer Daten zu berücksichtigen. Der Bruttoeinkaufspreis muß um Rabatt und Skonto gekürzt und um die Bezugskosten erhöht werden. Bei dieser Aufgabe kann die FRAMEWORK-Tabellenkalkulation eine erhebliche Erleichterung bringen. Auch kann sich beim gezielten Ausrechnen bzw. Vergleichen der Angebotsdaten zeigen, wo mögliche Ansatzstellen für verbesserte Konditionen möglich sein könnten.

Um nicht gleich mit der Tür ins Haus zu fallen, wurde das erste Beispiel relativ einfach strukturiert: Es besteht aus einem einzigen Frame. In den folgenden Modellen werden mehrere Frames in ein Konzept eingebunden.

Bei diesem ersten Anwendungsbeispiel wird das Ziel verfolgt, die **Dateneingabe** für den Anwender **möglichst einfach** zu gestalten. Deshalb wird die Dateneingabe auf dem Bildschirm ganz klar von der Ausgabe der Ergebnisse abgegrenzt. Auf dem Bildschirm sehen Sie zunächst nur die Eingabe und nach zweimaligem Betätigen der Taste ⟨Bildab⟩ nur die Ausgabe.

Der Anwender soll genau sehen, welche Daten er eingeben muß, ohne durch die Ausgabedaten abgelenkt zu werden. Durch dieses Verfahren wird allerdings die Möglichkeit beeinträchtigt, bei Veränderung einzelner Eingabewerte die Wirkungen bei der Ausgabe **direkt** zu erkennen.

In weiteren Beispielen wird diese Trennung durch eine andere Art des Bildschirmaufbaus vermieden.

In der Tabelle 01ANGVGL werden die Angebotsdaten von vier möglichen Lieferanten einander gegenübergestellt. Diese Tabelle können Sie nach Belieben für weitere Anbieter nach rechts erweitern.

Damit Sie nicht aus Versehen konstante Teile der Bildschirmmaske durch Fehlbedienung löschen, sollten Sie diese Zeileninhalte über das Menü Editieren **gegen Änderungen** schützen.

Der Eingabeteil der Tabelle 01ANGVGL hat folgendes Aussehen:

```
=[01ANGVGL]==============================================================
     A           B              C          D          E          F        G
 1
 2   Angebotsvergleich                                        Dateneingabe
 3
 4
 5
 6   Artikel...........:              Konserven Erdbeeren 500 ml
 7
 8   Anbieter..........: Maurer & Co. Weber KG    Ried AG    K. Lang
 9   Bruttoeinkaufspreis: 6.800,00 DM 7.200,00 DM 7.400,00 DM 7.900,00 DM
10   Bezugskosten.......:   60,00 DM    80,00 DM    80,00 DM   100,00 DM
11   Stückzahl.........:      4000        4000        5000        5000
12   Rabattsatz........:        10          15        0,00           5
13   Skontosatz........:         3           5        4,00           3
14
15
16
17
18
19
20                                               mit Taste  Bildab
21                                                          Bildab
22                                                          Ergebnisse
```

Bild 2.1.A Die Dateneingabe beim Angebotsvergleich

FRAMEWORK III bietet Ihnen für eine Lösung eines Teilproblems eine Reihe von unterschiedlichen Möglichkeiten an. Am **Beispiel des Zeichnens eines Rahmens** (z. B. von Zeile 5 bis 14) gemäß Bild 2.1.A soll dies hier gezeigt werden.

1. Möglichkeit

Den Rahmen können Sie gewinnen, indem Sie die entsprechenden ASCII-Zeichen eingeben. Es ergibt z. B. <Alt> + 196 ein Teileelement des waagrechten Strichs –.

Der vollständige waagrechte Strich setzt sich hier aus 70 Elementen zusammen. Sie brauchen dazu nicht jedes Zeichen einzeln einzutippen. Wenn Sie vor der Eingabe eines Zeichens die <Strg>-Taste niederhalten und nacheinander die Ziffern einer bestimmten Zahl eingeben (nicht am Num-Block), dann wird das im folgenden (über den ASCII-Code) eingetippte Zeichen der Zahl entsprechend oft wiederholt ausgegeben.

Beispielsweise ergibt die Tastatureingabe <Strg> + 70 und <Alt> +196 eine waagrechte Linie von 70 Stellen Länge. Die Zahl hinter <Alt>

geben Sie auf dem Pfeiltasten-Tastaturbereich ein. Die Nummer der einzelnen ASCII-Zeichen können Sie einer Arbeitshilfe, z. B. dem Sidekick oder gängigen Handbüchern entnehmen.

2. Möglichkeit

Eine andere Möglichkeit, Rahmen zu erzeugen, bietet die Beispiele-Diskette an. Das Programm ALT-R stellen Sie als Makro in die Bibliothek ab und speichern es dort. Schon verfügen Sie über eine Hilfe zum Erzeugen von Rahmen beliebiger Breite und Tiefe in einem Textframe. Einen solchen Rahmen können Sie anschließend von einem Textframe in einen Tabellenkalkulationsframe kopieren.

Das Programm ALT-R enthält vor dem eigentlichen Programm u. a. folgende Beschreibung:

Dieses Makro erstellt in Text-Frames Rahmen mit den ASCII-Zeichen 179(|), 191(¬), 192(└), 196(-), 217(┘) und 218(┌). Wenn Sie Rahmen aus Doppellinien erzeugen wollen, dann müssen Sie die ASCII-Codes für die gewünschten Zeichen im Unterframe RAHMEN 186(‖), 187(╗), 188(╝) 200(╚), 201(╔) und 205 (=) einsetzen. Ebenfalls möglich sind Kombinationen aus einfachen mit doppelten Linien mit ASCII 211(╙) usw. oder dicke (█) und dünne (▌) Linien mit ASCII 219ff.

3. Möglichkeit

Für alle, die häufig professionell mit FRAMEWORK schreiben, enthält das Buch von F. Williams: FRAMEWORK II for Writers, Ashton-Tate, 1986, eine Reihe von nützlichen Anregungen und Makros. Das Makro WRITEMAC.FW2 ermöglicht verschiedene Formen von Rahmen. Menügesteuert kann der Innenbereich des Rahmens und der Rahmen selbst gestaltet werden. Dieses Makro läuft auch in FRAMEWORK III.

Voraussetzung für dessen Anwendung ist allerdings ein Frame, der an den Stellen Leerzeichen enthält, an denen der Rahmen gezeichnet werden soll. Es dürfte nicht allzu schwierig sein, dieses Makro dahingehend auszuweiten, daß es auch die benötigten Leerstellen selbst entwickelt. Zum Zeichnen des Rahmens ist nur erforderlich, daß Sie den Cursor an den linken oberen Rand des Rahmens bringen, das Makro mit ⟨Alt⟩ + F aktivieren und den Cursor anschließend an den rechten unteren Eckpunkt des Rahmens bewegen.

Mit diesem Makro können Sie auch einfache und doppelte Linien zeichnen.

4. Möglichkeit

Im Vergleich zur makrogesteuerten Rahmengenerierung gibt es noch ein viel einfacheres Vorgehen: Sie suchen sich einen Rahmen aus irgendeiner bereits auf Diskette oder Platte vorliegenden Anwendung aus und ändern diesen nach Ihren jeweiligen Bedürfnissen ab.

Nach diesen Bemerkungen ist natürlich zu sagen, daß der Rahmen nur ein Gestaltungsmittel für Tabellen ist. Wir wollen jetzt auf den eigentlichen Inhalt zu sprechen kommen.

Plausibilitätsprüfung der Eingabewerte auf numerisches Format

Vor der Eingabe von Daten sollten Sie das Eingabeformat im Bereich C9:F13 festlegen. Unterlegen Sie diesen Bereich mit der Funktionstaste ⟨F6⟩ AUSWAHL.

Wählen Sie das Menü Zahlen, dann den Punkt 'Auswahl des Eingabeformats' und danach 'Numerisch', indem Sie die Wahl mit ⟨Return⟩ bestätigen. Jetzt ist gewährleistet, daß im formatierten Bereich nur Zahlen eingegeben werden.

Sollten Sie hier aus Versehen einen Text eingeben, so ertönt ein akustisches Signal und in der entsprechenden Zelle steht: #VALUE! In der Nachrichtenzeile erscheint die Meldung: 'Angabe eines numerischen Wertes erforderlich'.

In der Tabelle 01ANGVGL sind der Bruttoeinkaufspreis und die Bezugskosten im Währungsformat geschrieben. Bei der Dateneingabe dürfen Sie daher die Bezeichnung 'DM' nicht eintippen. Achten Sie bei der Eingabe der Beträge darauf, daß Sie den Dezimalpunkt verwenden. In der Ausgabe erscheint dann ein Komma.

Vom Bildschirm der Dateneingabe gelangen Sie durch zweifache Betätigung der Taste ⟨Seiteab⟩ zum Bildschirm der Datenausgabe.

Für die **Datenausgabe der Tabelle 01ANGVGL** ergibt sich folgendes Bild:

```
[01ANGVGL]
     A            B              C          D          E          F      G
                                                              Ergebnisse
22
23
24
25
26
27   Angebotsvergleich                    Beträge in DM
28
29   Artikel                    Konserven Erdbeeren 500 ml
30
31   Bruttoeinkaufspreis      6800,00    7200,00    7400,00    7900,00
32   - Rabatt                  680,00    1080,00       0,00     395,00
33
34   Zieleinkaufspreis        6120,00    6120,00    7400,00    7505,00
35   - Skonto                  183,60     306,00     296,00     225,15
36
37   Bareinkaufspreis         5936,40    5814,00    7104,00    7279,85
38   + Bezugskosten             60,00      80,00      80,00     100,00
39
40   Einstandspreis           5996,40    5894,00    7184,00    7379,85
41
42   Einstandspreis/St.          1,50       1,47       1,44       1,48
43
```

Bild 2.1.B Die Ergebnisse beim Angebotsvergleich

Tragen Sie zunächst die Begriffe - mit Ausnahme der Artikelbezeichnung - in
den Ausgabeteil der Tabelle ein. Die Artikelbezeichnung übernehmen Sie mit einer
Formel aus dem Eingabeteil. Die Rahmen können Sie auf eine der oben angeführ-
ten Arten zeichnen.

Die notwendigen Berechnungen werden wie folgt durchgeführt: Der Artikelbezeichnung wird aus der Eingabezelle D6 übernommen. Dazu stellen Sie den Cursor in Zelle D29. Nach Betätigen der Taste <F2> FORMEL EDITIEREN geben Sie
die Adresse der Ursprungszelle ein, also D6. Zur Berechnung der Werte verwenden Sie in der entsprechenden Zelle jeweils folgende Formeln:

Wert	Zelle	Formel
Bruttoeinkaufspreis	C31	C9
Rabatt	C32	C31 * C12 / 100
Zieleinkaufspreis	C34	C31 - C32
Skonto	C35	C34 * C13 / 100
Bareinkaufspreis	C37	C34 - C35
Bezugskoten	C38	C10
Einstandpreis	C40	C37 + C38
Einstandspreis/St	C42	C40 / C11

Geben Sie die Formeln in den Formelhintergrund der jeweiligen Zelle ein.

Formeleditierung mit der Cursor-Methode

*Die **Eingabe der Formeln** können Sie durch die sogenannte **Cursor-Methode vereinfachen**. Diese Methode wird auch Zeigemodus genannt, weil Sie mit dem Cursor Zellen zeigen, deren Adressen in eine Formel eingehen. Diese Adressen können Sie an die Formel übergeben, indem Sie die betreffenden Zellen mit den Pfeiltasten anwählen. FRAMEWORK schreibt dabei die Zellenbezeichnungen in die entsprechende Formel.*

Dies hört sich recht kompliziert an, ist aber in der praktischen Anwendung sehr einfach. Am besten erkennen Sie dies an einer kleinen Übung:

Sie wollen z. B. die Artikelbezeichnung aus dem Eingabereich in Zelle D29 übernehmen. Stellen Sie dazu den Cursor in Zelle D29, drücken Sie die Funktionstaste <F2> FORMEL EDITIEREN und direkt danach die Taste <Pfeilauf>. Jetzt ist die Cursor-Methode aktiviert. Dies erkennen Sie daran, daß in der Editierzeile die Adresse der Zelle steht, in der sich der Cursor befindet. Es ist die Adresse D29. FRAMEWORK hat diese Adresse in die Editierzeile geschrieben.

Nun bewegen Sie mit den Pfeiltasten den Cursor auf die Zelle, die in die Formel eingehen soll, also Zelle D6, beenden den Zeigemodus und das FORMEL EDITIEREN jeweils mit <Return>. Die Formel D6 steht nun in Zelle D29.

Auf diese Weise können Sie auch komplexe Formeln unter Sichtkontakt generieren.

Kopieren Sie die Formeln aus dem Bereich C31:C42 zur Berechnung der weiteren drei Angebote in die Spalte D, E und F. Die Formeln werden beim Kopieren automatisch angepaßt.

2.2 Nicht zuviel und nicht zuwenig: Datei: 02OPTB
Optimale Bestellmenge

Während die erste Anwendung aus einer einzigen Tabelle bestand, erstellen Sie nun das Konzept 02OPTB, das aus den beiden Tabellen OPTBTAB und HILFTAB, sowie dem Grafikframe OPTBGRAF besteht.

Kontrolle des Frame-Typs

Kontrollieren Sie, ob Sie die richtigen Frame-Typen generiert haben. Dazu gehen Sie auf den Rand des umfassenden Frame 02OPTB und wählen Sie im Menü Frames den Punkt 'Typenbezeichnung anfügen'. Hinter den Tabellenframes erscheint dazu ein K (für Kalkulation), hinter den Grafikframes ein L (für Leerframe). Achten Sie darauf, daß die Frames an der richtigen Stelle liegen. Erforderlichenfalls können Sie die Position mit der Funktionstaste <F7> ÜBERTRAGEN ändern.

In der **Tabelle OPTBTAB** wird die optimale Bestellmenge errechnet:

```
┌─[OPTBTAB]──────────────────────────────────────────────────────────┐
│          A          B          C          D          E          F   │
│  1 Optimale Bestellmenge              Bitte eingeben:               │
│  2                                                     ┐            │
│  3 Gesamtbedarf je Periode......:     2500,00   <──────┤            │
│  4 Feste Kosten je Bestellung...:       50,00   <──────┤            │
│  5 Lagerkosten je Stück.........:        0,50   <──────┘            │
│  6                                                                  │
│  7 Minimale Gesamtkosten........:      500,00                       │
│  8                                                                  │
│  9 Anzahl Be-   Bestell-   Bestell-   Lager-     Gesamt-            │
│ 10 stellungen   menge      kosten     kosten     kosten             │
│ 11 je Periode   Stück      DM         DM         DM                 │
│ 12 ─────────────────────────────────────────────────               │
│ 13          1   2.500,00      50,00   1.250,00   1.300,00           │
│ 14          2   1.250,00     100,00     625,00     725,00           │
│ 15          3     833,33     150,00     416,67     566,67           │
│ 16          4     625,00     200,00     312,50     512,50           │
│ 17          5     500,00     250,00     250,00     500,00 Optimum   │
│ 18          6     416,67     300,00     208,33     508,33           │
│ 19          7     357,14     350,00     178,57     528,57           │
│ 20          8     312,50     400,00     156,25     556,25           │
│ 21          9     277,78     450,00     138,89     588,89           │
│ 22         10     250,00     500,00     125,00     625,00           │
└─────────────────────────────────────────────────────────────────────┘
```

Bild 2.2.A Die optimale Bestellmenge

Im Gegensatz zur ersten Anwendung, dem Angebotsvergleich, befinden sich hier die Ein- und die Ausgabe gleichzeitig auf dem Bildschirm.

Auf die drei Zellen, in welche Daten einzugeben sind, wird hier mit **Pfeilen** hingewiesen.

Zur Berechnung der Werte verwenden Sie folgende Formeln:

Wert	Zelle	Formel
Minimale Gesamtkosten	D7	§min(E13:E22)
Anzahl Bestellungen je Periode	A14	B13 + 1
Bestellmenge Stück	B13	D3 / A13
Bestellkosten DM	C13	D4 * A13
Lagerkosten DM	D13	D5 * B13
Gesamtkosten DM	E13	C13 + D13

Die **Funktion §min** ermittelt das Minimum aus den Werten des angegebenen Bereichs.

In Zelle A13 müssen Sie eine 1 eintippen, damit Sie mit einer Formel die nächsten Zahlen dieser Spalten durch Kopieren nach unten erzeugen können. Kopieren Sie die Zelle A14, B13, C13, D13 und E13 nach unten bis in die Zeile 22.

Absolute und relative Adressierung

Tragen Sie in den Formelhintergrund von Zelle F13 ein:

```
§if(E13 = D$7,"Optimum", " ")
```

Alle Formeln außer der zuletzt genannten sind relativ adressiert, d. h. beim Kopieren dieser Formeln werden die jeweiligen Adressen angepaßt.

Die Formel: §if(E13 = D$7,"Optimum", " ") hat die Aufgabe, die Zeile zu bezeichnen, die das Optimum enthält. Dazu wird der jeweilige Inhalt der Spalte E mit dem Inhalt der Zelle D7 verglichen.

Durch das $-Zeichen ist die Zeilenangabe in D$7 beim Kopieren bzw. Übertragen fixiert, d. h. die Adresse 7 wird dabei nicht geändert, sie ist absolut adressiert. Wäre diese Formel relativ adressiert, so würde beim ersten Kopiervorgang nach unten die Formel §if(E14 = D8,"Optimum", " ") entstehen. Diese Formel ist falsch, da die Zelle D8 keinen Eintrag enthält.

Kopieren Sie auch Zelle E13 nach unten bis in die Zeile 22.

Zur **grafischen Darstellung** muß das Zahlenmaterial der Tabelle OPTBTAB aufbereitet werden. Die Bestell-, Lager- und Gesamtkosten sollen als Liniengrafik gezeichnet werden.

Wenn Sie die Daten direkt aus der Tabelle OPTBTAB entnehmen, dann entstehen falsche Bezeichnungen innerhalb der Grafik. Die FRAMEWORK-Grafik übernimmt als Bezeichnungen die Eintragungen der ersten Zeile bzw. ersten Spalte einer Tabelle.

In der ersten Zeile der Tabelle OPTBTAB steht jedoch der Text:

       Optimale Bestellmenge   Bitte eingeben:

Sie müssen also eine Hilfstabelle entwickeln, welche in der ersten Zeile die Bezeichnungen der einzelnen Spalten enthält. In der **Tabelle HILFTAB** werden die Spalten wie folgt bezeichnet. Tragen Sie diese Bezeichnungen ein.

```
=[HILFTAB]=
            A               B              C               D
    1 Bestellanzahl   Bestellkosten   Lagerkosten    Gesamtkosten
    2 ─────────────────────────────────────────────────────────
    3         1            50,00        1.250,00        1.300,00
    4         2           100,00          625,00          725,00
    5         3           150,00          416,67          566,67
    6         4           200,00          312,50          512,50
    7         5           250,00          250,00          500,00
    8         6           300,00          208,33          508,33
    9         7           350,00          178,57          528,57
   10         8           400,00          156,25          556,25
   11         9           450,00          138,89          588,89
   12        10           500,00          125,00          625,00
```

Bild 2.2.B Die Daten für die Grafik OPTBGRAF

Kopieren von Hilfsdaten

Die übrigen Daten kopieren Sie spaltenweise aus der Tabelle OPTBTAB in die Tabelle HILFTAB. Dabei werden die Bestellkosten in Spalte C der Tabelle OPTBTAB nicht kopiert.

Beachten Sie, daß Sie den Kopiervorgang nicht mit der ⟨Return⟩-Taste sondern mit der #-Taste beenden. Es dürfen keine Formeln übertragen werden, was bei einer Verwendung der ⟨Return⟩-Taste der Fall wäre. Bei der Übertragung von Formeln könnte keine Berechnung der Werte erfolgen, da die Daten des Eingabebereichs der Tabelle OPTBTAB in der Tabelle HILFTAB nicht vorhanden sind.

Die Darstellung dieser Daten nehmen Sie mit der **Liniengrafik OPTBGRAF** vor.

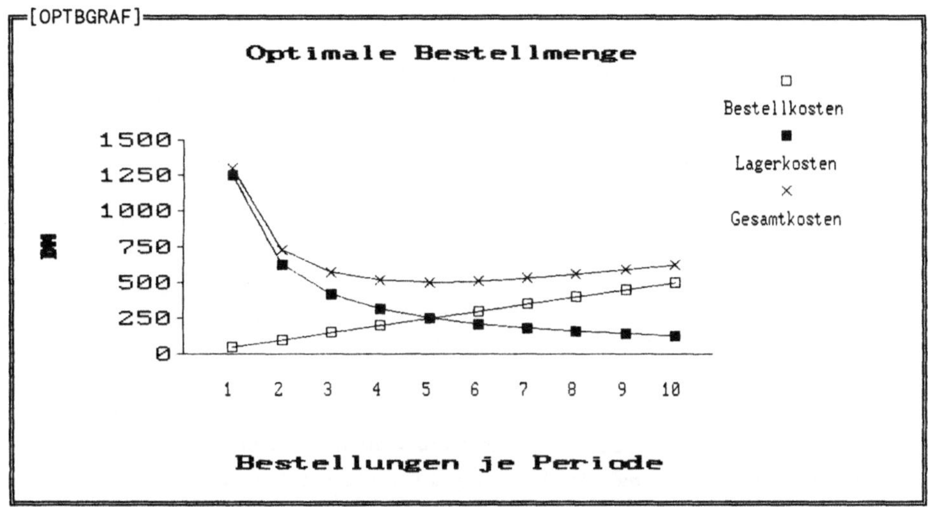

Bild 2.2 C Die optimale Bestellmenge

Zum Erstellen der Grafik unterlegen Sie zuerst den Bereich B3 bis D12 in der Tabelle HILFTAB mit der Taste <F6> AUSWAHL. Dann wählen Sie im Menü Grafik die Punkte 'Spalte beschriftet X-Achse', 'Linie mit Markierung' und 'Neue Grafik erstellen' aus.

Lassen Sie den Frame OPTBGRAF zeichnen. Beim Zeichnen der Linien trägt FRAMEWORK eine Formel in den Hintergrund des Grafikframes ein.

Sie lautet:

```
@DrawGraph(HILFTAB.B3:HILFTAB.D12,#COLUMN,#LINE,,,)
```

Diese Formel enthält den Bereich, aus dem die zu zeichnenden Daten entommen werden und die Art der Grafik. An der Stelle der drei Kommata können Sie die Grafik **individuell beschriften** und über den Menüpunkt 'Text' beliebig formatieren. Kaum eine andere Programmiersprache bietet einen so einfachen Weg der Formatierung.

Aus Platzgründen wird die nachfolgend gezeigte Formeln in zwei
Programmzeilen abgedruckt, kann jedoch in der Editierzeile einzei-
lig geschrieben werden.

```
@DrawGraph(HILFTAB.B3:HILFTAB.D12,#COLUMN,#LINE,
"Optimale Bestellmenge","Bestellungen je Periode","DM")
```

Diese Änderung führt zu folgenden Beschriftungen:

Art der Beschriftung	Inhalt der Beschriftung
Überschrift Bezeichnung der X-Achse Bezeichnung der Y-Achse	Optimale Bestellmenge Bestellungen je Periode DM

Erstellen Sie den Frame OPTBGRAF mit der individuellen Beschriftung neu. Wurde
die Framegröße zu klein gewählt, kann es durchaus vorkommen, daß die Überschrift nicht vollständig dargestellt wird. In diesem Fall ist es ratsam, den
Frame mit Hilfe der Funktionstaste F4 GRÖSSE nach rechts zu erweitern.

2.3 Dispositionshilfen: Lagerkennziffern   Datei: 03LAGERZ

Erstellen Sie zu dieser Anwendung das **Konzept 03LAGERZ** mit folgendem Aufbau:

```
┌─[03LAGERZ]════════════════════════════════════════════════════════╗
│       1   LAGERTAB                                                  ║
│       2   HILFTAB                                                   ║
│       3   LAGERGRAF                                                 ║
╚════════════════════════════════════════════════════════════════════╝
```

Bild 2.3.A Konzeptstruktur

Der umfassende Frame 03LAGERZ enthält auf gleicher Stufe drei Unterframes. Legen Sie je eine Tabelle für LAGERTAB und HILFTAB und einen Leerframe für LAGERGRAF an. Kontrollieren Sie mit dem Punkt 'Typbezeichnung anfügen' im Menü Frames, ob Sie die richtigen Frametypen angelegt haben. Falls ein Frame nicht an der richtigen Stelle steht, können Sie dies mit der Funktionstaste <F7> ÜBERTRAGEN korrigieren.

Die Buchstaben für die Spalten- und die Ziffern für die Zeilenangaben werden im Bild 2.3.B gezeigt, damit Sie sich leichter im Zellengefüge orientieren können. Bei einer normalen einfachen Ausgabe mit dem Drucker läßt FRAMEWORK diese Spalten- und Zeilenbezeichnungen weg.

Die **Tabelle LAGERTAB** soll folgendes Aussehen bekommen:

```
┌─[LAGERTAB]═══════════════════════════════════════════════════════════╗
│     A    B       C        D      E        F        G      H        I       J    ║
│  1   Lagerkennziffern                                                  ║
│  2                                                                     ║
│  3   ┌──────────────────────────────────────────────────────────┐    ║
│  4   │ Eingabedaten                    Beträge in DM             │    ║
│  5   │                                                           │    ║
│  6   │ Jahresanfangsbestand.........:   2.000,00     Jahr..:     1989  │
│  7   │                                                           │    ║
│  8   │ Januar:  1.000,00     Mai...:   1.000,00     Sept..:  2.600,00  │
│  9   │ Febr..:  1.500,00     Juni..:   2.400,00     Okt...:  2.000,00  │
│ 10   │ März..:  2.000,00     Juli..:   1.400,00     Nov...:  1.600,00  │
│ 11   │ April.:  1.100,00     August:   1.500,00     Dez...:  1.400,00  │
│ 12   │                                                           │    ║
│ 13   │ Umsatz zu Einstandspreisen...:  34.700,00                 │    ║
│ 14   │ Jahreszinssatz in %.........:       7,00                  │    ║
│ 15   ├──────────────────────────────────────────────────────────┤    ║
│ 16   │ Durchschnittl. Lagerbestand..:   1.653,85 DM              │    ║
│ 17   │ Lagerumschlagshäufigkeit.....:      20,98 mal/Jahr        │    ║
│ 18   │ Durchschnittl. Lagerdauer....:      17,2 Tage             │    ║
│ 19   │ Lagerzinsen für   17,2 Tage..:       5,52 DM              │    ║
│ 20   │ errechneter Lagerzinssatz....:       0,33 %               │    ║
│ 21   └──────────────────────────────────────────────────────────┘    ║
╚════════════════════════════════════════════════════════════════════════╝
```

Bild 2.3.B Die Datenein- und -ausgabe der Lagerkennziffern

Die Rahmen können Sie mit einem der vier Verfahren gewinnen, die Sie im Modell '2.1 Das beste Angebot: Angebotsvergleich' kennengelernt haben.

In die Tabelle LAGERTAB geben Sie die Überschrift 'Lagerkennziffern' und die im eingerahmten Eingabebereich enthaltenen Daten ein. Tippen Sie außerdem die Angaben in den Bereichen B16 bis B20 und G16 bis G20 ein.

Es fehlen noch die Ergebnisse. Zu deren Berechnung geben Sie im Formelhintergrund der jeweiligen Zelle die folgenden Formeln ein:

Zelle	Formel
F16	(§sum(C8:I11) + F6) / 13
F17	F13 / F16
F18	360 / F17
D19	F18
F19	F16 * F14 * F18 / 36000
F20	F19 * 100 / F16

Die **Funktion §sum** errechnet die Summe der Werte des angegebenen Bereichs.

Schützen Sie Ihre Daten

Damit Sie nicht aus Versehen durch Überschreiben den Inhalt von Zellen zerstören, die Formeln enthalten, wählen Sie die entsprechenden Zellen aus und schützen Sie diese über das Menü Editieren, indem Sie den Punkt 'Gegen Änderungen schützen' mit der <Return>-Taste bestätigen.

Auf dieselbe Weise können Sie auch die Rahmen und die Texte gegen Änderungen schützen.

Achten Sie darauf, daß Sie nicht die Eingabefelder schützen, sonst können Sie hier keine Daten mehr eingeben, es sei denn Sie machen den Schutz in diesen Zellen wieder rückgängig, indem Sie im Menü Editieren den Punkt 'Änderungen zulassen' bestätigen.

Die Lagerbestände an den einzelnen Terminen lassen sich ebenso wie der Durchschnitt aus der Tabelle LAGERTAB ablesen. Eine bessere Vorstellung über den Verlauf und insbesondere über die Änderungen des Bestandes erhalten Sie aber, wenn Sie die Daten grafisch aufbereiten.

FRAMEWORK III bietet acht verschiedene Darstellungsmöglichkeiten an. Davon verwenden Sie die 'Linien mit Markierungen' für die Lagerbestände und die 'unmarkierte Linie' für den Durchschnitt.

Bei der Konzeption der Tabelle LAGERTAB wurde vor allem auf den übersichtlichen Aufbau bezüglich der Ein- und Ausgabe der Daten Wert gelegt, sodaß durch die klare Abgrenzung der Ein- und Ausgabefelder die Bedienung für den Anwender sehr einfach wird, da er sich an klar abgegrenzten Rahmen orientieren kann. Ein- und Ausgabebereich werden durch eine Doppellinie getrennt.

Dieser Tabellenaufbau ist jedoch als Basis für die Grafikerstellung nicht geeignet.

Datenmaterial für die Grafik

Eine Liniengrafik verwendet nach Wahl des Anwenders die Eintragung in der ersten Spalte bzw. ersten Zeile einer Tabelle für die Bezeichnung der grafisch darzustellenden Daten. In der Grafik soll der jeweilige Monatsbestand dem Durchschnittsbestand gegenübergestellt werden. Die Bezeichnungen Monatsbestand bzw. Durchschnittsbestand finden sich jedoch weder in der ersten Zeile noch in der ersten Spalte der Tabelle LAGERTAB.

Außerdem sind die Bestandsdaten in drei unterschiedlichen Spalten enthalten, die durch weitere Spalten mit Monatsangaben voneinander getrennt sind. Es kann damit für die Liniengrafik in der Tabelle LAGERTAB kein zusammenhängender Bereich ausgewählt werden.

Des weiteren ist für den durchschnittlichen Lagerbestand nur eine einzige Eintragung vorhanden. Wir wollen diesen jedoch in der Grafik jedem einzelnen Monatsbestand gegenüberstellen.

Aus diesen Gründen müssen Sie eine Hilfstabelle mit speziell für die Grafik angeordneten Daten entwickeln. Diese **Tabelle HILFTAB** hat folgenden Inhalt:

```
┌─[HILFTAB]════════════════════════════════════════════════════════════════════╗
║      A         B            C                                                  ║
║   1 Monat   Bestand      ø Bestand                                            ║
║   2                                                                            ║
║   3 Ja         1000        1.653,85                                           ║
║   4 Fe         1500        1.653,85                                           ║
║   5 Mä         2000        1.653,85                                           ║
║   6 Ap         1100        1.653,85                                           ║
║   7 Ma         1000        1.653,85                                           ║
║   8 Ju         2400        1.653,85                                           ║
║   9 Jl         1400        1.653,85                                           ║
║  10 Au         1500        1.653,85                                           ║
║  11 Se         2600        1.653,85                                           ║
║  12 Ok         2000        1.053,85                                           ║
║  13 No         1600        1.653,85                                           ║
║  14 De         1400        1.653,85                                           ║
╚═══════════════════════════════════════════════════════════════════════════════╝
```

Bild 2.3.C Die Grafikdaten für die Grafik LAGERGRAF

Die Überschriften und die Eintragungen in Spalte A müssen Sie eintippen. Das Zeichen für Durchschnitt: ø geben Sie ein mit: <Alt> + 237.

Für die Monate tragen Sie jeweils nur die beiden Anfangsbuchstaben ein. In der Grafik stehen die Monatsangaben in einer Zeile nebeneinander. Würden die Monatsnamen ausgeschrieben, könnten sie in der Grafik nur in sehr kleiner Schrift dargestellt werden, was nicht ordentlich aussieht.

Für die Bestandsspalte können Sie nacheinander je vier Eintragungen aus der Tabelle LAGERTAB in die Tabelle HILFTAB kopieren. Den durchschnittlichen Lagerbestand kopieren Sie in die Zelle C3 der Tabelle HILFTAB und von dort nach unten. Achten Sie darauf, daß Sie das Kopieren des durchschnittlichen Lagerbestandes mit der #-Taste beenden.

Dieses Verfahren hat allerdings einen gravierenden Nachteil. Wenn sich die Eingabedaten in der Tabelle LAGERTAB ändern, dann stellen die Eintragungen in der Tabelle HILFTAB nicht mehr den aktuellen Zustand dar.

Aktualisieren der Hilfsdaten

Wir empfehlen Ihnen deshalb folgendermaßen vorzugehen, damit Ihre Grafikdaten immer up to date bleiben:
Geben Sie in den Formelhintergrund der Zelle B3 in Tabelle HILFTAB die Formel LAGERZIF.C8 ein. Dadurch wird bei Betätigung der Funktionstaste <F5> NEUBERECHNUNG der jeweilige Eintrag der Basistabelle LAGERZIF.C8 in die Zelle B3 der Tabelle HILFTAB übernommen. Sie können die Formel in Tabelle HILFTAB dreimal nach unten kopie-

ren. Damit wird Sie automatisch richtig angepaßt, da sie relativ adressiert ist.

Mehr als dreimal dürfen Sie allerdings nicht nach unten kopieren, da der Lagerbestand für den Monat Mai in der Tabelle LAGERTAB nicht in derselben Spalten steht wie die Angaben für die Monate Januar bis April. Sie müssen also für den Monat Mai im Formelhintergrund der Zelle HILFTAB.B7 die Formel LAGERZIF.F8 eingeben. Jetzt können Sie diese Formel wieder dreimal nach unten kopieren. Verfahren Sie entsprechend für die Monate September bis Dezember.

Beachten Sie die absolute und relative Adressierung!

Für den Durchschnittsbestand übernehmen Sie aus Zelle LAGERZIF.F16 die Angaben in HILFTAB.C3. Wenn Sie hierbei lediglich relativ adressieren, ergibt sich ein Fehler beim Kopieren der Formel nach unten. Die Basiszeile 16 der Tabelle LAGERZIF muß also absolut adressiert werden. Damit ergibt sich für den Formelhintergrund der Zelle HILFTAB.C3 die Formel LAGERZIF.F\$16. Durch das \$-Zeichen wird diese Formel beim Kopieren nach unten nicht angepaßt, so daß in jeder der Kopien dieselbe Formel und damit der durchschnittliche Lagerbestand steht.

Die Grafik LAGERGRAF soll folgendes Aussehen haben:

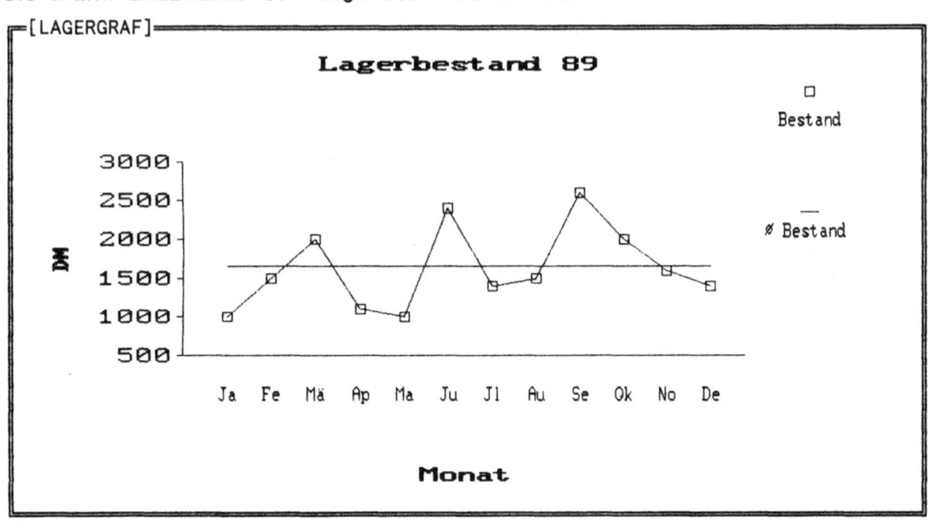

Bild 2.3.D Grafik zum Lagerbestand

Die Grafik erstellen Sie, indem Sie den Bereich B3 bis B14 in HILFTAB unterlegen. Aus dem Grafikmenü wählen Sie die Punkte 'Linie mit Markierungen'und 'Spalte beschriftet x-Achse'. Lassen Sie in den Frame LAGERGRAF zeichnen.

Danach markieren Sie HILFTAB.B3 bis HILFTAB.C14, wählen 'Unmarkierte Linie' und 'Überlagern vorhandene Grafik'.

Zur Grafik gehören Überschrift und Achsenbeschriftung

Es fehlt noch die Überschrift, sowie die Beschriftung der beiden Achsen.

FRAMEWORK hat in den Formelhintergrund des Frames LAGERGRAF eingetragen:

```
@DrawGraph(LAGERZIF.HILFTAB.B3:LAGERZIF.HILFTAB.B14,
#COLUMN,#LINE,,,),
@DrawGraph(HilfTab.C3:HilfTab.C14,#COLUMN,
#UNMARKEDLINES)
```

Um die Überschrift und die Achsenbeschriftung in die Grafik einzubinden, ergänzen Sie die erste Zeile der Formel am Schluß, wo die drei Kommata stehen, sodaß sie folgenden Inhalt bekommt.

```
@DrawGraph(HilfTab.B3:HilfTab.B14,#COLUMN,#LINE,
"Lagerbestand    89","Monat","DM"),
```

Die zweite Zeile bleibt unverändert:

```
@DrawGraph(HilfTab.C3:HilfTab.C14,#COLUMN,
#UNMARKEDLINES)
```

2.4 Ordnung im Lager: Lagerverwaltung   Datei: 04LAGER

In den bisher vorgestellten Anwendungen haben Sie nur mit Tabellen und Grafikframes gearbeitet. Beim Thema Lagerverwaltung dagegen setzen Sie eine **Datenbank** ein. Vier **Makros** vereinfachen die Bearbeitung dieser Datenbank.

Makros erleichern Ihre Arbeit

*Selbstverständlich können Sie diese Anwendung auch ohne Makros duchführen. Dann ist Ihre Anwendung **zunächst** einfacher zu realisieren.*

Beim Handling der Datenbank gibt es einige Tastaturkombinationen, die immer wieder vorkommen, z.B. zum Sortieren oder Kopieren von Daten. Wenn Sie diese Eingaben in einem Makro zusammenfassen, dann können Sie sicher sein, daß die entsprechende Aktivität fehlerfrei erfolgt. Das Erstellen eines Makro macht Ihnen zwar zunächst etwas mehr Arbeit. Wenn Sie das Makro jedoch öfters verwenden, können Sie die ursprüngliche Zusatzarbeit mehr als ausgleichen.

Sie können ein Makro mit einer Kombination aus <Alt>-Taste und einem Buchstaben, welcher das Makro kennzeichnet, starten. Es werden dann automatisch alle Befehle abgearbeitet, die im Makro enthalten sind. Insofern kann ein Makro mit einem Programm verglichen werden.

Wir wollen Sie in diesem ersten Band der FRAMEWORK-Modelle allerdings nicht in die Programmierung mit FRED, dem Editor von FRAMEWORK, einführen. Dies erfolgt erst in Band II.

Es ist bestimmt nicht leicht, die 'Arbeit auf Kommandoebene' von der 'Arbeit auf Programmebene' bei FRAMEWORK abzugrenzen. Jede Formel in einer Tabelle stellt ein Programmelement dar. Werden in einer Programmzelle mindestens zwei Befehle untergebracht, so kann man bereits von einem Programm sprechen.

Wegen dieser Abgrenzungsschwierigkeiten versuchen wir einen pragmatischen Weg zur Unterscheidung von Kommando- und Programmebene zu beschreiten. Von Programmen wollen wir sprechen, wenn wir einen besonderen Frame oder eine Reihe von Frames verwenden, in deren Formelhintergrund wir FRED-Programme schreiben, die insbesondere durch die Strukturelemente der Zyklen und Alternativen gekennzeichnet sind. Diese Programme werden vom Rand des Frames aus gestartet. Makroroutinen dagegen können Sie beliebig oft von jeder Stelle aus durchführen lassen. Allerdings müssen Sie das Makro zu Beginn einer Arbeitssitzung aktiviert haben.

Bei **Makros** handelt es sich im Gegensatz zu den Programmen mehr um die **Bündelung von Tastatureingabe- und Menüauswahl-Befehlen.**

Nach diesen allgemeinen Anmerkungen zu den Makros dürfen Sie an die Arbeit gehen. Für die Anwendung 04LAGER legen Sie folgende FRAMES in einem Konzept an:

```
┌─[04LAGER]═══════════════════════════════════════════════════════════
│     1    LAGERDB
│     2    MAKROA
│     3    MAKROB
│     4    MAKROC
│     5    MAKROS
│
└──────────────────────────────────────────────────────────────────────
```

Bild 2.4.A Konzeptstruktur

Der Frame LAGERDB ist eine Datenbank. Für die Makros erstellen Sie Leerframes.

Die **Datenbank LAGERDB** soll folgenden Inhalt bekommen:

ArtNr	Zugang	Abgang	Stückpreis	Bestandalt	Bestandneu	Mindbest	best.	Lagerwert
100	0	40	6,35	369	329	20		2.089,15
200	100	20	12,55	125	205	10		2.572,75
300	0	80	12,75	819	739	50		9.422,25
400	0	5	3,35	10	5	20	J	16,75
500	0	10	8,75	59	49	20		428,75
600	0	20	3,15	94	74	10		233,10
700	0	44	2,25	50	6	10	J	13,50
800	60	10	3,18	2	52	20		165,36

Bild 2.4.B Die Datenbank nach der Neueingabe

Geben Sie die jeweiligen Daten in die ersten fünf Felder ArtNr (Artikelnummer), Zugang, Abgang, Stückpreis und Bestandalt (bisheriger Bestand), sowie in das Feld Mindbest (Mindestbestand) ein.

Lassen Sie die Inhalte der übrigen Felder mit folgenden Formeln berechnen, indem Sie diese Formeln in den Formelhintergrund hinter den jeweiligen Feldnamen schreiben.

Feldname	Formel
Bestandneu best. Lagerwert	Bestandneu:=Bestandalt + Zugang-Abgang §if(Bestandneu < Mindbest, best. := "J", best. := " ") Lagerwert := Bestandneu * Stückpreis

Beachten Sie

Vergessen Sie nicht Ihre Formeln zu schützen!

Erstellen Sie einen Kontrollausdruck

*Nachdem Sie die Zu- und Abgänge in die Datenbank eingegeben ha-
ben und der neue Bestand, der Lagerwert und die Bestellhinweise
berechnet wurden, sollten Sie die Datenbank ausdrucken lassen.*

Bevor die **neuen Bestände** am nächsten Tag - oder generell beim nächsten Termin
- eingegeben werden können, müssen die Felder für die Neueingabe vorbereitet
werden. In das erste Datenfeld Zugang geben Sie eine Null ein. Kopieren Sie
diese Null nach unten. Verfahren Sie ebenso bei den Zugängen. Damit haben Sie
sämtliche Zu- und Abgänge auf Null gesetzt. Die Neuberechnung erfolgt manuell.

Wählen Sie im Feld Bestandneu sämtliche Daten aus und übertragen Sie diese
nach links ins Feld Bestandalt.

Ihr Handling sollte nach der Neuberechnung folgende Inhalte ergeben:

```
┌─[LAGERDB]────────────────────────────────────────────────────────────┐
│ ArtNr Zugang Abgang Stückpreis Bestandalt Bestandneu Mindbest best. Lagerwert│
│                                                                       │
│   100     0      0      6,35       329        329       20        2.089,15│
│   200     0      0     12,55       205        205       10        2.572,75│
│   300     0      0     12,75       739        739       50        9.422,25│
│   400     0      0      3,35         5          5       20  J        16,75│
│   500     0      0      8,75        49         49       20        428,75│
│   600     0      0      3,15        74         74       10        233,10│
│   700     0      0      2,25         6          6       10  J        13,50│
│   800     0      0      3,18        52         52       20        165,36│
└───────────────────────────────────────────────────────────────────────┘
```

Bild 2.4.C Die Datenbank vor der Neueingabe

Sie sehen: Der alte Bestand entspricht jetzt dem neuen Bestand. Zu- und Abgänge wurden auf Null gesetzt. Die übrigen Daten haben sich nicht geändert.
Haben Sie jetzt die gleiche Abbildung auf Ihrem Bildschirm, dann dürfen Sie
darauf stolz sein, denn Sie haben sehr genau gearbeitet.

Sollte Ihnen jedoch ein Bedienungsfehler unterlaufen sein, dann ist dies noch lange kein Beinbruch: Es gibt ja noch die Makros.

Die ganze Tastatursequenz zur Vorbeitung der Eingabe der Zu- und Abgänge beim nächsten Termin läßt sich in einem Makro mit folgender Befehlsfolge zusammenfassen.

Löschen und Übertragen durch MAKROA

```
§fill(LAGERDB.Zugang:LAGERDB.Abgang,0),
§setselection("04LAGER.LAGERDB.Bestandneu"),
§pk("{ctrl-uparrow}{dnarrow}{F6}{ctrl-dnarrow}
& {return}" "{F7}{leftarrow}{return}"),
§setselection("04LAGER.LAGERDB.Zugang")
```

Das Makro, das an dieser Stelle verwendet wird ist relativ kompliziert. Sie lernen in diesem Modell noch drei wesentlich einfachere Makros kennen.

Zur Erläuterung des Makro-Codes einige Anmerkungen:

Die **Funktion §fill** schreibt in obiger Form in den angegebenen Bereich Nullen.

Mit **§setselection** wird das Feld Bestandneu in der Datenbank LAGERDB angewählt.

Danach werden verschiedene Tastatureingaben in Makrocode geschrieben:

Tastatureingabe	Makrocode
<Strg> + <Pfeilauf>	{ctrl-uparrow}
<Pfeilab>	{dnarrow}
<F6>	{F6}
<Strg> + <Pfeilab>	{ctrl-dnarrow}
<Return>	{return}
<Pfeillinks>	{leftarrow}

Die Befehle im Makrocode werden in geschweifte Klammern geschrieben. Sie erhalten diese durch die Tastaturkombination <Alt> + 1 2 3 für { und <Alt> + 1 2 5 für } jeweils auf dem Pfeiltastentastaturbereich.

Sie können es aber auch viel einfacher haben. Sie kennen doch die Geschichte vom Hasen und vom Igel!

Mit der Bibliothek können Sie Makros schreiben

Sie erhalten mit der Lieferung des Programmpakets FRAMEWORK III eine Beispiele-Diskette mit der Anwendung ALT-K, die Ihnen sehr nützliche Dienste leisten kann, wenn Sie selbst Makros erstellen.

Sie müssen dieses Makro ALT-K nur von der Beispiel-Diskette laden und in Ihre FRAMEWORK-Bibliothek kopieren. Dort sind bereits Makros gespeichert. Kopieren Sie MAKRO ALT-K an eine Stelle unterhalb der bereits dort abgelegten Makros, z. B. unter MAKRO ALT-F10.

Vergessen Sie nicht, am Ende Ihrer FRAMEWORK-Sitzung die durch die Neueintragung geänderte Bibliothek zu speichern. Denken Sie nicht daran, wird FRAMEWORK Sie darauf aufmerksam machen.

Sie starten MAKRO ALT-K, indem Sie eingeben: ⟨Alt⟩ + K.

Drücken Sie nun eine bestimmte Taste, dann erfolgt die Ausgabe auf dem Bildschirm im Makrocode und zwar solange, bis Sie die Aktivität dieses Makros beenden, indem Sie nochmals eingeben: ⟨ALT⟩ + K. Dann signalisiert Ihnen ein akustischen Signal, daß das Makro Alt-K deaktiviert ist.

Drücken Sie nach der Aktivierung von Makro ALT-K z.B. auf die Taste ⟨Pfeilauf⟩ dann erscheint auf Ihrem Bildschirm in Makrocode: {UPARROW}. Sie müssen sich weder um die geschweiften Klammern kümmern, noch müssen Sie die Tastaturbezeichnungen im Makrocode kennen.

Kehren Sie nun zurück zu MAKROA innerhalb der Lagerhaltung!

Neben den bereits besprochenen ist noch ein vierter Befehl in diesem Makro abzustellen:

```
§setselection("04LAGER.LAGERDB.Zugang")
```

Damit wird der Cursor auf das Feld Zugang gesetzt, damit Sie die Zu- und Abgänge eingeben können und nicht erst den Cursor manuell ins richtige Feld bewegen müssen.

Sie können zwar nach Fertigstellung jederzeit mit der Tastenkombination <Alt> + A die Funktionsweise dieses Makros hervorrufen. Sie sollten dies allerdings nicht nach Belieben tun, sondern nur wenn die Funktionsweise dieses Makros sinnvollerweise zum aktuellen Status der Datenbank LAGER paßt.

Wenn Sie bereits jetzt Ihr MAKROA getestet haben, dann war Ihnen wohl noch kein Erfolg beschieden.

Sie legen eine Verbindung

Damit das MAKROA jederzeit und von jeder Stelle des Konzepts LAGER aus mit <Alt> + A aufgerufen werden kann, muß noch eine Verbindung gelegt werden.

Dazu schreiben Sie in den Formelhintergrund des umfassenden Frames LAGER folgende Befehle:

```
;mit <F5> aktivieren !
§setmacro({alt-a},[04LAGER].MAKROA)
```

Im Makro steht in der Kommentarzeile (nach dem Strichpunkt), daß Sie das Makro mit der Funktionstaste <F5> aktivieren müssen. Das müssen Sie jedoch nur einmal pro Sitzung tun und Sie können dann das MAKROA beliebig oft einsetzen. Jetzt müßte es klappen. Da der **Dateiname** 04LAGER mit einer **Ziffer beginnt**, muß er als Parameter der Funktion §setmacro in **eckige Klammern** gesetzt werden.

Ein Tip gegen Frustration

Sollte Ihnen jedoch ein Fehler unterlaufen sein, dann empfehlen wir Ihnen, daß Sie auf der mitgelieferten Diskette nachsehen und Ihre Anwendung mit der dort gespeicherten vergleichen.

Da Sie gerade dabei sind, sich mit den Makros anzufreunden, dürfen Sie gleich noch ein paar weitere kennenlernen.

Zunächst stellen wir Ihnen eine Aufgabe vor, die Sie ohne Makro durch bloßes Handling erledigen. Danach übertragen Sie auch diese Aufgaben einem Makro.

Tragen Sie zunächst einen Zusatz ein im Formelhintergrund des umfassenden Frames 04LAGER:

```
§setmacro({alt-b},[04LAGER].MAKROB),
§setmacro({alt-c},[04LAGER].MAKROC),
§setmacro({alt-s},[04LAGER].MAKROS)
```

Damit schaffen Sie den Zugang zu drei weiteren Makros.

Sie wollen eine typische **Datenbankabfrage** vornehmen, indem Sie nur noch die Datensätze auf dem Bildschirm haben wollen, welche den Bestellvermerk "J" (Ja) enthalten. Dazu tragen Sie auf dem Rand des Frames LAGERDB in den Formelhintergrund die Filterformel ein: best. = "J"

Achten Sie darauf, daß Sie diese Formel nicht irrtümlicherweise in den Formelhintergrund des umfassenden Frames 04LAGER eintragen!

Nach der Selektion finden Sie folgenden Bildschirminhalt vor:

```
┌─[LAGERDB]═══════════════════════════════════════════════════════════════
│ ArtNr Zugang Abgang Stückpreis Bestandalt Bestandneu Mindbest best. Lagerwert
│
│   400      0      0      3,35         5          5        20  J      16,75
│   700      0      0      2,25         6          6        10  J      13,50
│
│
└──────────────────────────────────────────────────────────────────────────
```

Bild 2.4.D Die Datenbank nach der Selektion

Wollen Sie wieder alle Datensätze auf dem Bildschirm haben, dann erreichen Sie das durch den Punkt 'Öffne alle' im Menü Frames. Dabei muß der Rahmen des Frames LAGERDB markiert sein. Wenn Sie nicht vom Innenraum des Frames auf den Rand wechseln wollen, um zu selektieren bzw. wieder alle Sätze anzeigen zu lassen, dann erstellen Sie zwei weitere Makros.

Datenbankabfrage durch MAKROB

```
§execute(LAGERDB,bestellen ="J")
```

Wiederanzeigen der nicht selektierten Sätze durch MAKROC

```
§setselection("04LAGER.LAGERDB"),
§pk("{ctrl-f}ö")
```

Tragen Sie die jeweiligen Formeln in den Formelhintergrund der Frames MAKROB bzw. MAKROC ein. Jetzt können Sie mit der Tastenkombination <Alt> + B bzw. <Alt> + C nach Bestellnotwendigkeit selektieren bzw. wieder alle Sätze anzeigen lassen.

Werden wieder alle Sätze nach vorhergehender Selektion angezeigt, dann stehen die vorher selektierten am Anfang. Die Datenbank ist nicht mehr nach dem Kriterium 'ArtNr' sortiert.

Sie können den Cursor in das Feld ArtNr bringen und dieses Feld über das Suchen-Menü sortieren lassen.

Sie können aber auch folgendes Sortier-Makro verwenden.

Sortieren durch MAKROS

```
§setselection("04LAGER.LAGERDB.ArtNr"),
§pk("{ctrl-s}v")
```

Im ersten Befehl steuern Sie das Sortierkriterium 'ArtNr' an und mit dem zweiten sortieren Sie in aufsteigender Folge.

2.5 Die Verkaufsschlager: ABC-Analyse   Datei: 05ABC

In den Unternehmen wird in der Regel eine große Anzahl von Handelswaren bzw. Fertigungsmaterialien (Roh-, Hilfs- und Betriebsstoffe, Halbfabrikate) beschafft.

Die **ABC-Analyse** ermittelt den **wertmäßigen Anteil** der beschafften Waren bzw. Materialien am Gesamtwert der Beschaffung.

Damit bekommt die Unternehmensleitung ein **Steuerungsinstrument,** mit dessen Hilfe sie entscheiden kann, für welche Waren bzw. Materialien auf der Beschaffungsseite besondere Anstrengungen erforderlich sind bzw. für welche kein besonderer Beschaffungsaufwand gerechtfertigt ist.

In der Regel ist eine große Anzahl der zu beschaffenden Artikel nur von untergeordnetem Wert, während eine kleine Gruppe anderer Artikel einen großen Prozentsatz des Gesamtwertes aller zu beschaffenden Artikel darstellt.

Die Artikel werden in drei Gruppen eingeteilt:

Güterart	Wert
A-Güter B-Güter C-Güter	hoch durchschnittlich niedrig

Neben der wertmäßigen Analyse kann auch noch eine mengenmäßige Untersuchung erfolgen. Wir wollen uns hier aus Gründen der Übersichtlichkeit auf die wichtigere wertmäßige Analyse beschränken.

Nach dieser kurzen Darstellung des Wesens der ABC-Analyse dürfen Sie wieder an die konkrete Arbeit gehen. Erstellen Sie ein Konzept mit folgendem Aufbau:

```
=[05ABC]==========================================
    1   ABCTAB
    2   MAKRO1
    3   MAKRO2
    4   HILFTAB
    5   ABCGRAF1
    6   ABCGRAF2
```

Bild 2.5.A Konzeptstruktur

Für die Unterframes 1 ABCTAB und 4 HILFTAB, erstellen Sie je einen Tabellen-, für alle übrigen Unterframes generieren Sie je einen Leerframe.

Bevor die Güterart bestimmt wird, geben Sie der Tabelle ABCTAB folgenden Inhalt:

```
=[ABCTAB]=====================================================================
     A      B        C          D            E          F      G      H    I
  1 ABC-Analyse
  2
  3      Artikel-  Menge    Einkaufs-    Lagerwert  Anteil Rang Güter-
  4      nummmer   i.Stück  preis i.DM     i.DM      in %             art
  5
  6       5001      9000        45,00 405.000,00   55,79
  7       5002     14141         2,25  31.817,25    4,38
  8       5003     15000         0,75  11.250,00    1,55
  9       5004      6000         1,12   6.720,00    0,93
 10       5005      5437        10,50  57.088,50    7,86
 11       5006      4500        14,50  65.250,00    8,99
 12       5007     11000         6,25  68.750,00    9,47
 13       5008     30000         0,37  11.100,00    1,53
 14       5010     23000         3,00  69.000,00    9,50
 15
 16              Summe                 725.975,75 100,00
 17
 18
 19
 20
 21
```

Bild 2.5.B Die ABC-Analyse ohne Rang und Güterart

Den Rahmen entwickeln Sie mit einem der in Modell 2.1 erläuterten Verfahren.

Geben Sie die Tabellenüberschriften, die Artikelnummern, die Mengenangaben und die Einkaufspreise ein.

Folgende **Werte** lassen Sie **berechnen:**

Zur Berechnung des Lagerwerts geben Sie in Zelle E6 die Formel C6 * D6 in den Formelhintergrund ein. Kopieren Sie diese Formel nach unten.

Zur Berechnung des Anteils in Prozent brauchen Sie zuerst die Summe der Lagerwerte. Dazu stellen Sie im Formelhintergrund von Zelle E16 die Formel §sum(E6:E14) ab.

Absolute und relative Adresse

Den Prozentanteil bestimmen Sie in Zelle F6 mit der Formel
*100 / E$16 * E6.*
*In dieser Formel ist der Lagerwert **relativ** adressiert. Kopieren Sie*

diese Formel nach unten. Links neben der Zelle, welche die jeweilige Formel enthält, steht der entsprechende Lagerwert. Die Adresse des jeweiligen Lagerwerts geht beim Kopieren in die jeweilige Formel ein.

Würde auch die Summe der Lagerwerte relativ adressiert, dann würden beim Kopieren nach unten auch die Adressen dieses Formelteils angepaßt. Dies wäre falsch, da die Summe der Lagerwerte nur einmal vorkommt. Die Zeilenposition der Summe der Lagerwerte müssen Sie deshalb absolut adressieren, d. h. vor der Zeilenadresse muß das $-Zeichen stehen.

Schließlich brauchen Sie nur noch die Summenformel von Zelle E16 nach rechts in Zelle F16 zu kopieren. Wenn nun 100,00 % ermittelt worden ist, haben Sie die Bestätigung, daß Ihre Arbeit richtig war.

Nach der erfolgreichen Abwicklung des ersten Teils der Tabelle ABCTAB ermitteln Sie den **Rang und die Güterart.** Die erweiterte Tabelle muß danach folgende Eintragungen aufweisen:

```
=[ABCTAB]=====================================================
     A       B        C          D          E         F     G   H    I
  1 ABC-Analyse
  2
  3    Artikel-  Menge    Einkaufs-    Lagerwert   Anteil Rang Güter-
  4    nummmer   i.Stück  preis i.DM    i.DM        in %       art
  5
  6      5001     9000      45,00   405.000,00   55,79    1    A
  7      5010    23000       3,00    69.000,00    9,50    2    B
  8      5007    11000       6,25    68.750,00    9,47    3    B
  9      5006     4500      14,50    65.250,00    8,99    4    B
 10      5005     5437      10,50    57.088,50    7,86    5    B
 11      5002    14141       2,25    31.817,25    4,38    6    C
 12      5003    15000       0,75    11.250,00    1,55    7    C
 13      5008    30000       0,37    11.100,00    1,53    8    C
 14      5004     6000       1,12     6.720,00    0,93    9    C
 15
 16            Summe                725.975,75  100,00
 17
 18
 19
 20
 21
```

Bild 2.5.C Die ABC-Analyse mit Rang und Güterart
Zunächst bestimmen Sie die Güterart in Spalte H und erst danach den Rang in Spalte G.

Bei der Berechnung der Güterart gehen wir von folgender Abgrenzung der Güterarten aus:

Güterart	Prozentanteil am Gesamtwert
A B C	>=10 >= 5 < 10 < 5

Selbstverständlich können Sie auch von anderen Prozentsätzen ausgehen.

Beispiel einer Abfrage in einer Zelle

Nach der eben erfolgten Festlegung ergibt sich für die Zelle H6 die Formel:

```
§if(F6<5,"C",§if(F6<10,"B","A"))
```

Diese Formel zeigt folgende Wirkungsweise:

Falls in der Zelle F6 (wo der Anteil in % steht) die Eintragung kleiner ist als 5, dann soll in Zelle H6 als Güterart der Buchstabe C eingetragen werden. Andernfalls, falls in Zelle F6 die Eintragung kleiner als 10 ist, soll der Buchstabe B in Zelle H6 geschrieben werden. Falls beide Bedingungen nicht zutreffen, soll FRAMEWORK ein A eintragen. Mit dieser Formel haben Sie kurz den Programmierbereich von FRAMEWORK III berührt.

Wenn Sie diese Formel nach unten kopieren und die Tabelle ABCTAB aufsteigend nach dem Lagerwert **sortieren**, dann erhalten Sie die Angaben zu den Güterarten gemäß Bild 2.5.C

Jetzt müssen Sie nur noch in Bereich G6 bis G14 die Ziffern 1 bis 14 eintragen. Durch das vorherige Sortieren nach dem Lagerwert wurde der Rang bereits festgelegt.

Damit haben Sie das Problem ABC-Analyse gelöst, ohne ein Makro zu verwenden. Wenn Sie öfter mit diesem Analyse-Instrument arbeiten, dann dürfte es sich jedoch empfehlen, Ihre Arbeit mit zwei Makros zu vereinfachen.

Mit einem Makro löschen und sortieren

*Das erste Makro, **MAKRO1** soll Ihnen helfen, wenn Sie für eine neue Analyse die Daten für Menge und Einkaufspreis eingeben. Dazu soll die Datenbank nach der Artikelnummer in aufsteigender Reihenfolge sortiert werden, damit Sie nicht dauernd nach den Mengen und Preisen suchen müssen.*

Außerdem sollen die beiden Spalten mit Rang und Güterart gelöscht werden.

Geben Sie in den Formelhintergrund von MAKRO1 ein:

```
§setselection("05ABC.ABCTAB.B6"),
§pk("{F6}{CTRL-DNARROW}{RETURN}{CTRL-S}V" &
"{UPARROW}{RIGHTARROW}{DNARROW}"),
§fill(ABCTAB.G6:ABCTAB.HG14," ")
```

Zum Schreiben der Tastaturbezeichnungen im Makro-Code können Sie das im Modell 2.4 beschriebene Bibliotheks-Makro ALT-K verwenden.

MAKRO1 wählt Spalte B in Tabelle ABCTAB an, sortiert nach Spalte B aufsteigend und steuert dann die Eingabezelle C6 an.

Spalte G und H werden gelöscht, indem Blanks in die Bereiche G6 bis H14 geschrieben werden.

Mit der Funktion §fill können Sie selbstverständlich auch die übrigen Angaben löschen. Wenn Sie dann allerdings Daten eingeben, darf es Sie dabei nicht stören, wenn in den noch freien Zellen die Ausgabe #VALUE! erscheint. Diese Angabe könnten Sie allerdings entfernen, indem Sie weitere Spalten einfügen, die den Auftrag bekommen, diese Meldung #VALUE! zu entfernen. Aber damit wären wir bereits wieder in die Region der Programmierung eingedrungen und das wollen wir ja in Band I unterlassen.

Verbinden Sie MAKRO1 mit dem Aufruf über <Alt> + A, indem Sie im Formelhintergrund des umfassenden Frames ABC eintragen:

```
;mit <F5> aktivieren !
§setmacro({alt-a},[05ABC].MAKRO1),
§setmacro({alt-b},[05ABC].MAKRO2)
```

Wenn Sie jetzt versuchen würden, MAKRO1 zu aktivieren, würden Sie eine Fehlermeldung erhalten, da MAKRO2 noch fehlt.

Geben Sie das **MAKRO2** *ein:*

```
§setselection("05ABC.ABCTAB.E6"),
§pk("{F6}{CTRL-DNARROW}{RETURN}{CTRL-S}R"),
§fill(ABCTAB.G6:ABCTAB.G14,1,1)
```

MAKRO2 wählt die Spalte E an, die den Lagerwert enthält und sortiert nach diesem Kriterium die Tabelle ABCTAB absteigend. Danach füllt Sie den Bereich G6 bis G14 mit der Zahl 1 beginnend und mit dem Inkrement 1 erhöhend, d.h. MAKRO2 legt damit die Rangfolge fest.

Damit Sie sich auch später noch mit den Aufgaben der beiden Makros zurechtfinden, sollten Sie die Tabelle ABCTAB noch **ergänzen:**

```
=[ABCTAB]================================================
18       Start mit <F5> zur Aktivierung der Makros !
19
20       Eingabe von <Alt>+A sortiert aufsteigend nach Artikelnummern.
21       Eingabe von <Alt>+B sortiert absteigend nach Anteil in %.
```

Bild 2.5.D Makrohinweise in der Tabelle

In der Tabelle ABCTAB ist zwar klar erkennbar, daß Artikel 5001 mit über 50 % Lagerwertanteil der wichtigste ist. Die Bedeutung der Artikel untereinander läßt sich jedoch noch genauer darstellen, wenn die Zahlen **optisch** aufbereitet werden. Insbesondere kann an einer Grafik leicht gezeigt werden, wie wenig Bedeutung die Artikel der Gruppe C besitzen.

Zunächst stellen Sie in einer **Kreisgrafik** die Güter A und B und in einer weiteren Kreisgrafik alle drei Güterarten dar. Wenn die Tabelle ABCTAB ohne Rahmen entwickelt worden wäre, dann könnten Sie die Daten für die Kreisgrafik direkt dieser Tabelle entnehmen. In der Tabelle ABCTAB befindet sich jedoch in der ersten Spalte eine senkrechte Linie. Diese Spalte wird in der Grafik für die Benennung der zu zeichnenden Elemente verwendet.

Sie müssen also zuerst die **Tabelle HILFTAB** erstellen. Dazu kopieren Sie aus der Tabelle ABCTAB ab der dritten Zeile den Inhalt der Spalten B und E in die Tabelle HILFTAB in die erste Zeile und die Spalten A und B:

```
┌─[HILFTAB]══════════════════════════════════════════
│         A          B
│  1 Artikel-  Lagerwert
│  2 nummmer      i.DM
│  3 ─────────────────────
│  4     5001  405.000,00
│  5     5010   69.000,00
│  6     5007   68.750,00
│  7     5006   65.250,00
│  8     5005   57.088,50
│  9     5002   31.817,25
│ 10     5003   11.250,00
│ 11     5008   11.100,00
│ 12     5004    6.720,00
```

Bild 2.5.E Die Hilfsdaten zur ABC-Analyse

Erstellen Sie nun die Grafik ABCGRAF1. Dazu unterlegen Sie die Spalte B von Zeile 4 bis 8. Dies sind die ausgewählten Zellen der A- und B-Güter.

Absetzen eines Sektors in der Kreisgrafik

Wählen Sie das Grafik-Menü an. Beim Punkt Optionen geben Sie bei **'Absetzen der Sektoren'** *eine 1 ein.*

Achten Sie darauf, daß 'Spalte beschriftet X-Achse' auf Ja steht. Wählen Sie 'Kreisdiagramm' aus und erstellen Sie die Grafik im Leerframe **ABCGRAF1**. *Sie erhalten folgende Grafik, allerdings noch ohne die vollständige Beschriftung:*

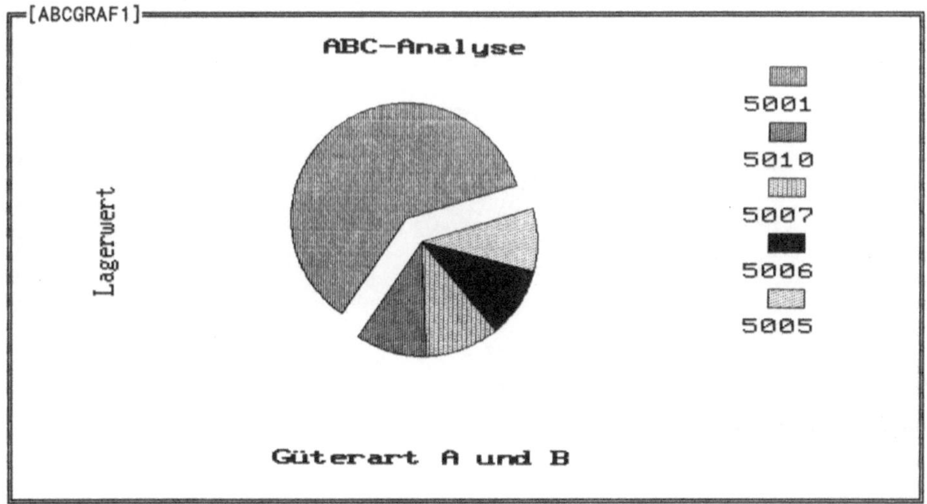

Bild 2.5.F Die Kreis-Grafik mit den Güterarten A und B

Auf dem Formelhintergrund von ABCGRAF1 trägt FRAMEWORK folgende Formel ein:

```
@DrawGraph(ABC.HILFTAB.B4:ABC.HILFTAB.B8,#COLUMN,#PIE,,,,,1)
```

Damit auch noch die Beschriftungen wie in Bild 2.5.F erscheinen, müssen Sie das Ende dieser Formel abändern, so daß diese wie folgt lautet:

```
@DrawGraph(HilfTab.B4:HilfTab.B8,#COLUMN,#PIE,
 "ABC-Analyse","Güterart A und B","Lagerwert",1)
```

Beachten Sie

> *In einer Kreisgrafik sollten Sie der Übersichtlichkeit wegen in der Regel nicht mehr als ca. 6 bis 8 Elemente darstellen. Wie wenig relevant die Gruppe der C-Güter ist, kann man in dieser Kreisgrafik besonders gut erkennen. Deshalb stellen Sie in der Kreisgrafik ABC-GRAF2 die Prozentanteile sämtlicher Artikel dar.*

Unterlegen Sie hierzu in der Tabelle HILFTAB wieder die Spalte B wie bei Grafik ABCGRAF1, jedoch nicht nur die Zeilen 4 bis 8, sondern die Zeilen 4 bis 12.

Dies ergibt folgende Grafik:

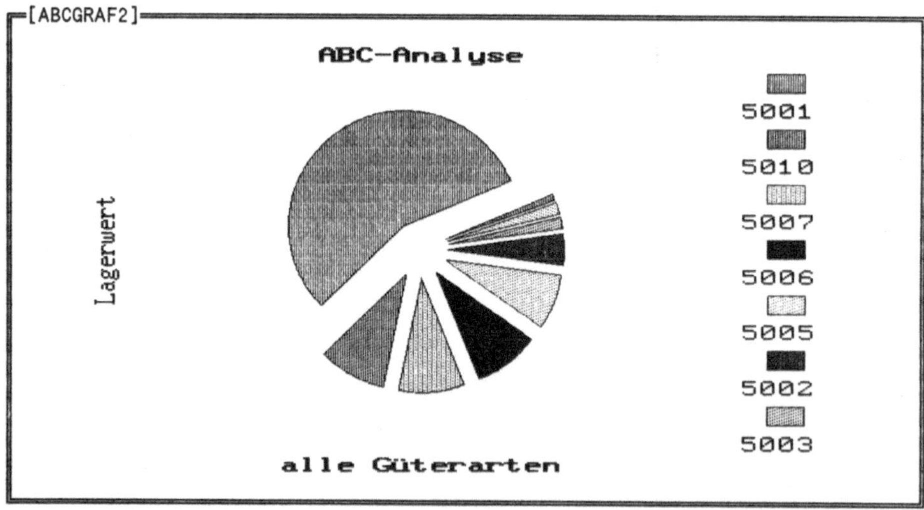

Bild 2.5.G Die Kreis-Grafik mit allen Güterarten

2.6 Der richtige Weg: Absatzmittler   Datei: 06ABSATZ

Eine Unternehmung kann für den Verkauf seiner Produkte sowohl **Handlungsreisende** als auch **Handelsvertreter** einsetzen. Bei den Reisenden handelt es sich um kaufmännische Angestellte im Außendienst. Handelsvertreter sind selbständige Gewerbetreibende.

Die Vergütung der Handelsvertreter ist **erfolgsabhängig**. Die meisten Reisenden erhalten ebenfalls eine Vergütung, die von ihren Verkaufsziffern abhängt. Zusätzlich bekommen die Reisenden ein **Fixum**.

In dem Modell 2.6 gehen wir davon aus, daß für das Produkt Säge St2/14 ein **neuer Absatzweg erschlossen** werden soll. Der Planungszeitraum beträgt drei Jahre. Für diese Aktion entstehen sowohl beim Reisenden als auch beim Vertreter fixe Kosten. Diese sind allerdings beim fest angestellten Reisenden höher als beim selbständigen Vertreter.

Die Entscheidung, ob ein selbständiger Handelsvertreter oder ein angestellter Verkäufer eingesetzt werden soll, führen Sie mit dem Konzept 06ABSATZ durch, das folgenden Aufbau zeigt:

```
=[06ABSATZ]=
        1   ABSATZTAB
        2   HILFTAB
        3   ABSATZGRAF
```

Bild 2.6.A Konzeptstruktur

Die Frames ABSATZTAB und HILFTAB sind Tabellenframes, der Frame ABSATZGRAF ist ein Leerframe. Achten Sie bei der Gestaltung des Frames ABSATZTAB auf eine klare Anwenderführung.

Durch die Trennung des Eingabe- vom Ergebnisbereich vermeiden Sie Schwierigkeiten bei der Dateneingabe. Auf dem Bildschirm ist übersichtlich dargestellt, welche Daten der Anwender eingeben bzw. ändern darf.

Die Alternative Reisender/Vertreter bringen Sie in der **Tabelle ABSATZTAB** auf den Bildschirm:

```
┌─[ABSATZTAB]══════════════════════════════════════════════════════════════
│      A              B            C        D       E  F      G        H
│  1   Planung des Absatzweges für Säge St2/14      Eingabe der Parameter
│  2
│  3   Absatzmittler:              Reisender        Vertreter
│  4
│  5   Planungszeitraum in Jahren:     3                3
│  6
│  7   Absatzerwartung
│  8     Verkauf in Stück p.a.:            4900             4360
│  9     Erlöse je Stück            250,00 DM         250,00 DM
│ 10   Kostenerwartung
│ 11     Einmalige Investition    200.000,00 DM      25.000,00 DM
│ 12     Jährliche Fixkosten      320.000,00 DM     180.000,00 DM
│ 13     Variable Stückkosten         90,00 DM         110,00 DM
│ 14
│ 15
│ 16                                     Ergebnisse
│ 17
│ 18   Absatzmittler:              Reisender        Vertreter
│ 19
│ 20   Umsatzerlöse            1.225.000,00 DM   1.090.000,00 DM
│ 21   Gesamtkosten             827.666,67 DM     667.933,33 DM
│ 22
│ 23   Gewinn                   397.333,33 DM     422.066,67 DM
│ 24
└──────────────────────────────────────────────────────────────────────────
```

Bild 2.6.B Alternative Reisender – Vertreter

Entwickeln Sie zunächst die Rahmen mit einem der in Modell 2.1 erläuterten Verfahren.

Tragen Sie die Begriffe und Zahlen in Zeile 1 bis 13 der Tabelle ABSATZTAB ein. Die Zahlen in Zeile 9 bis 13 formatieren Sie über das Zahlenmenü im Währungsformat.

Geben Sie die Begriffe in den Ergebnisbereich der Zeilen 18 bis 23 ein ein. Die Betragsspalten erhalten das Währungsformat.

Die Ergebnisse bekommen Sie, wenn Sie folgende Formeln in den Formelhintergrund der jeweiligen Zelle eintragen:

Zelle	Formel
D20	D8 * D9
D21	D11 / D5 + D12 + D8 * D13
D23	D20 - D21

Sie haben die Ergebnisse für den Reisenden auf dem Bildschirm. Vervollständigen Sie die Ausgabe, indem Sie die Formeln von Spalte D in Spalte G kopieren.

Zur **grafischen Auswertung** muß die **Hilfstabelle HILFTAB** erstellt werden, da die Tabelle ABSATZTAB die Begriffe Reisender und Vertreter, deren Ergebnisdaten einander gegenübergestellt werden sollen, nicht in der ersten Zeile enthält. Die FRAMEWORK-Grafik entnimmt aber dieser Zeile die Begriffe für die Grafik.

Ergänzen Sie die **Tabelle HILFTAB** mit folgenden Daten, die Sie entweder eintippen oder aus der Tabelle ABSATZTAB kopieren.

```
=[HILFTAB]=====================================================
                    A               B                C
  1 Absatzmittler:         Reisender        Vertreter
  2 Umsatz          1.225.000,00 DM   1.090.000,00 DM
  3 Kosten            827.666,67 DM     667.933,33 DM
  4 Gewinn            397.333,33 DM     422.066,67 DM
```

Bild 2.6.C Die Hilfsdaten zur Grafikerstellung

Beachten Sie

> *Wenn Sie die Daten aus der Tabelle ABSATZTAB in die Tabelle HILFTAB kopieren, dann achten Sie darauf, daß Sie den Kopiervorgang mit dem #-Zeichen beenden, nicht mit ‹Return›.*
>
> *Beim Kopieren mit ‹Return› werden neben den Daten auch die Formeln kopiert. Für Zelle HILFTAB.B2 wäre dies die Formel D8 * D9. Der Bezug wäre jedoch nach dem Kopieren falsch.*
>
> *Sie bekämen die Meldung:*   #REF!(D8)*#REF!(D9).
>
> *In der Zelle B2 würde stehen:*   #N/A!.
>
> *Wenn Sie den Kopiervorgang mit dem $-Zeichen beenden würden, bekämen Sie zwar in der Zelle B2 die Formel D8 * D9. Das Ergebnis ließe sich jedoch nicht ermitteln, da die Tabelle HILFTAB keine Spalte D enthält. Sie bekämen die Meldung 'Bezug nicht definiert' und in B2 #NAME?.*
>
> *Wäre in der Tabelle HILFTAB die Spalte D vorhanden, dann hätten die Zellen dieser Spalte jedoch keine Eintragungen. In der Formel wird dies als Null interpretiert, und somit der Zelle B2 eine Null zugewiesen.*

*Auch diese Ergebnis wäre falsch, da sich die Adressen der Formel D8 * D9 nicht auf die Tabelle HILFTAB, sondern auf die Tabelle ABSATZTAB beziehen müßten. Damit wäre auch dieser Bezug falsch.*

Erstellen Sie die Grafik ABSATZGRAF. Dabei stellen Sie Umsatz, Kosten und Gewinn der beiden Absatzmittler einander direkt gegenüber.

Unterlegen Sie in der Tabelle HILFTAB den Bereich B2:C4. Im Grafikmenü wählen Sie 'Spalte beschriftet X-Achse' und 'Balken nebeneinander'. Lassen Sie die Grafik in den Frame ABSATZGRAF zeichnen. Sie erhalten folgende Darstellung:

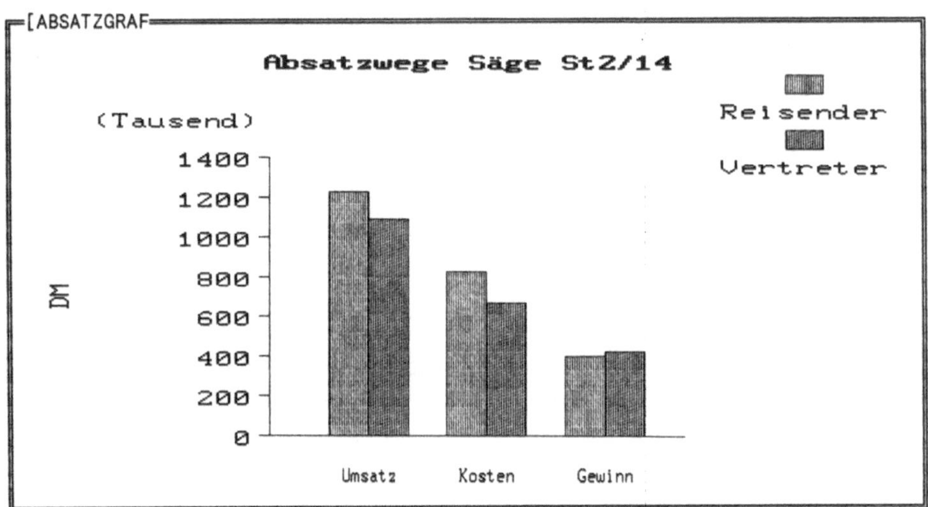

Bild 2.6.D Grafische Darstellung der Absatzwege

In der Grafik können Sie deutlich erkennen, wie Kosten um Umsatz beim beim Vertreter niedriger als beim Reisenden sind, daß aber der Gewinn beim Vertreter höher ist.
Geben Sie die Ergänzungen zur Überschrift und die Beschriftung der Y-Achse in die Grafik-Formel ein.

2.7 Richtig gestreut: Werbebrief   **Datei: 07WERBE**

Das Formulieren von neuen Texten ist mit Textverarbeitungsprogrammen genauso mühsam wie jede Formulierung. Wer häufig Texte neu formulieren muß, führt diesen Schritt der Textverarbeitung, die Texterfassung, einfacher und schneller mit einem Textverarbeitungssystem durch.

Mit einem Textverarbeitungssystem können Sie vielfältige grafische Gestaltungselemente einsetzen, um Texte ansprechend und übersichtlich zu ordnen. Sie tippen Texte schneller in den Bildschirm, weil die Eingabe nicht mehr so nervt. Wenn es darauf ankommt, Texte umzubauen, Textblöcke einzuschieben oder zu versetzen, dann ist die professionelle Textverarbeitung mit dem Computer nicht zu schlagen.

Die Textproduktion beginnt mit dem **Textentwurf,** der Textidee. Sie beinhaltet die

   - Konzeption   *"Was möchte ich schreiben?"* und die
   - Formulierung   *"Wie möchte ich das schreiben."*

Die FRAMEWORK-Textverarbeitung kann mehr leisten als nur Fettschrift und Unterstreichungen. Sie können durch die integrierte Rechtschreibhilfe Korrekturen durchführen, nach eigenen Trennvorschlägen oder automatisch Worte trennen, automatische Zeilen- und Seiten umbrechen, Fußnoten mit beliebig vielen Zeilen (max. 64.000 Zeichen) verwalten, für wissenschaftliche Texte hoch- und tiefgestellte Textpassagen im Bildschirm darstellen, Abkürzungen vom System automatisch ausschreiben lassem, ein Zeilenlineal einblenden u. a. mehr. Falls Sie in Ihren Texten zu sehr auf bestimmte Begriffe fixiert sind, können Sie mit FRAME-WORK Abwechslung in Ihren Text bringen, indem Sie sich von FRAMEWORK Synonyme vorschlagen lassen.

Dieses Modell befaßt sich nicht mit der traditionellen Textverarbeitung, sondern betritt den Bereich der automatisierten Textverarbeitung.

Wenn Sie von Ihrem Autohaus einen Werbebrief mit Ihrer persönlichen Anschrift erhalten, kann dies ein computererstellter Brief sein. Obwohl dieser an Sie persönlich gerichtet ist, geht ein gleichlautender Brief an viele andere Autofahrer. Dieser **Serienbrief** unterscheidet sich nur durch die Adresse, Anrede und persönliche oder sachliche Bezugsangaben. Die Grundlage für solche Briefe können Ganzbriefe oder mehrere Textbausteine sein. Das Textverarbeitungssystem liest die unterschiedlichen Variablen aus einer Datendatei und mischt den Datenbank-Frame mit einem Textframe.

Mit Hilfe einer **Selektionsmöglichkeit**, die Sie mit der Formeleditierfunktion ⟨F2⟩ auf den Rand des Datenbank-Frames schreiben, können Sie gezielt den Personenkreis anschreiben, der ein bestimmtes Merkmal erfüllt.

Um Serienbriefe erstellen zu können, benötigen Sie zwei Frames:

1. Datenbank-Frame: Er besteht aus einer festgelegten Satz-Struktur, die alle notwendigen Angaben der Kunden-Datei enthält.

2. Text-Frame: Er enthält den Werbetext mit festen Formulierungen und die Platzhalter. Dies sind die Markierungen für die aus dem Datenbank-Frame einzulesenden Variablen, wie z. B. Anrede, Adresse, Automarke usw.

Sie erstellen zwei Werbebriefe. Für den ersten Werbebrief wird eine Datenbank ohne Formeln verwendet. Dadurch wird die Dateneingabe etwas umständlich. Der zweite Werbebrief aus der Baubranche greift auf eine Datenbank zu, deren Feldinhalte teilweise über Formeln generiert werden.

Das **Konzept 07WERBE** hat folgendem Aufbau:

```
┌─[07SERIEN]════════════════════════════════════════════════════╕
│    1   KFZ                                                     │
│        1.1    KUNDEN                                           │
│        1.2    WERBETEXT                                        │
│    2   BAU                                                     │
│        1.1    BAUHERRN                                         │
│        1.2    BAUBRIEF                                         │
└────────────────────────────────────────────────────────────────┘
```

Bild 2.6.A Konzeptstruktur

Der **Datenbankframe KUNDEN** enthält nachfolgende Satzstruktur. Aus Platzgründen ist die Struktur im Frame nur in gekürzter Form abgebildet, auf der Diskette jedoch in voller Länge:

```
┌─[KUNDEN]═══════════════════════════════════════════════════════════════════╕
│Anrede1 Anrede2 Vorname Name    Straße      PLZ  Wohnort    Automarke Kilometer│
├─────────────────────────────────────────────────────────────────────────────┤
│Herr    r Herr  Gerd    Göbel   Hauptstr. 2 7500 Karlsruhe  Audi 80   120.000 │
│Frau    Frau    Vera    Kluge   Rosenweg 2  7505 Ettlingen  Golf GTI   90.000 │
│Herr    r Herr  Karl    Müller  Blumenweg 6 7500 Karlsruhe  Audi 100   47.000 │
│Herrn   r Herr  Philipp Wein    Kantstr. 3  7500 Karlsruhe  Audi 90    30.000 │
└─────────────────────────────────────────────────────────────────────────────┘
```

Bild 2.6.B Die Autohaus Kunden-Datei

Achten Sie bei der Eingabe im Datenfeld *Anrede2* darauf, daß Sie bei der Anrede Frau ein Leerzeichen und bei Herr ein "r" eingeben, damit dies beim Text "Sehr geehrte Frau .." bzw. Sehr geehrter Herr ..." mit ausgedruckt wird. Geben Sie die beiden Anreden nur einmal ein und kopieren Sie die Anrede mit der Funktionstaste <F8> KOPIEREN jeweils in das entsprechende Datenfeld.

Bedeutung der Datenfelder

Anrede1	*Anrede im Anschriftenfeld*
Anrede2	*Anrede im Werbetext*
Kilometer	*Letzte Inspektion bei Kilometerstand*

Formulieren Sie nun Ihren Werbetext im Unterframe WERBETEXT. Um den Text beim Ausdruck mischen zu können, müssen Sie die einzufügenden Feldnamen (Anrede1, Anrede2, ..., letzte Inspektion) im Text in spitze Klammern setzen.

Für Ihre Textgestaltung können Sie nicht nur den laufenden Text, sondern auch die durch die Feldnamen eingefügten Daten in verschiedenen Schrifttypen darstellen. Markieren Sie hierzu im Hauptmenü *Text* die entsprechenden Auswahlpunkte.

Erfassen und gestalten Sie nun Ihren Werbetext im Unterframe WERBETEXT nach DIN 5008. Die DIN-Regeln schreiben vor, wo die Anschrift beginnt, die Bezugszeichen stehen, wieviele Leerzeilen zwischen den einzelnen Briefteilen eingefügt werden und wie der Briefschluß aufgeteilt werden soll.

Der **Textframe WERBETEXT** mit dem Werbetext (hier nur ein Ausschnitt ohne die DIN-Regeln):

```
┌─[WERBETEXT]═══════════════════════════════════════════════════════╗
│ <Anrede1>                                                          ║
│ <Vorname> <Name>                                                   ║
│ <Straße>                                                           ║
│                                                                    ║
│ <PLZ> <Wohnort>                                                    ║
│                                                                    ║
│                                                                    ║
│ Sehr geehrte <Anrede2> <Name>!                                     ║
│                                                                    ║
│ Vor Ihrem Sommerurlaub sollten Sie Ihren <Automarke> zu unserer    ║
│ Urlaubsinspektion bringen, damit auch Sie unbeschwert mit Ihrem    ║
│ Wagen in die schönsten Tage des Jahres fahren können.              ║
│                                                                    ║
│ Die letzte Inspektion haben Sie am <Datum> bei Kilometerstand <Kilometer> ║
│ bei uns durchführen lassen. Wir bieten Ihnen eine Urlaubs-Komplett-║
│ Inspektion an, die folgende Leistungen enthält:                    ║
└────────────────────────────────────────────────────────────────────╝
```

Bild 2.6.C Auszug aus dem Werbebrief

- 50 -

Der Briefvordruck A 4

Legen Sie einen Briefvordruck A 4, Form B, nach DIN 676 auf Ihren Arbeitstisch und markieren Sie die Briefmaske.

Den linken, unteren und oberen Rand legen Sie über das Menü Drucken im Menüpunkt 'Formateinstellung' fest.

Das Anschriftenfeld beginnt in Zeile 13, die Bezugszeichen in Zeile 24 auf den Spalten 10,30, 50 und 60. In Zeile 27 beginnt der Betreff, die Anrede in Zeile 30, jeweils in Spalte 10.

Bei der Datenbank KUNDEN ist die Eingabe für die unterschiedlichen Anredeformen sehr umständlich. Einfacher, schneller und anwenderfreundlicher erstellen Sie Serienbriefe mit persönlichen Anreden, indem sie einige zusätzlche Felder einfügen, diese jedoch für den Anwender so verkleinern, daß diese für ihn unsichtbar bleiben. Mit ein paar einfachen FRED-Formeln, können Sie die Eingabe für die Anrede stark vereinfachen.

Der **Datenbankframe BAUHERRN** enthält nachfolgende Satzstruktur. Aus Platzgründen sind hier nur die ersten Datenfelder abgebildet. Auf der Diskette befindet sich jedoch die vollständige Satzstruktur.

```
┌─[BAUHERRN]════════════════════════════════════════════════════════════════╕
│ KDNR ANREDE  ANREDE1 END1 END2 Vorname        NAME      STRASSE          PLZ   ORT  │
╞════════════════════════════════════════════════════════════════════════════╡
│ 89103     1    Herr    n    r   Philipp  Meister   Finkenweg 3      7500  Karlsr │
│ 89105     1    Herr    n    r   Markus   Huber     Bürgerstraße 2   7514  Forchh │
│ 89106     2    Frau            Eva       Adam      Hauptstraße 12   7520  Bruchs │
│ 89107     1    Herr    n    r   Heiner   Kübler    Bunsenstraße 34  7500  Karlsr │
│ 89108     2    Frau            Vera      Müller    Kanstraße 6      7505  Ettlin │
│ 89109     1    Herr    n    r   Simon    Wagner    Uhuweg 2         7500  Karlsr │
│ 89110     1    Herr    n    r   Christoph Baum     Waldstraße 12    7500  Karlsr │
│ 89111     2    Frau            Katja     Leicht    Klosterweg 6     7520  Bruchs │
└────────────────────────────────────────────────────────────────────────────┘
```

Bild 2.6.C Die Bauherrn Kunden-Datei

Das Datenfeld ANREDE formatieren Sie für die Plausibilitätskontrolle über das Menü Zahlen im Punkt 'Auswahl des Eingabeformats' als numerisches Datenfeld. Dabei bedeutet die Ziffer 1 = Herr, die Ziffer 2 = Frau.

Die Felder ANREDE1, END1 und END2 verkleinern Sie später mit der Funktionstaste <F4> GRÖSSE so, daß diese nicht mehr sichtbar sind.

Geben Sie mit <F2> in den Formelhintergrund des Feldes ANREDE1 folgende Formel ein, damit FRAMEWORK aus der Ziffer automatisch den Klartext entwickelt:

```
§if(ANREDE = 1, ANREDE1 := "Herr", ANREDE1 := "Frau")
```

Für die Anrede im Adreßfeld muß FRAMEWORK aus "Herr" die Anrede "Herrn", und bei der Anrede im Brieftext wahlweise "Sehr geehrte Frau" und "Sehr geehrter Herr" generieren. Hierfür legen Sie im Formelhintergrund der Felder END1 bzw END2 jeweils folgende Formel ab:

```
§if(ANREDE = 1, END1 := "n")
```

```
§if(ANREDE = 1, END2 := "r")
```

Diese beiden Formeln haben jedoch noch den Nachteil, daß bei einer Fehleingabe, z. B. 1 anstatt 2, die Felder END1 und END2 nicht gelöscht werden. Erweitern Sie deshalb die beiden Formeln, so daß diese wie folgt lauten:

```
§if(ANREDE = 1, END1 := "n"),
§if(ANREDE = 2, END1 := " ")
```

```
§if(ANREDE = 1, END2 := "r")
§if(ANREDE = 2, END2 := " ")
```

Texte mischen mit einer Datenbank-Datei

Vor dem Ausdruck schalten Sie den Drucker ein. Laden Sie die Text- und die Datenbank-Datei. Stellen Sie den Cursor auf den Rand des Frames BAUBRIEF und wählen Sie im Menü Anwendung den Punkt 'Text mischen mit' an. Geben Sie den Namen der Datenbank ein, hier BAUHERRN, und bestätigen Sie die Eingabe mit <Return>.

Auf diese Art können Sie den Text des Frames BAUBRIEF mit den Daten der Datei BAUHERRN mischen.

Beim Druckvorgang übernimmt FRAMEWORK die Daten aus der Datenbank in den Textframe und ersetzt automatisch die in spitzen Klammern stehenden Feldnamen durch die Feldinhalte. Diese müssen natürlich mit denen aus der Datenbank genau übereinstimmen!

Selektion bestimmter Adressatengruppen

Möchten Sie beispielsweise für kurzfristige Angebote bestimmte Adressaten selektieren, gehen Sie vor dem Druck auf den Rand der Datenbank BAUHERRN und mit der Funktionstaste <F2> in den Formelhintergrund. Hier geben Sie eine Selektionsbedingung.

Angenommen, der Werbebrief soll nur die Adressaten im Postleitzahlengebiet 7500 erreichen. Geben Sie hierzu folgende Selektionsbedingung in den Formelhintergrund ein:

```
PLZ = 7500
```

2.8 Soll und Ist: Verkaufsanalyse   **Datei: 08UMSATZ**

Das Marketing stellt einen wichtigen **Bestandteil unternehmenspolitischer Entscheidungen** dar. In der Gegenwart werden Entscheidungen getroffen, die sich in
der Zukunft auswirken.

Künftige Ereignisse lassen sich nur schätzen, nicht vorhersehen. Deshalb ist es
nötig, den zu Beginn der Planperiode aufgestellten **Planwerten** am Ende dieser
Periode die **tatsächlichen Werte** gegenüberzustellen und nach Gründen für Abweichungen zu suchen.

Aus der Marktanalyse lassen sich Soll-Werte für Verkaufszahlen ermitteln. Für
die Soll-Ist-Analyse gibt es eine ganze Reihe von plausiblen Verfahren.

Sie erfassen in dieser Anwendung den Zusammenhang zwischen Soll- und Istzah-
len mit einer **mathematisch-statistischen Berechnung.**

Außerdem analysieren Sie die Soll-Ist-Enwicklung mit verschiedenen **grafischen
Darstellungen.**

Erstellen Sie dazu das Konzept **08UMSATZ** mit folgendem Aufbau:

```
=[08UMSATZ]==============================================
        1   UEBER
        2   UMSATZTAB
        3   UMSGRAF1
        4   UMSGRAF2
        5   UMSGRAF3
```

Bild 2.8.A Konzeptstruktur

Der Frame UMSATZTAB ist ein Tabellenframe, die übrigen Frames sind Text-
/Leerframes.

Achten Sie darauf, daß Sie diese Frames in der richtigen Reihenfolge anordnen
und daß sie vom richtigen Typ sind.

In den Textframe UEBER geben Sie die folgende Tabellenüberschrift ein:

```
=[UEBER]=================================================
 Geplante und tatsächliche Umsatzzahlen Nordwürttemberg 1989 TDM
```

Bild 2.8.B Die Überschrift im Textframe

Überschriftsframe statt Hilfstabelle

> *UEBER ist die Bildschirm-Überschrift zur Tabelle UMSATZTAB. Sie könnten diesen kurzen Text auch direkt in die Tabelle UMSATZTAB in Zeile 1 eintragen. Dann müßten Sie allerdings für die Grafik eine Hilfstabelle erstellen, da die Grafiken UMSGRAF1, UMSGRAF2 und UMSGRAF3 zur Bezeichnung der gezeichneten Soll- und Istreihen auf die die Eintragung in der ersten Zeile der Tablle UMSATZTAB zurückgreifen.*

Damit Sie den Frame UEBER als Überschrift verwenden können, müssen Sie ihn durch folgende Aktivitäten ändern:

- Gehen Sie auf den Rand des Frames UEBER und verkleinern Sie diesen auf zwei Zeilen mit Funktionstaste <F4> GRÖSSE.

- Entfernen Sie den Framenamen. Dazu wählen Sie das Menü Frames. Sorgen Sie dafür, daß der Punkt 'Namen anzeigen' nicht auf 'Ja' steht, indem Sie gegebenenfalls die <Return>-Taste drücken.

- Blenden Sie den Rahmen des Frames UEBER aus, indem Sie im Menü Frames den Punkt 'Rahmen ausblenden' auf 'Ja' setzen.

Unter diesen Überschriftsframe kommt die **Tabelle UMSATZTAB** auf den Bildschirm:

```
=[UMSATZTAB]====================================================
       A         B         C         D         E            F
  1    Monat     Soll      Ist       (Soll-ø)2 (Ist-ø)2     (Soll-ø)*(Ist-ø)
  2      1       120       110        784       552,25               658
  3      2       120       115        784       342,25               518
  4      3       120       105        784       812,25               798
  5      4       140       120         64       182,25               108
  6      5       140       140         64        42,25               -52
  7      6       140       135         64         2,25               -12
  8      7       180       130       1024        12,25              -112
  9      8       180       150       1024       272,25               528
 10      9       180       160       1024       702,25               848
 11     10       160       170        144      1332,25               438
 12     11       160       165        144       992,25               378
 13     12       160       160        144       702,25               318
 14    ----------------------------------------------------------
 15         Summen:                  6048       5947                4416
 16
 17 Korrelationskoeffizient
 18 nach Bravais-Pearson:                        0,736
```

Bild 2.8.C Der Soll-Ist-Vergleich

Tragen Sie in Zeile 1 die Spaltenüberschriften ein. Das Zeichen ø für Durchschnitt gewinnen Sie mit <Alt> + 2 3 7. In den Bereich A2:A13 tragen Sie die
Nummern der Monate 1 bis 12 ein.

Sie erstellen eine Zahlenreihe per Formel

*Sie können diese Arbeit aber auch einfacher erledigen, wenn Sie in
Zelle A2 eine 1 eintragen. In Zelle A3 gehen Sie in den Formelhintergrund und tragen ein: A2 + 1. Diese Formel kopieren Sie nach unten
bis in Zelle A13.*

Geben Sie dann die Werte für Soll und Ist ein.

Die übrigen Werte lassen Sie mit folgenden Formeln entwickeln:

Rechenwert	Zelle	Formel
(Soll-ø)2	D2	(B2-§avg(B$2:B$11))^2
(Ist-ø)2	E2	(C2-§avg(C$2:C$11))^2
(Soll-ø)*(Ist-ø)	F2	(B2-§avg(B$2:B$11))*(C2-§avg(C$2:C$11))

Durchschnittsberechnung

*Die **Funktion §avg** berechnet den Durchschnitts der Werte des angegebenen Bereichs.*

Absolute Adressen

*Der Zeilenangaben des Bereichs für die Durchschnittsberechnung
wurden absolut adressiert, da der Durchschnitt in jeder Zeile derselbe ist, d.h. die Werte, aus denen der Durchschnitt berechnet
wird, ändern sich nicht von Zeile zu Zeile.*

Kopieren Sie die Formeln bis in Zeile 13 nach unten.

Lassen Sie danach die Summen berechnen:

Summe	Zelle	Formel
(Soll-ø)2	D15	§sum(D2:D13)
(Ist-ø)2	E15	§sum(E2:E13)
(Soll-ø)*(Ist-ø)	F15	§sum(F2:F13)

Sie brauchen nicht alle drei **Summenformeln** einzugeben. Es geht einfacher, wenn Sie die Summenformel in den Formelhintergrund von Zelle D15 eingeben und nach rechts **kopieren** bis in Zelle F15.

Den **Korrelationskoeffizienten** nach Bravais-Pearson lassen Sie in Zelle E18 mit folgender Formel berechnen:

```
F15/(§sqrt(D15*E15))
```

Die **Funktion §sqrt** liefert die Quadratwurzel eines Ausdrucks.

Beim Soll-Ist-Vergleich ergibt sich ein Korrelationskoeffizient nach Bravais-Pearson von 0,736.

Bei der **Interpretation** dieses Wertes ist zunächst von den möglichen Extremwerten dieses Koeffizienten auszugehen. Diese liegen bei +1 und -1, dem möglichst hohen bzw. niedrigen Zusammenhang.

Es ist aber auch zu berücksichtigen das der **Korrelationskoeffizient nach Bravais-Pearson** nicht speziell den Zusammenhang der absoluten Größen von zwei Reihen berechnet, sondern das Ausmaß der Gleichgerichtetheit der Entwicklung dieser beiden Reihen.

Wenn also z. B. alle Sollzahlen 10 % niedriger ausfallen, als die jeweiligen Ist-Zahlen, dann nimmt dieser Korrelationswert seinen Maximalwert 1 an.

Damit Sie den jeweils errechneten Wert des Koeffizienten beurteilen können, geben wir Ihnen die Empfehlung, die Daten der beiden Reihen ein paarmal zu ändern.

Automatische und manuelle Neuberechnung

Bei der automatischen Neuberechnung müssen Sie bei jeder Eingabe, die Sie mit ⟨Return⟩ abschließen, warten bis FRAMEWORK die gesamte Tabelle neu berechnet hat. Bei einer umfangreichen Tabelle und einem nicht allzu schnellen Prozessor kann dies einzige Zeit in Anspruch nehmen.

Damit Sie nicht so lange warten müssen, wählen Sie im Menü Zahlen den Punkt 'Optionen für Neuberechnung' und stellen den Berechnungsmodus mit ⟨Return⟩ auf manuell um.

Haben Sie dann sämtliche Daten eingegeben, lassen Sie mit der Funktionstaste ⟨F5⟩ NEUBERECHNUNG die Berechnung durchführen.

Sie sparen viel Zeit!

Interessantes zum Ausprobieren für Statistik-Interessierte

Wenn Sie einen Wert von 1 errechnen ließen, können Sie durch einen einzigen sogenannten statistischen Ausreißer einen ganz anderen Wert für die Korrelation erhalten. Bei entsprechend starker Abweichung dieses einzelnen Wertes kann der Koeffizient, der eben noch auf seinem Maximalwert 1 stand, sogar negativ werden.

Mächtige Funktionen für Statistiker

Sie können auf einfache Art weitere Koeffizienten und Werte errechnen lassen. Mit den Funktionen §var für die Varianz und §std für die Standardabweichung stellt Ihnen FRAMEWORK neben §sum und §avg mächtige Hilfen für Ihre statistischen Arbeiten zur Verfügung. Falls Sie an diesen Funktionen interessiert sind, sehen Sie im Programmierhandbuch zu FRAMEWORK III nach, wo Sie Näheres über diese Funktionen erfahren können.

Neben der statistischen Aufbereitung des Datenmaterials bringt auch eine **grafische Darstellung** Einblicke in den Zusammenhang zweier Datenreihen.

In drei verschiedenen Grafikmodi bereiten Sie das Datenmaterial auf: einer X-Y-Grafik, einer Linien- und einer Balkengrafik.

Die X-Y-Grafik UMSGRAF1 ergibt folgendes Bild:

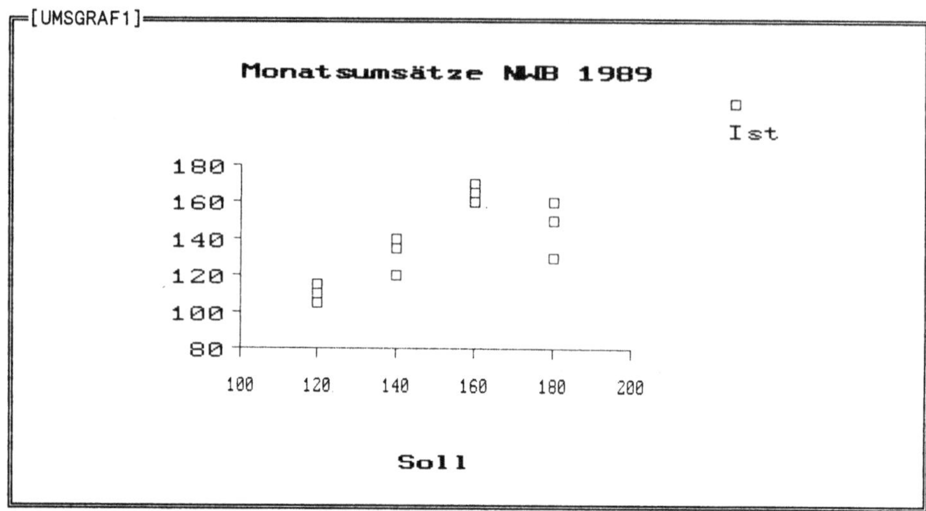

Bild 2.8.D Das X-Y-Diagramm zu den Soll- und Istumsätzen

Unterlegen Sie den Bereich UMSATZTAB.B2:UMSATZTAB.C13. Wählen Sie im Menü Grafik den Punkt 'Spalte beschriftet X-Achse' und den Punkt 'X-Y-Diagramm'. Lassen Sie die Grafik in den Frame UMSGRAF1 zeichnen.

Komplettieren Sie die Formel, die FRAMEWORK in den Formelhintergrund von UMSGRAF1 eingetragen hat. Die Formel muß dann lauten:

```
@DrawGraph(UMSATZTAB.B2:UMSATZTAB.C13,#COLUMN,#XY,
 "Monatsumsätze NWB  1989","Soll",)
```

Das X-Y-Diagramm stellt den Zusammenhang der beiden Datenreihen Soll und Ist dar. Die **Korrelation** beider Datenreihen wird **visualisiert.**

Die Daten der ersten Datenreihen werden als **X-Werte,** die der zweiten als **Y-Werte** interpretiert. Etwas störend wirkt, daß die Bezeichnung der zweiten Datenreihe automatisch in die Grafik übernommen wird. Sie steht rechts oben in der Grafik, während sie eigentlich den Platz links neben der Y-Achsenskalierung einnehmen sollte.

Zur Darstellung der Entwicklung von zwei Reihen in **zeitlicher Folge,** bietet FRAMEWORK drei Grafik-Formen an: die **Linie mit Markierungen,** die **unmarkierten Linien** und das **Punktdiagramm.** Das Punktdiagramm wollen wir nicht verwenden, da die Soll- und die Ist-Werte der Monate Mai und Dezember gleich groß sind. Die entsprechenden Punkte für diese Monate überlappen sich in diesem Grafik-Typ, was nicht zur Übersichtlichkeit beiträgt.

Wir bedienen uns der Liniengrafik. Erstellen Sie die **Grafik UMSGRAF2**

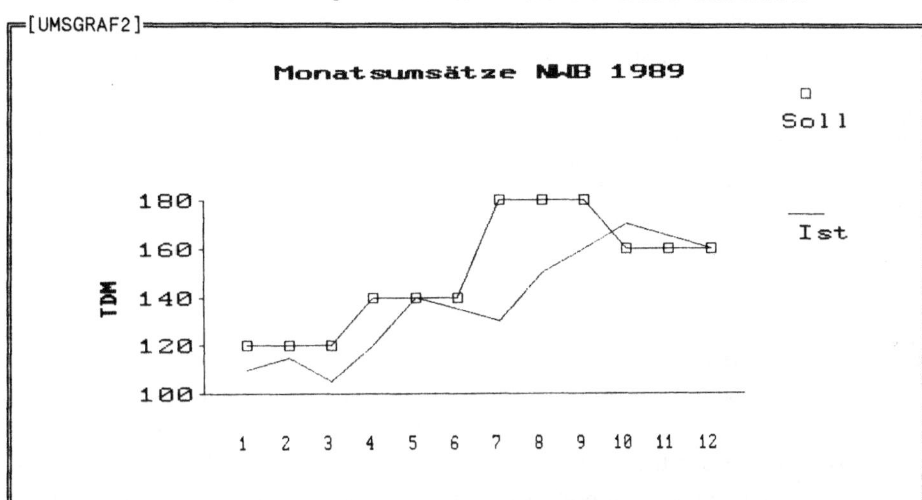

Bild 2.8.E Das Liniendiagramm zu den Soll- und Ist-Umsätzen

Diese Darstellung enthält die beiden Gestaltungselemente Linie mit und Linie ohne Markierungen.

Mit einem einzigen Dateizugriff zwei Linien zeichnen:
> *Wenn Sie sich für **eine** der beiden Möglichkeiten entscheiden, also entweder Linie mit oder Linie ohne Markierungen, dann wählen Sie den zu zeichnenden Bereich aus. Dieser besteht aus zwei Spalten. Sie können beide Datenreihen auf einmal zeichnen lassen.*

Bei der in Bild 2.8.E dargestellten Grafik müssen Sie die Ist- und die Solldaten getrennt auswählen und eine grafische Darstellung überlagern, da Sie mit zwei verschiedenen Grafikarten arbeiten, der Linie mit und der Linie ohne Markierung.

Unterlegen Sie dazu den Bereich UMSATZTAB.B2 bis B13 mit der Taste <F6> AUS-WAHL. Im Menü Grafik wählen Sie den Punkt 'Spalte beschriftet X-Achse' und 'Linie mit Markierungen'. Tragen Sie die Grafik in den Frame UMSGRAF2 ein.

Unterlegen Sie danach die Daten der IST-Spalte in der Tabelle UMSATZTAB. Wählen Sie im Menü Grafik den Punkt 'Unmarkierte Linie' und 'überlagern vorhandene Grafik' und lassen Sie die Überlagerung in den Frame UMSGRAF2 einzeichnen.

Zur Beschriftung der Grafik wie in Bild 2.8.E muß die Formel im Frame UMSGRAF2 zu folgendem Inhalt komplettiert werden:

```
@DrawGraph(UMSATZTAB.B2:UMSATZTAB.B13,#COLUMN,#LINE,
 "Monatsumsätze NWB 1989",,"TDM"),
 @DrawGraph(UMSATZTAB.C2:UMSATZTAB.C13,#COLUMN,#UNMARKEDLINES)
```

Sie müssen nur in der ersten DrawGraph-Funktion die in Anführungszeichen gesetzten Begriffe einfügen. Die zweite Funktion brauchen Sie nicht zu ändern.

Mit den beiden grafischen Darstellungen brauchen Sie sich noch nicht zufrieden geben. Auch die **Balkengrafik** eignet sich zur Lösung unseres Problems, allerdings nicht die Abschnittsbalken, sondern die **Balken nebeneinander.**

Eine Grafik soll übersichtlich sein

Allerdings wird diese Balkengrafik unübersichtlich, wenn je 12 Elemente für jede der beiden Reihen verwendet wird. Wir entscheiden uns deshalb für die Monate 7 bis 12, also die zweite Jahreshälfte.

Das Ergebnis sieht folgendermaßen aus:

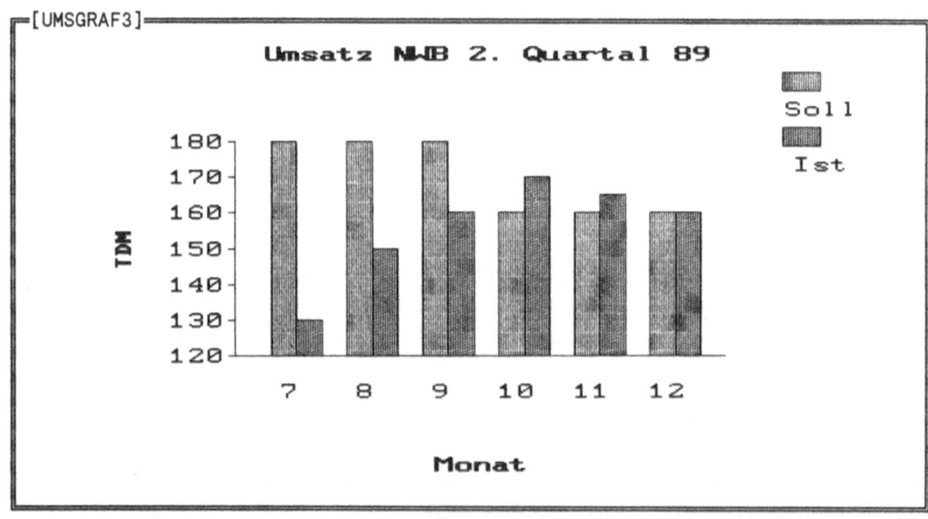

Bild 2.8.F Das Balkendiagramm zum zweiten Halbjahr

3. Industrielles Rechnungswesen

	Modelle	Dateien
3.1	Kostenverteilung: BAB mit Zuschlagskalkulation	09INDKST
3.2	Unter der Lupe betrachtet: Kostenanalyse	10KOSTEN
3.3	Nutzenschwelle: Break-even-point	11NUTZEN
3.4	Die günstigere Anlage: Kostenvergleich	12KOSTV
3.5	Maschinenstundensatz	13MASCH

3.1 Kostenverteilung: BAB mit Zuschlagskalkulation   Datei: 09INDKST

Im industriellen Rechnungswesen eignet sich die Tabellenkalkulation für alle Aufgaben, bei denen Berechnungen anzustellen sind.

Dazu gehören insbesondere auch der **Betriebsabrechnungsbogen (BAB)** und die **Kalkulation.**

Sie werden aus der Fülle der Möglichkeiten im Rahmen des BAB und der Kalkulation einige wenige einfache Berechnungen vornehmen.

Bei der Kostenträgerstückrechnung, der Kalkulation, arbeiten Sie mit der Kostenstellenzuschlagskalkulation. Dabei übernehmen Sie die im BAB ermittelten Zuschlagssätze automatisch in die Kalkulation.

Grundprinzip im Modell

In vorliegenden BAB verteilen Sie die Kosten von lediglich 8 Kostenarten auf 4 Kostenstellen. Damit haben einen BAB in seinem Grundmuster dargestellt.

Ausweitungsmöglichkeiten

*Wenn Sie diesen BAB fertiggestellt haben, können Sie nach Belieben weitere **Kostenarten und Kostenstellen hinzufügen.***

*Außerdem dürfte es Ihnen nicht schwerfallen, den einstufigen BAB zum **mehrstufigen** weiterzuentwickeln.*

*Im Modell 3.5 lernen Sie die Berechnung von **Maschinenstundensätzen** mit dem PC kennen. Damit können Sie die Zuschlagskalkulation noch präziser gestalten.*

*Die **Deckungsbeitragsrechnung** finden Sie in Modell 4.3. Dort werden Aufgaben aus dem Rechnungswesen im Groß- und Einzelhandel behandelt. Diese Anwendung können Sie auf den Industriebetrieb übertragen.*

Nach diesen allgemeinen Vorbemerkungen beginnt wieder die Arbeit am PC.

Erstellen Sie das **Konzept INDKOST** mit folgendem Aufbau:

```
┌─[09INDKST]══════════════════════════════════════════════════════════════════
│        1    BABTAB
│        2    KALKTAB
│        3    MAKROD
└──────────────────────────────────────────────────────────────────────────────
```

Bild 3.1.A Konzeptstruktur

Die Frames BABTAB und KALKTAB sind Tabellenframes, der Frame MAKROD ist ein
Textframe.

Der **Tabellenframe BABTAB** besteht inhaltlich aus zwei Teilen. Im ersten Teil
werden die Eingaben vorgenommen. Der zweite Teil erledigt die Berechnungen
und Ausgaben.

In den Eingabeteil geben Sie mit Ausnahme der Summen folgende Daten ein:

```
┌─[BABTAB]══════════════════════════════════════════════════════════════════════
│     A      B           C   D    E    F      G        H         I      J  K      L
│  1 Betriebsabrechnungsbogen     Verteilungsschlüssel      Eingabe in den
│  2                                                        umrandeten Feldern!
│  3 Nr Kostenart    Schlüs- Gesamt-           Kostenstellen
│  4                 sel     betrag Material Fertig.  Verwalt. Vertr.    Summen
│  5
│  6  1 Stoffverbr.  Belege  120000   20000    80000    10000    10000   120000
│  7  2 Stromkosten  Zähler   40000  100000  3000000   150000   100000  3350000
│  8  3 Hilfslöhne   Köpfe    48000       2       12                  3       17
│  9  4 Gehälter     Liste    68000    6000    18000    29000    15000    68000
│ 10  5 Sozialkosten Köpfe    24000       4       21        8        3       36
│ 11  6 Steuern      m2       52000      50      600      100      120      870
│ 12  7 Abschreibung Kartei   90000  200000  1200000   200000   120000  1720000
│ 13  8 Sonst.Kosten ca.: %   26000      10       40       30       20      100
│ 14
│ 15    Summe               468000
│ 16
│ 17
│ 18    Fertigungsstoffe    714213
│ 19    Fertigungslöhne     250421
│ 20
└────────────────────────────────────────────────────────────────────────────────
```

Bild 3.1.B Der Eingabeteil des BAB

Die Rahmen von Zeile 5 bis 14 und von Zeile 17 bis 20 begrenzen die Eingabedaten. Sie können diese Rahmen mit einem der in Modell 2.1 dargestellten Verfahren
entwickeln.

Belassen Sie die Zahlen im Standardformat. Wenn Sie diese im bisher verwendeten
Format 'Unterteilen in Tausender' mit zwei Dezimalstellen formatieren, dann haben
Sie wesentlich weniger Daten gleichzeitg auf dem Bildschirm.

Berechnen von Summen

Die Zellen L6 bis L13 enthalten die Summen der Schlüsselgrößen. Lassen Sie diese Summen berechnen. Dazu geben Sie in den Formelhintergrund der Zelle L6 folgende Formel ein:

```
§sum(G6:J6)
```

Kopieren Sie diese Formel nach unten bis in Feld L13. Der Gesamtbetrag der zu verteilenden Kosten wird in Zelle E15 berechnet. Die Formel dazu lautet:

```
§sum(E6:E13)
```

Der **Ausgabeteil** der Tabelle **BABTAB** enthält folgende Angaben:

```
=[BABTAB]=====================================================================
    A    B            C    D    E    F     G          H         I      J    K      L
22                                       Kostenverteilung
23
24 Nr Kostenart      Schlüs- Gesamt-                Kostenstellen
25                    sel     betrag  Material Fertig.  Verwalt. Vertr.  Summen
26
27  1 Stoffverbr.    Belege  120000    20000   80000    10000   10000  120000
28  2 Stromkosten    Zähler   40000     1194   35821     1791    1194   40000
29  3 Hilfslöhne     Köpfe    48000     5647   33882        0    8471   48000
30  4 Gehälter       Liste    68000     6000   18000    29000   15000   68000
31  5 Sozialkosten   Köpfe    24000     2667   14000     5333    2000   24000
32  6 Steuern        m2       52000     2989   35862     5977    7172   52000
33  7 Abschreibung   Kartei   90000    10465   62791    10465    6279  116000
34  8 Sonst.Kosten   ca.: %   26000     2600   10400     7800    5200   26000
35
36    Summen                 468000    51562  290756    70366   55316 468000
37
38
39    Zuschlagsbasis:                   Fert.-  Fert.-    HK       HK
40                                       stoffe  löhne-
41
42                                       714213  250421  1306952 1306952
43
44    Zuschlagsprozentsätze:              7,22   116,11     5,38    4,23
45
46
47    Ermittlung der Herstellkosten (HK):
48
49    Fertigungsmaterial:                714213
50    Materialgemeinkosten:               51562
51    Fertigungslöhne:                   250421
52    Fertigungsgemeinkosten:            290756
53    ────────────────────────────────────────
54    Herstellkosten:                   1306952
```

Bild 3.1.C BAB-Ausgabeteil

Schreiben Sie die Überschrift 'Kostenverteilung' in Zeile 22, Spalte E.

Im Folgenden erfahren Sie, wie Sie durch **Kopieren** eine Menge an Arbeit ersparen können.

*Die **Überschriften** in Zeile 24 und 25 brauchen Sie nicht noch einmal einzugeben. Lassen Sie die Angaben aus Zeile 3 und 4 übernehmen. Dazu schreiben Sie in den Formelhintergrund der Zelle A24 die Formel A3, d.h. die Adresse dieser Zelle. Durch Neuberechnung wird der Inhalt dieser Zelle in Zelle A24 übernommen. Kopieren Sie die Formel von Zelle A24 nach unten bis in Zelle A34 und nach rechts bis in Zelle E34. Damit werden die Nummern und die Begriffe und die Gesamtbeträge in Spalte B , C und E kopiert. Die senkrechte Linie in Spalte C müssen Sie noch löschen, Sie hat nur im Eingabefeld eine Funktion.*

Kopieren Sie die Formel in Zelle A24 außerdem nach rechts und nach unten bis in Zelle L25. Sie haben damit auch die Angaben zu Nr., Kostenart, Schlüsselgröße und Gesamtbetrag kopiert.

Sie ersparen sich mit dem Kopieren durch Formeln die wiederholte Eingabe.

Automatsche Anpassung von Werten bei Kopieren mit Formeln

Dieses Verfahren bringt Ihnen einen weiteren Vorteil. Wenn Sie die entsprechenden Ursprungszellen ändern, dann werden die Angaben im Zielbereich automatisch angepaßt.

Einfach- statt Doppelerfassung durch Kopieren

Zur Berechnung der Summen im Bereich L27:L34 kopieren Sie die Formel aus Zelle L13 in Zelle L27 und von dort nach unten bis in Zelle L34.

Sie Summen in Zeile E36 können Sie ebenfalls ohne Eintippen einer Formel gewinnen. Dazu kopieren Sie zunächst Zelle E15 in Zelle E36. Sie können dabei in der Statuszeile beobachten, wie FRAMEWORK die Adressen automatisch anpaßt. Kopieren Sie dann Zelle E36 nach rechts. Beachten Sie, daß die Zellen F36 und K36 keine Eintragungen erhalten dürfen.

Die Zuschlagsgrundlagen in Zeile 42 gewinnen Sie ebefalls durch Formeln:

Wert	Zelle	Formel
Fertigungsstoffe	G42	E18
Fertigungslöhne	H42	E19
Herstellkosten	I42	E54
Herstellkosten	J42	E54

Diese Formeln greifen auf die in der Formel angegebenen Adressen zu und kopieren die bezeichneten Daten in die jeweiligen Zellen.

Um den Doppelstrich in Zeile 37 zu entwickeln, gehen Sie in Zelle E37 und geben Sie folgenden Tastenkombination ein:

<Strg> + 53 <Alt> 2 0 5

Kopieren Sie den Doppelstrich in Zelle E45.

Zur Berechnung des Materialgemeinkostenschlagsatzes geben Sie in den Formelhintergrund der Zelle G44 ein: 100 / G42 * G36.

Die Zuschlagsätze für die Fertigungs-, die Verwaltungs- und Vertriebsgemeinkosten erhalten Sie, indem Sie die den Inhalt von Zelle G44 nach rechts kopieren.

Auch die **Herstellkosten** lassen Sie mit Formeln ermitteln:

Wert	Zelle	Formel
Fertigungsmaterial	E49	G42
Materialgemeinkosten	E50	G36
Fertigungslöhne	E51	H42
Fertigungsgemeinkosten	E52	H36
Herstellkosten	E54	§sum(E49:E52)

Bei der Kostenstellenzuschlagskalkulation in der Tabelle KALKTAB grenzen wir wie beim BAB die Ausgabe von der Eingabe klar ab, damit der Bediener genau sieht, wo er Daten eingeben soll.

Der **Eingabebeteil der Tabelle KALKTAB** hat folgendes Aussehen:

```
┌─[KLAKTAB]════════════════════════════════════════════════════════════
║    A      B        C        D      E        F      G        H      I
║  1 Kostenstellenzuschlagskalkulation    Dateneingabe im
║  2                                       umrandeten Feld:
║  3  ┌──────────────────────────────────────────────────────────────┐
║  4  │   Artikelnr.:   AE215                                         │
║  5  │                                                               │
║  6  │   Einzelkosten:                   DM                       %  │
║  7  │                                                               │
║  8  │   Fertigungsmaterialverbrauch:  450,00  Gewinn:        10,00  │
║  9  │   Fertigungslöhne:              140,00  Skonto:         3,00  │
║ 10  │   Sondereinzelk. der Fertigung: 140,00  Vertreterprov:  2,00  │
║ 11  │   Sondereinzelk. des Vertriebs: 110,00  Rabatt:        10,00  │
║ 12  └──────────────────────────────────────────────────────────────┘
└───────────────────────────────────────────────────────────────────────
```

Bild 3.1.D Der Eingabeteil zur Kalkulation

Der Rahmen von Zeile 3 bis 12 zeigt, wo die numerischen Daten einzugeben sind.

Der **Ausgabeteil** der Tabelle KALKTAB ist umfangreicher. Er greift auf die im Tabellenframe BABTAB ermittelten Zuschlagsätze zu und erstellt zusammen mit den Angaben im Eingabeteil des Tabellenframes KALKTAB die Kostenstellenzuschlagskalkulation.

Durch die Aufteilung der Kosten in die Spalten 'Einzelkosten DM', 'Gesamtkosten %', 'Gemeinkosten DM' und 'Gesamtkosten DM' erreichen Sie eine übersichtliche Darstellung.

Außerdem sind die Begriffe von Zeile 39 bis 49 je um zwei Stellen eingerückt, um das Zustandekommen des Endverkaufspreises ausgehend von den Selbstkosten hervorzuheben.

Durch die klare Abgrenzung des Ausgabeteils vom Eingabeteil dürfte der Anwender eigentlich nicht in die Versuchung kommen, Daten im Ausgabeteil durch Eingaben zu zerstören. Sichern Sie sich trotzdem für alle Fälle ab, indem Sie nach Fertigstellung den ganzen Ausgabeteil schützen.

Unterlegen Sie dazu den Bereich A14:H52 mit der Funktionstaste <F6> AUSWAHL und wählen Sie im Menü Editieren den Punkt 'Gegen Änderungen schützen'.

Bauen Sie den **Ausgabeteil der Tabelle KALKTAB** wie folgt auf:

```
┌─[KLAKTAB]═══════════════════════════════════════════════════════════
│     A      B       C          D      E    F       G           H    I
│ 14 Kostenstellenzuschlagskalkulation
│ 15
│ 16 Artikelnummer:       AE215 Einzelkosten Gemeinkosten   Gesamtkosten
│ 17                            DM           %       DM            DM
│ 18
│ 19 Fertigungsmaterialverbrauch:  450,00
│ 20 Materialgemeinkosten:                  7,22    32,49
│ 21 ────────────────────────────────────────────────────────
│ 22 Stoffkosten:               450,00              32,49       482,49
│ 23
│ 24 Fertigungslöhne:           140,00
│ 25 Fertigungsgemeinkosten:            116,11   162,55
│ 26 Sondereinzelkosten der Fert.: 140,00
│ 27 ────────────────────────────────────────────────────────
│ 28 Fertigungskosten:          280,00             162,55       442,55
│ 29 ────────────────────────────────────────────────────────
│ 30 Herstellkosten:                                            925,04
│ 31
│ 32 Verwaltungsgemeinkosten:            5,38     49,80
│ 33 Vertriebsgemeinkosten:              4,23     39,15
│ 34 Sondereinzelkosten des Vert.: 110,00
│ 35 ────────────────────────────────────────────────────────
│ 36 Verwaltungs- u. Vertr.kosten: 110,00          88,96       198,96
│ 37 ────────────────────────────────────────────────────────
│ 38 Selbstkosten                                             1.123,99
│ 39    + Gewinn                         10,00    112,40
│ 40 ────────────────────────────────────────────────────────
│ 41    Barverkaufspreis                                      1.236,39
│ 42    + Kundenskonto                    3,00     39,04
│ 43    + Vertreterprov.                  2,00     26,03
│ 44 ────────────────────────────────────────────────────────
│ 45    Zielverkaufspreis                                     1.301,46
│ 46    + Kundenrabatt                   10,00    144,61
│ 47 ────────────────────────────────────────────────────────
│ 48    Nettoverkaufspr.                                      1.446,07
│ 49    + Mehrwertsteuer                 14,00    202,45
│ 50 ────────────────────────────────────────────────────────
│ 51 Endverkaufspreis                                         1.648,52
│ 52 ═══════════════════════════════════════════════════════════════
└──────────────────────────────────────────────────────────────────────
```

Bild 3.1.E Der Ausgabeteil zur Kalkulation

Zur Berechnung der Tabelle KALKTAB benötigen Sie eine ganze Reihe von Formeln, die teils auf die Tabelle BABTAB, teils auf den Eingabeteil der Tabelle KALKTAB zurückgreifen.

Wert	Zelle	Formel
Fertigungsmaterialverbrauch	D19	E8
Materialgemeinkostensatz	F20	BABTAB.G44
Materialgemeinkosten in DM	G20	D19 * F20 / 100
Stoffeinzelkosten	D22	D19 + D20
Stoffgemeinkosten	G22	G19 + G20
Gesamte Stoffkosten	H22	D22 + G22
Fertigungslöhne	D24	E9
Fertigungsgemeinkostensatz	F25	BABTAB.H44
Fertigungsgemeinkosten in DM	G25	D24 * F25 / 100
Sondereinzelk. der Fertigung	D26	E10
Gesamte Fertigungseinzelk.	D28	D24 + D26
Gesamte Fertigungsgemeink.	G28	G25
Gesamte Fertigungskosten	H28	D28 + G28
Herstellkosten	H30	H22 + H28
Verwaltungsgemeinkostensatz	F32	BABTAB.I44
Verwaltungsgemeinkosten i.DM	G32	H$30 * F32 / 100
Vertriebsgemeinkostensatz	F33	BABTAB.J44
Vertriebsgemeinkosten i.DM	G33	H$30 * F33 / 100
Sondereinzelk. des Vertriebs	D34	E11
Einzelk. im Verw.u.Vt.-Bereich	D36	D34
Gemeink. im Verw.u.Vt.-Bereich	G36	G32 + G33
Gesamte Verw.u.Vt.-Kosten	H36	D36 + G36
Selbstkosten	H38	H30 + H36
Gewinnsatz	F39	H8
Gewinn i.DM	G39	H38 * F39 / 100
Barverkaufspreis	H41	H38 + G39
Kundenskonto in %	F42	H9
Kundenskonto i.DM	G42	F42*H41/(100-F42-F43)
Vertreterprovision in %	F43	H10
Vertreterprovision i.DM	G43	H41*F43/(100-F43-F42)
Zielverkaufspreis	H45	H41 + G42 + G43
Kundenrabatt in %	F46	H11
Kundenrabatt i.DM	G46	H45 * F46 / (100-F46)
Nettoverkaufspreis	H48	H45 + G46
Mehrwertsteuer i.DM	G49	H48 * F49 / 100
Endverkaufspreis	H51	H48 + G49

Das war eine Menge Arbeit, all diese Formeln zu schreiben!

Sie können sich auch so viel Arbeit machen, wenn Sie alle diese Formeln in der Formelhintergrund der jeweiligen Zelle schreiben.

Diese Auflistung ist jedoch dazu gedacht, daß Sie eine Kontrollmöglichkeit bei der Formelentwicklung haben, wenn Sie sich im betriebswirtschaftlichen Sachverhalt nicht so recht auskennen.

Es gibt glücklicherweise ein Verfahren, mit dem Sie viel weniger zu tun haben:

Geben Sie nicht alle Formeln in den Formelhintergrund jeder der angegebenen Zellen ein, sondern erleichtern Sie sich Ihre Arbeit, indem Sie mit dem Zeigemodus, der **Cursormethode** arbeiten.

Beispiel 1:
Bestimmung des Fertigmaterialverbrauchs mit der Cursormethode.

Gehen Sie in folgenden Schritten vor

1) Bringen Sie den Cursor in Zelle D19.
2) Aktivieren Sie die Cursormethode, indem Sie zunächst die Taste F2> und danach die Taste ⟨Pfeilauf⟩ drücken. In der Nachrichtenzeile erscheint die Meldung:

```
ZEIGEN MIT CURSOR  --  Abschließen mit RETURN
```

Gleichzeitig erscheint in der Editierzeile die Adresse, auf welcher der Cursor steht. Diese Adresse wird beim Navigieren mit dem Cursor laufend angepaßt.

An diesen beiden Anzeigen erkennen Sie, daß die Cursormethode aktiv ist.

3) Bringen Sie den Cursor in Zelle E8

4) Drücken Sie die ⟨Return⟩-Taste.

In Zelle D19 steht jetzt die Formel E8

Beispiel 2:
Generieren der Formel zur Berechnung des Gemeinkostensatzes

Diese Aufgabe ist etwas komplexer als die eben beschriebene. Sie müssen hier nämlich den Frame wechseln.

Verfahren Sie wie folgt:

1) Bringen Sie den Cursor in Zelle F20

2) Aktivieren Sie die Cursormethode durch Drücken der Tasten <F2> und <Pfeilauf>.

3) Verlassen Sie den Frame KALKTAB mit der Taste <Abwärts> und steuern Sie den Frame BABTAB an. Bringen Sie in diesem Frame den Cursor in Zelle G44.

Sie können in der Editierzeile beobachten, wie FRAMEWORK beim Wechsel des Frames den Namen des Frames vor die Adresse der Zelle setzt, die Sie gerade mit dem Cursor ansteuern.

4) Drücken Sie die <Return>-Taste.

Bei der Berechnung der Verwaltungs- und Vertriebsgemeinkosten in DM wird ein absoluter Bezug zu einer Zelle hergestellt. Dazu geben Sie in der Editierzeile das Zeichen $ ein, wenn die entprechende relativ adressierte Formel dort steht. FRAMEWORK fügt automatisch zwei $-Zeichen ein, adressiert also sowohl Zeile als auch Spalte absolut. Löschen Sie das zweite $-Zeichen.

Vergleichen Sie nach Fertigstellung der Tabelle KALKTAB Ihr Ergebnis mit dem Bild 3.1.E.

Vereinfachungsmöglichkeiten

Wenn Ihnen das vorgestellte Modell zu umfangreich ist, gibt es verschiedene Möglichkeiten zu kürzen:

1. Sie halten die Sätze für Gewinn, Skonto, Vertreterprovision und Rabatt fix. Dann entfällt die entsprechende Eingabe und Sie sparen das Kopieren mit vier Formeln.

2. Sie können aber auch noch viel mehr kürzen. Sie führen die Kalkulation nur bis zu Zeile 38, also der Berechnung der Selbstkosten kosten durch und lassen den restlichen Teil entfallen.

Wenn Sie die Kalkulation mit dem **Drucker** ausgeben, wollen Sie wahrscheinlich den Eingabebereich nicht ausdrucken lassen.

Sie können den Ausgabereich KALKTAB A14 bis H52 zum Drucken mit der Funktionstaste <F6> AUSWAHL auswählen.

Außerdem müssen Sie die Druckbreite der Kalkulation beachten. Sie beträgt 69 Stellen. Für normales DIN-A-4-Papier und der üblichen Schriftgröße, nämlich Schriftgrad 12, (10 Zeichen pro Inch) ist diese Tabelle zu breit. Sie müssen also noch Ihren Drucker manuell an Schriftgrad 10 (12 Zeichen pro Inch) oder an eine noch kleinere Schrift anpassen.

Vor allem kann Ihnen passieren, daß Sie beim Drucken nicht an die Druckbreite denken und schon ist ein Blatt umsonst beschriftet.

Zwischenbemerkung

> *Die Breite einer ganzen Tabelle wie auch eines ausgewählten Teils einer Tabelle kann mit einem Makro ermittelt werden.*
>
> *Um ein solches Makro zu erstellen, brauchen Sie jedoch Programmierkenntnisse. Diese bauen Sie erst mit Band II auf.*
>
> *Damit Band I nicht zu umfangreich wird und von der Thematik her von Band II abgegrenzt bleibt, erstellen Sie jetzt kein solches Makro. Aber Sie wissen jetzt: Es ist machbar!*

Sie lernen jetzt aber ein einfaches **Makro** kennen, das Ihnen beim Drucken der Tabelle KALKTAB hilft. Es hat den Namen MAKROD. Das D hinter dem Wort MAKRO ist derselbe wie der erste Buchstabe des Wortes Drucken. So können Sie MAKROD von den anderen besser unterscheiden.

Druckmakro MAKROD

```
§eraseprompt,
§prompt("Auf dem Drucker 12 cpi (= DRAFT 90) einstellen. "
     & "Weiter mit Taste",10),
§nextkey,
§setselection("09INDKST.KALKTAB.A14"),; Zelle ansteuern
§pk("{F6}{CTRL-End}{RETURN}"),         ; Druckbereich unterlegen
§performkeys("{ctrl-d}fd190{return}{esc}"   ; Druckbreite
                                            ; einstellen
  & "{ctrl-d}s"),                           ; drucken
§performkeys("{ctrl-d}fd165{return}{esc}")  ; Zeilenlänge
                                       ; wieder auf 65 Stellen
```

Die **Funktion §eraseprompt** löscht die Nachrichtenzeile.
Mit **§prompt** wird in der Nachrichtenzeile die Meldung ausgegeben:
'Auf dem Drucker 12 cpi (= DRAFT 90) einstellen. Weiter mit Taste'

§nextkey: FRAMEWORK läßt diese Meldung solange stehen, bis Sie irgendeine Taste drücken.

Die restliche Funktionsweise dieses Makro ist am Ende der jeweiligen Makro-Zeile nach einem Strichpunkt mit dem entsprechenden Kommentar erläutert.

Damit Sie das MAKROD verwenden können, schreiben Sie in den Formelhintergrund von 09INDKST folgende Zeilen:

```
;mit <F5> aktivieren !
§setmacro({alt-d},[09INDKST].MAKROD)
```

Nachdem Sie das MAKROD mit der Funktionstaste <F5> NEUBERECHNUNG aktiviert haben, können Sie sich den Ausgabebereich der Tabelle KALKTAB ausdrucken lassen.

Denken Sie daran, daß der Cursor bei der Aktivierung von Makros auf dem Rand des umfassenden Frames 09INDKST stehen muß.

3.2 Unter der Lupe betrachtet – Kostenanalyse   Datei: 10KOSTEN

Eines der **Primärziele** der privatwirtschaftlichen Unternehmung ist der Gewinner-
zielung. Der Gewinn wird definiert als Differenz zwischen Leistung und Kosten.
Damit sind die Kosten ein wesentlicher Einflußfaktor auf den Erfolg bzw. Mißer-
folg einer Unternehmung.

Mit der Analyse der Kosten besitzt die Geschäftsführung einen wichtigen Hebel
zur Steuerung der Unternehmung.

Insbesondere die **Aufteilung der Kosten** in fixe und variable Bestandteile bringt
Transparenz ins Kostengefüge. Sie wird erhöht durch die weitere Unterteilung
der fixen Kosten in absolut fixe und intervallfixe (relativ fixe, sprungfixe) Kosten.

Während die absolut fixen Kosten von der Ausbringungsmenge 0 bis zur Kapazitätsgrenze konstant bleiben, haben die intervallfixen Kosten diese Konstanz nur
innerhalb eines bestimmten Intervalls.

Als absolut fix können z. B. die fixen Kosten eines Betriebsgebäudes, als inter-
vallfix z. B. die fixen Kosten einer von mehreren Anlagen gelten.

Bauen Sie zur Kostenanalyse folgendes **Konzept KOSTENANALYSE** auf:

```
=[10KOSTEN]=====================================================
    1   KOSTTAB
    2   HILFTAB1
    3   KOSTGRAF1
    4   KOSTGRAF2
    5   HILFTAB2
    6   KOSTGRAF3
    7   HILFTAB3
    8   KOSTGRAF4
```

Bild 3.2.A Konzeptstruktur

Die Frames 1 KOSTTAB, 2 HILFTAB1, 5 HILFTAB2 und 7 HILFTAB3 sind Tabellenframes. Für die vier übrigen legen Sie Leerframes an.

Der Tabelle KOSTTAB geben Sie folgenden Inhalt:

```
┌─[KOSTTAB]════════════════════════════════════════════════════════════════════╗
║    A    B      C        D          E          F          G          H        I ║
║  1   Kostenanalyse                                                             ║
║  2 ┌──────────────────────────────────────────────────────────────────────┐  ║
║  3 │ Bitte eingeben: ─────────────────┐                                    │  ║
║  4 │                                   │                                    │  ║
║  5 │ Mindest-  800   <───────────┐     absolut fixe Kosten     8.000,00 <─┐ │  ║
║  6 │ stück            relativ fixe Kosten     2.500,00 <─┤ │  ║
║  7 │ Differenz        variable Stückkosten       25,00 <─┤ │  ║
║  8 │ Stück      50   <───────────┘     Verkaufspreis           45,00 <─┘ │  ║
║  9 ├──────────────────────────────────────────────────────────────────────┤  ║
║ 10 │ Stück   absolut   ges.rel.    variable   Gesamt-    Gesamt-    Gesamt- │  ║
║ 11 │         fixe K.   fixe K.     Kosten     kosten     erlös      erfolg  │  ║
║ 12 ├──────────────────────────────────────────────────────────────────────┤  ║
║ 13 │   800  8.000,00  12.500,00  20.000,00  40.500,00  36.000,00  -4.500,00│  ║
║ 14 │   850  8.000,00  12.500,00  21.250,00  41.750,00  38.250,00  -3.500,00│  ║
║ 15 │   900  8.000,00  12.500,00  22.500,00  43.000,00  40.500,00  -2.500,00│  ║
║ 16 │   950  8.000,00  12.500,00  23.750,00  44.250,00  42.750,00  -1.500,00│  ║
║ 17 │  1000  8.000,00  15.000,00  25.000,00  48.000,00  45.000,00  -3.000,00│  ║
║ 18 │  1050  8.000,00  15.000,00  26.250,00  49.250,00  47.250,00  -2.000,00│  ║
║ 19 │  1100  8.000,00  15.000,00  27.500,00  50.500,00  49.500,00  -1.000,00│  ║
║ 20 │  1150  8.000,00  15.000,00  28.750,00  51.750,00  51.750,00       0,00│  ║
║ 21 │  1200  8.000,00  17.500,00  30.000,00  55.500,00  54.000,00  -1.500,00│  ║
║ 22 │  1250  8.000,00  17.500,00  31.250,00  56.750,00  56.250,00    -500,00│  ║
║ 23 │  1300  8.000,00  17.500,00  32.500,00  58.000,00  58.500,00     500,00│  ║
║ 24 │  1350  8.000,00  17.500,00  33.750,00  59.250,00  60.750,00   1.500,00│  ║
║ 25 │  1400  8.000,00  20.000,00  35.000,00  63.000,00  63.000,00       0,00│  ║
║ 26 │  1450  8.000,00  20.000,00  36.250,00  64.250,00  65.250,00   1.000,00│  ║
║ 27 │  1500  8.000,00  20.000,00  37.500,00  65.500,00  67.500,00   2.000,00│  ║
║ 28 │  1550  8.000,00  20.000,00  38.750,00  66.750,00  69.750,00   3.000,00│  ║
║ 29 │  1600  8.000,00  22.500,00  40.000,00  70.500,00  72.000,00   1.500,00│  ║
║ 30 │  1650  8.000,00  22.500,00  41.250,00  71.750,00  74.250,00   2.500,00│  ║
║ 31 │  1700  8.000,00  22.500,00  42.500,00  73.000,00  76.500,00   3.500,00│  ║
║ 32 │  1750  8.000,00  22.500,00  43.750,00  74.250,00  78.750,00   4.500,00│  ║
║ 33 │  1800  8.000,00  25.000,00  45.000,00  78.000,00  81.000,00   3.000,00│  ║
║ 34 └──────────────────────────────────────────────────────────────────────┘  ║
╚═══════════════════════════════════════════════════════════════════════════════╝
```

Bild 3.2.B Die Kostenanalyse

Zeichnen Sie zunächst die **Rahmen** mit einem Verfahren, das in Modell 2.1 erläutert wurde.

Den **Pfeil**, der nach links zeigt, erhalten Sie mit der Kombination: <Alt> + 60.

Die Höhe der **Kosten** hängt von fünf Variablen ab: der Mindeststückzahl, der Differenz Stück, den absolut fixen Kosten, den relativ fixen Kosten je intervallfixer Einheit und den variablen Stückkosten.

Der **Erlös** wird in Abhängigkeit von drei Variablen bestimmt: dem Verkaufspreis, der Mindeststückzahl und der Differenz Stück
Für die Berechnung der einzelnen Werte gelten folgende Formeln

Wert	Zelle	Formel
Stück	B13	C6
Stück	B14	B13 + C$8
absolut fixe Kosten	C13	G$5
gesamte relativ fixe Kosten .	D13	G$6 * §INT(B13 / 200 + 1)
variable Kosten	E13	B13 * G$7
Gesamtkosten	F13	C13 + D13 + E13
Gesamterlös	G13	G$8 * B13
Gesamterfolg	H13	G13 - F13

Sie können die Formeln in den Formelhintergrund der angegebenen Zellen eingeben. Sie können sich die Arbeit aber auch vereinfachen, indem Sie die Cursor-
methode (den Zeigemodus) verwenden.

Beispiel zur Cursormethode:

Wenn Sie z. B. die Formel in Zelle B13 zur Bestimmung der Stückzahl editieren wollen, gehen Sie folgendermaßen vor:

1. Stellen Sie den Cursor auf Zelle B13

2. Aktivieren Sie die Cursormethode, indem Sie nacheinander die Funktionstate <F2> FORMEL EDITIEREN und die Taste <Pfeilauf> drücken.

3. Steuern Sie Zelle C6 an.

4. Drücken Sie die Taste <Return> zweimal.

FRAMEWORK hat in den Formelhintegrund der Zelle B13 die Formel C6 eingetragen.

Die Formel in Zelle B14 lautet: B13 + C$8

Sie enthält **relative und eine absolute Adressangabe.** Beim Kopieren der Formel
nach unten bis in Zelle B33 darf sich die Differenz der Stückzahl nicht ändern,
deshalb müssen Sie zwischen die Acht und das D ein $-Zeichen setzen. Die
Adresse B13 wird beim Kopieren angepaßt.

Kopieren Sie also z.B. die Formel von Zelle B14 in Zelle B15, dann lautet die Formel in Zelle B15: B14 + C$8.

Weitere absolute Adressangaben finden Sie bei den Formeln in Zelle C13, D13, E13 und G13.

Zur Berechnung der **gesamten relativ fixen Kosten** tragen Sie folgende Formel in die Zelle D13 ein:

```
G$6 * §int(B13 / 200 + 1)
```

Die **Funktion §int** berechnet den ganzzahligen Wert eines Ausdrucks.

Die Zelle G6 enthält die relativ fixen Kosten je intervallfixer Einheit, z.B. je Maschine, die intervallfixe Kosten verursacht. Die Stückzahl in Zelle B13 wird durch 200 geteilt. Mit einer Maschine können 200 Stück produziert werden.

Bei einer geringen Stückzahl würden wegen der Abrundung auf ganze Zahlen mit §int keine intervallfixen Kosten berechnet, wenn nicht noch eine 1 addiert würde.

Achten Sie auf Plausibilität bei der Eingabe

Das Kostenrechnungssystem wird sehr flexibel, da in ihm die Höhe der Kosten von fünf Variablen abhängt: der Mindeststückzahl, der Differenz Stück, den absolut fixen Kosten, den relativ fixen Kosten je intervallfixer Einheit und den variablen Stückkosten.

Bei dieser Fülle von Variablen können sehr leicht unrealistische Werte berechnet werden.

Achten Sie deshalb bei der Dateneingabe darauf, daß die eingegebenen Werte plausibel sind. Insbesondere dürfen Sie die Maximalkapazität nicht überschreiten.

Fixieren der Überschriftszeilen und der ersten Spalte

Die Tabelle KOSTTAB besteht aus 34 Zeilen. Wenn Sie die Tabelle anschauen und dabei den Cursor nach unten bewegen, verschwinden von einem bestimmten Punkt an die Überschriftszeilen.

Damit Sie die Orientierung trotzdem nicht verlieren, können Sie die Überschriften fixieren.

Stellen Sie dazu den Cursor in Zelle A13 und wählen Sie das Menü Editieren an und setzen Sie den Punkt 'Fixieren von Spalten/Zeilen' auf 'Ja'.

Ganz egal, wie weit Sie den Cursor nach unten bewegen, Sie haben die Überschriften immer auf dem Bildschirm und wissen, um welche Zahlen es sich jeweils handelt.

Allerdings haben Sie die durch die 12 fixen Zeilen relativ wenig Platz zur Anzeige der Werte.

Füttern Sie die Tabelle KOSTTAB mit verschiedenen Daten

Achten Sie dabei auf den Zusammenhang der Kostenkomponenten untereinander und der Kosten bezüglich der Erlöse.

Gehen Sie behutsam mit Änderungen vor. Ändern Sie insbesondere nicht alle Parameter gleichzeitig. Sonst verlieren Sie leicht den Überblick.

Mit einigen plausiblen und sinnvollen Datenänderungen können Sie einige Erkenntnisse über Kosten und Erlöse gewinnen.

Sie können die Ergebnisse der Tabelle **KOSTTAB** zusätzlich mit **grafischen Darstellungen** verdeutlichen.

Besonders interessant ist die Entwicklung des Gesamterfolgs. Durch die intervallfixen Kosten verläuft der Erfolg nicht kontinuierlich, sondern in Schwankungen.

Die Grafik **KOSTGRAF1** soll dies verdeutlichen.

Damit diese Grafik übersichtlich bleibt, stellen Sie den Erfolg lediglich im Stückbereich von 1050 bis 1450 dar.

Der in Grafik KOSTGRAF1 dargestellte Verlauf der Erfolgskurve ist das Resultat von Gesamterlös abzüglich Gesamtkosten.

Durch das Zeichnen dieser beiden Reihen wird das Zustandekommen des Verlaufs des Erfolgs sinnfällig. Die Grafik KOSTGRAF2 enthält diese Darstellung.

Die Beschriftung der Grafik können Sie nicht aus der Tabelle KOSTTAB entnehmen, da hier in der 1. Zeile über den jeweiligen Spalten nur die Überschrift 'Kostenanalyse' eingetragen ist. Deshalb müssen Sie die Hilfstabelle **HILFTAB1** verwenden.

```
┌[HILFTAB1]═══════════════════════════════════════════════════════════┐
│        A           B           C           D                         │
│  1 Stückzahl Kosten      Erlös       Erfolg                          │
│  2                                                                   │
│  3    1050  49.250,00  47.250,00  -2.000,00                          │
│  4    1100  50.500,00  49.500,00  -1.000,00                          │
│  5    1150  51.750,00  51.750,00       0,00                          │
│  6    1200  55.500,00  54.000,00  -1.500,00                          │
│  7    1250  56.750,00  56.250,00    -500,00                          │
│  8    1300  58.000,00  58.500,00     500,00                          │
│  9    1350  59.250,00  60.750,00   1.500,00                          │
│ 10    1400  63.000,00  63.000,00       0,00                          │
│ 11    1450  64.250,00  65.250,00   1.000,00                          │
└─────────────────────────────────────────────────────────────────────┘
```

Bild 22.C Die Hilfsdaten für die Grafik KOSTGRAF1 und KOSTGRAF2

**Zwei Verfahren, um Grafikhilfsdaten zu gewinnen: Kopieren oder durch eine
Formel generieren**

*Kopieren Sie diese Daten aus den Zeilen 18 bis 26 der Tabelle KOST-
TAB. Dabei handelt es sich um den Bereich, in dem der Gesamterfolg
um den Wert 0 pendelt. Der Wert 0 wird zweimal ausgewiesen, in
Zeile 20 und 25. Wenn Sie zwischen den Zeilen lesen können, dann
erkennen Sie einen dritten 0-Wert. Dieser liegt zwischen Zeile 22
und 23. In einer Grafik können Sie dies leichter erkennen.*
*Wenn Sie andere Daten in den Zeilen 3 bis 8 in der Tabelle KOSTTAB
eingeben, ergibt sich eine andere Kostensituation.*

*Sie müssen dann wieder überlegen, welchen Bereich Sie aus der Ta-
belle KOSTTAB für die Grafikdaten auswählen wollen.*

*Sie können es sich auch nicht zu leicht machen, indem Sie pauschal
alle Daten aus der Tabelle KOSTTAB übernehmen. In diesem Fall
würde Ihre Grafik unübersichtlich.*

*Sie könnten allerdings die Tabelle KOSTTAB kürzen, sodaß diese
z. B. nur bis Zeile 20 reicht. Dies bedeutet allerdings einen
Informationsverlust.*

*Der Verteil dieser Kürzung besteht jedoch darin, daß Sie die Daten
der Tabelle HILFTAB1 nicht bei jeder Änderung der Parameterwerte*

der Tabelle KOSTTAB neu durch Kopieren gewinnen müssen. Sie könnten nämlich in diesem Fall die Daten der Tabelle HILFTAB1 durch Formeln automatisch erhalten. In diese Formeln müßten Sie lediglich die Adressen der Ursprungszellen eintragen.

Achten Sie beim Kopieren darauf, daß Sie den Kopiervorgang nicht mit ⟨Return⟩ sondern mit dem #-Zeichen beenden, sonst werden die Formeln der Ursprungstabelle neben den Werten übertragen. Diese Formeln können jedoch nicht berechnet werden, da Bezüge fehlen.

Grafik **KOSTGRAF1** hat folgendes Aussehen:

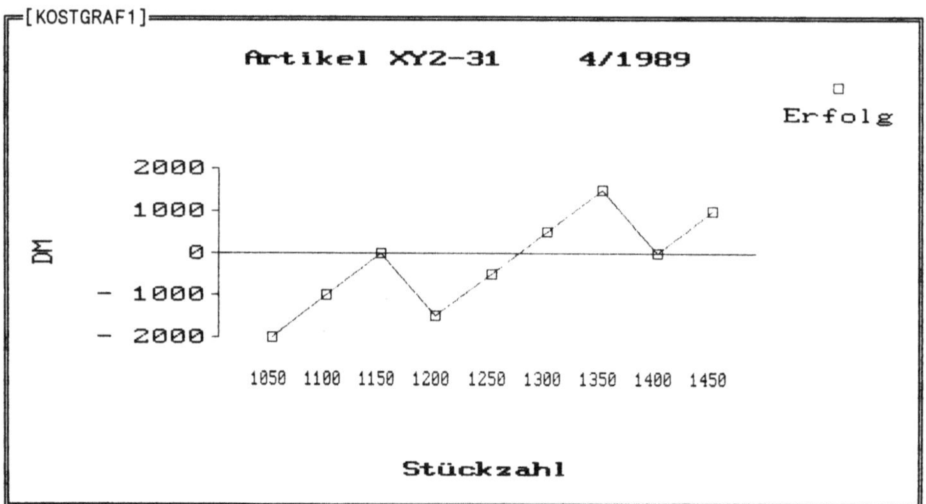

Bild 3.2.D Erfolgsentwicklung

Wählen Sie aus der Tabelle **HILFTAB1** die Daten der Spalte Erfolg aus und lassen Sie eine Linie mit Markierung in den Frame KOSTGRAF1 zeichnen.

Achten Sie darauf, daß im Menü Grafik der Punkt **'Spalte beschriftet X-Achse'** aktiviert ist. Zur **Beschriftung** der Achsen und für die Überschrift müssen Sie die Formel, welche FRAMEWORK im Formelhintergrund des Frames KOSTGRAF1 eingetragen hat, noch ergänzen, sodaß diese folgenden Inhalt hat:

```
@DrawGraph(HILFTAB1.D3:HILFTAB1.D11,#COLUMN,#LINE,
"Artikel XYZ-31     4/1989","Stückzahl","DM")
```

Sie können aus dieser Grafik deutlich erkennen, wie sich der Erfolg um die X-Achse schlängelt.

Neben den beiden 0-Werten, die als solche auch aus der Tabelle KOSTTAB ersichtlich sind, können Sie hier auch den bereits angesprochenen dritten 0-Wert zwischen der Menge 1250 und 1300 sehen.

Weitergehende Aufschlüsse über das Zustandekommen des Erfolgs bringt Ihnen die Grafik **KOSTGRAF2**:

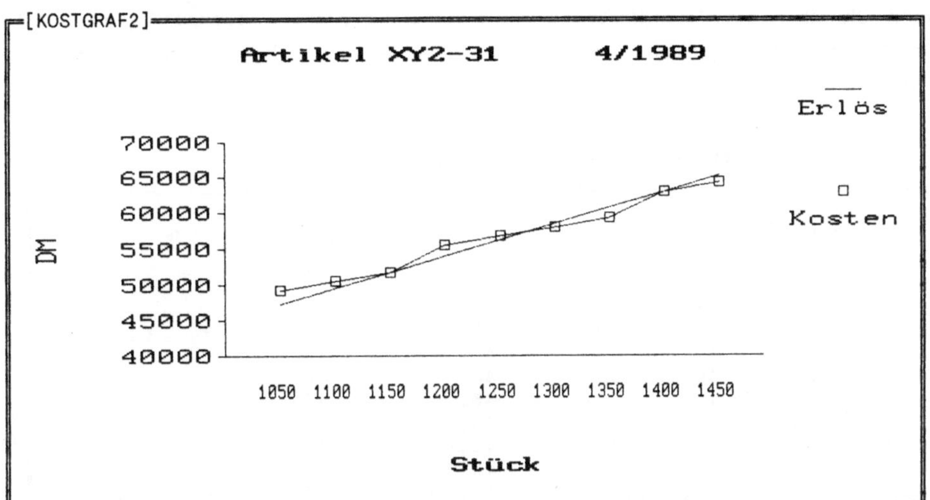

Bild 3.2.E Kosten- und Erlös-Kurve

Wählen Sie in Tabelle HILFTAB1 die Daten der Spalte Erlös aus und lassen Sie damit in den Frame KOSTGRAF2 eine Liniengrafik ohne Markierungen einzeichnen. Danach wählen Sie in der Tabelle HILFTAB1 die Angaben zu den Kosten aus und lassen mit einer Linie mit Markierungen die bereits vorhandene Liniengrafik KOSTGRAF2 überlagern.

Damit die Grafik komplett erstellt wird bekommt die @DrawGraph-Formel folgenden Inhalt:

```
@DrawGraph(HILFTAB1.C3:HILFTAB1.C11,#COLUMN,#UNMARKEDLINES,
 "Artikel XY2-31     4/1989","Stück","DM"),
@DrawGraph(HILFTAB1.B3:HILFTAB1.B11,#COLUMN,#LINE)
```

Die Stückkosten nehmen bei zunehmender Stückzahl ab, steigen aber wieder leicht an, wenn eine neue Maschine die intervallfixen Kosten erhöht.

Zeichnen Sie in Grafik **KOSTGRAF3** die Stückkosten im Zusammenhang mit dem Verkaufspreis ein.

Dazu müssen Sie wieder eine Hilftabelle erstellen. Sie hätten zwar die erforderlichen Daten in die HILFTAB1 zusätzlich eintragen können. Der Stückzahlbereich geht hier von 1050 bis 1450.

Wenn Sie aber die Stückkostenkurve im einem größeren Stückzahlbereich, z.B. von 800 bis 1550 zeichnen, bekommen Sie eher den typischen Verlauf der Stückkostenkurve, die intervallfixe Kosten enthält.

Erstellen Sie die **Tabelle HILFTAB2:**

```
=[HILFTAB2]===================================================
             A            B            C            D
    1 Stück        Gesamtkosten Stückkosten Verkaufspreis
    2
    3      800     40.500,00      50,63       45
    4      850     41.750,00      49,12       45
    5      900     43.000,00      47,78       45
    6      950     44.250,00      46,58       45
    7     1000     48.000,00      48,00       45
    8     1050     49.250,00      46,90       45
    9     1100     50.500,00      45,91       45
   10     1150     51.750,00      45,00       45
   11     1200     55.500,00      46,25       45
   12     1250     56.750,00      45,40       45
   13     1300     58.000,00      44,62       45
   14     1350     59.250,00      43,89       45
   15     1400     63.000,00      45,00       45
   16     1450     64.250,00      44,31       45
   17     1500     65.500,00      43,67       45
   18     1550     66.750,00      43,06       45
```

Bild 3.2.F Die Hilfsdaten für die Grafik KOSTGRAF3

Kopieren Sie die Eintragungen in den Spalten Stück und Gesamtkosten aus der Tabelle KOSTTAB. Denken Sie daran, daß Sie den Kopiervorgang nicht mit <Return>, sondern mit dem **#-Zeichen** beenden. Zur Berechnung der Stückkosten tragen Sie in den Formelhintergrund von der Zelle C3 folgende Formel ein und kopieren Sie diese nach unten.

```
B3 / A3
```

In Zelle HILFTAB2.D3 tragen Sie die Formeln KOSTTAB.G$8 ein. Kopieren Sie diese Formel nach unten bis in Zelle D18. Durch die absolute Adressierung wird in jeder der Zellen des Bereichs D3:D18 auf dieselbe Ursprungszelle zugegriffen, nämlich den Verkaufspreis.

Erstellen Sie die Grafik **KOSTGRAF3**:

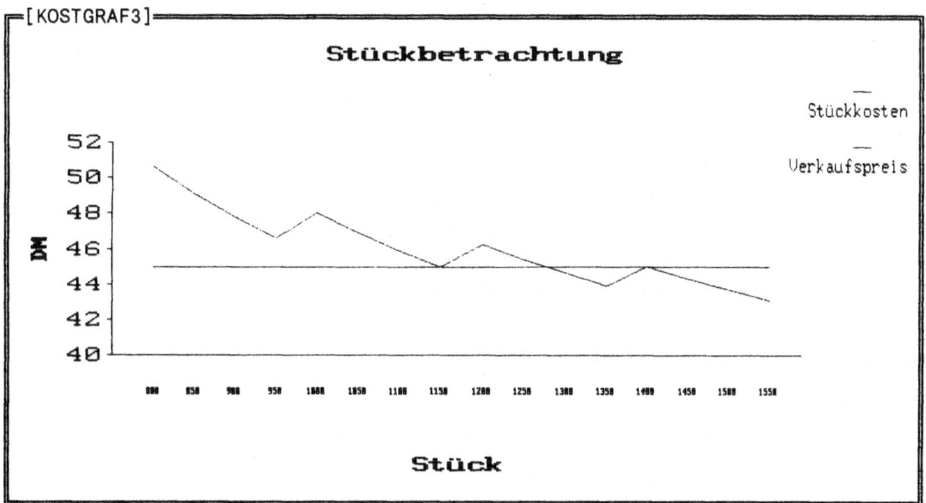

Bild 3.2.G Die Stückbetrachtung

Unterlegen Sie in Tabelle HILFTAB2 den Bereich B3:C18, also beide Spalten. Wählen Sie 'Unmarkierte Linie' und lassen Sie die Grafik in den Frame KOSTGRAF3 zeichnen.

Inklusive Achsenbeschriftung und Überschriften lautet die Grafikformel:

```
@DrawGraph(HILFTAB2.C3:HILFTAB2.D18,#COLUMN,#UNMARKEDLINES,
 "Stückbetrachtung","Stück","DM")
```

Auch die **Grafik mit Abschnittsbalken** eignet sich für die Darstellung der Kostensituation. In einem Abschnittsbalken wird damit die Kostenzusammensetzung bei einer besimmten Produktionsmenge ersichtlich.

Durch Überlagern können Sie die Erlöskurve zusätzlich einzeichnen. Damit ist wieder die Erfolgssituation ersichtlich.

Sie können bei dieser Grafik erkennen, wie der Erfolg insbesondere von den intervallfixen Kosten abhängt.

Erstellen Sie zunächst wieder eine Hilfstabelle. Sie umfaßt 5 Spalten: Stück, absolut fixe, relativ fixe, variable Kosten und den Erlös. Damit die Grafik noch übersichtlich bleibt, dürfen Sie nicht zuviele Zeilen auswählen.
Die Tabelle HILFTAB3 hat folgenden Inhalt:

```
=[HILFTAB3]=====================================================
        A            B            C           D           E
  1  Stück     absolut fix  relativ fix  variabel   Erlös
  2
  3     1100    8.000,00   15.000,00  27.500,00   40.500,00
  4     1150    8.000,00   15.000,00  28.750,00   51.750,00
  5     1200    8.000,00   17.500,00  30.000,00   54.000,00
  6     1250    8.000,00   17.500,00  31.250,00   56.250,00
  7     1300    8.000,00   17.500,00  32.500,00   58.500,00
```

Bild 3.2.H Die Hilfsdaten für die Grafik KOSTGRAF4

Erstellen Sie die Grafik **KOSTGRAF4:**

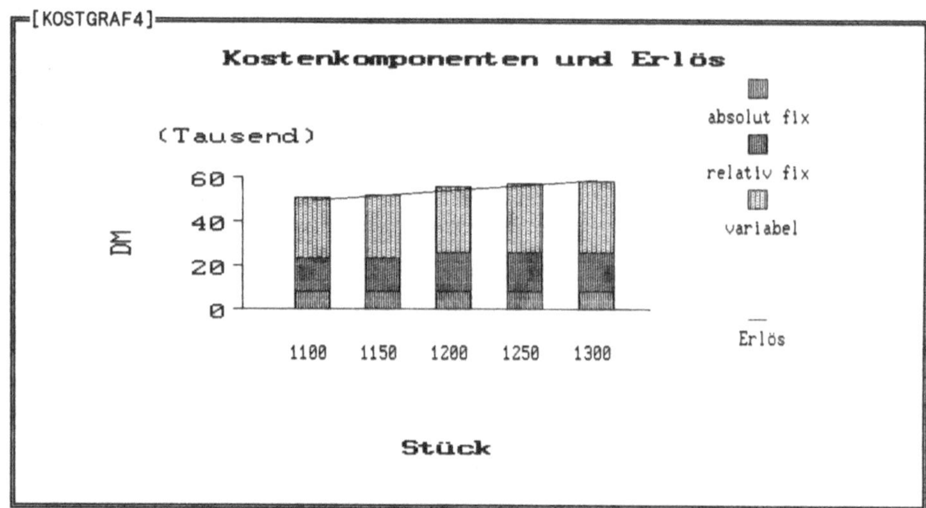

Bild 3.2.I Die Kostenkomponenten und die Erlöse

Zeichnen Sie mit den Daten des Bereichs HILFTAB.B:HILFTAB.D7 eine Grafik mit Abschnittsbalken. Überlagern Sie diese Darstellung mit einer unmarkierten Linie aus den Zellen E3 bis E7 aus HILFTAB3.

Sie haben die Tabelle KOSTTAB mit 4 unterschiedlichen grafischen Darstellungen ausgewertet.

Behalten Sie bitte folgende **Regeln zum Erstellen einer Grafik** im Gedächtnis:

1. *Wählen Sie nicht zuviele Daten aus. Sonst wird die Grafik unübersichtlich.*
   In Grafik KOSTGRAF3 befinden sich 16 Angaben zur Beschriftung der X-Achse. Dies ist schon fast zuviel. Hätten Sie alle 21 Zeilen der Tabelle KOSTTAB ausgewählt, dann ergäbe die X-Achsen Beschriftung mit 21 Ziffern ein schlechtes Bild.

2. *Suchen Sie für Ihr Datenmaterial diejenige grafische Darstellung, die zur Lösung Ihres Problems in einem adäquaten Verhältnis steht. In KOSTGRAF4 werden die Kostenkomponenten bei verschiedenen Ausbringungsmengen dem jeweiligen Erlös gegenübergestellt.*

   Dabei haben Sie mit einer Linie die einzelnen Abschnittsbalken überlagert. Hätten Sie statt der Abschnittsbalken die Balken nebeneinander gewählt, könnten Sie mit der Grafik wenig anfangen.

3. *Damit eine Grafik aussagefähig wird, sollten Sie bei Bedarf für die Grafik gesonderte Daten erzeugen lassen, die in der Ursprungstabelle nicht in der benötigten Anzahl vorhanden sind.*

   So haben Sie z. B. für KOSTGRAF3 den Verkaufspreis, der in der Ursprungstabelle in einer einzigen Zelle enthalten ist, in der Hilfstabelle in einen Bereich kopiert.

4. *Beschriften die Koordinaten der Grafik und lassen Sie eine sinnvolle Überschrift eintragen, indem Sie die Grafikformeln, die FRAMEWORK erzeugt hat, entsprechend ändern.*

3.3 Nutzenschwelle (break-even point)   Datei: 11NUTZEN

Jeder Betrieb verursacht **fixe Kosten.** Diese sind von der schwankenden Produktionsmenge unabhängig. Sie sind auch dann vorhanden, wenn wenig produziert wird. Dazu rechnen z. B. die Kosten eines Produktionsgebäudes.

Zu den fixen kommen die **variablen Kosten,** die zur Produktionsmenge in direktem Bezug stehen, z. B. der Fertigungsmaterialverbrauch.

Der **Erlös** ist wie die variablen Kosten mengenabhängig.

Die Summe aus fixen und variablen Kosten ist bei geringen Produktionsmengen größer als der Erlös.

Wenn die Produkte zu einem Preis verkauft werden, der über den variablen Stückkosten liegt, dann wird ab einer bestimmten Produktionsmenge der Erlös größer als die Kosten. Erst dann arbeitet die Unternehmung mit **Gewinn.**

Diese Menge wird als **Nutzenschwelle** bezeichnet. Weitere Bezeichnungen dafür sind: **Gewinnschwelle** und **break-even point.**

Die Berechnung der Nutzenschwelle kann ohne Einschränkung angewendet werden, wenn eine Unternehmung nur ein einziges Produkt herstellt.

Beim Mehrproduktunternehmen gibt es Kostenabgrenzungsprobleme.

Bauen Sie folgendes Konzept zur Ermittlung der Nutzenschwelle auf:

```
┌─[11NUTZEN]════════════════════════════════════╗
│      1   NUTZENTAB                             │
│      2   HILFTAB                               │
│      3   NUTZENGRAF                            │
╚═══════════════════════════════════════════════╝
```

Bild 3.3.A Konzeptstruktur

Eine Grafik bei Datenänderungen automatisch anpassen

> *In diesem Modell lernen Sie, was Sie tun müssen, damit eine Hilfstabelle und eine Grafik bei Datenänderungen automatisch dem jeweiligen Stand der Ursprungstabelle angepaßt wird.*

Strenge Gliederung in Ein- und Ausgabebereich

Die Tabelle NUTZENTAB gliedern Sie wieder ganz streng in einen Eingabe- und einen Ausgabeteil.

*Wenn Sie diese Anwendung erstellt haben, dürfte Ihnen zwar die Abgrenzung in Ein- und Ausgabe auch dann nicht schwerfallen, wenn auf dem Bildschirm **keine** klare Trennung in diese beiden Teile vorgenommen wird.*

Wenn Sie aber mit einer ganzen Reihe anderer Anwendungen gearbeitet haben und nur einmal kurz das Konzept 11NUTZEN anwenden wollen, werden Sie es zu schätzen wissen, wenn Sie nicht lange überlegen müssen, wo Sie Daten eingeben dürfen und wo nicht.

Wenn Sie jemand anders mit der Durchführung dieser Anwendung betrauen, dann wird diese klare Abgrenzung ebenfalls von Vorteil sein.

Die **Tabelle NUTZENTAB** zeigt folgenden Aufbau:

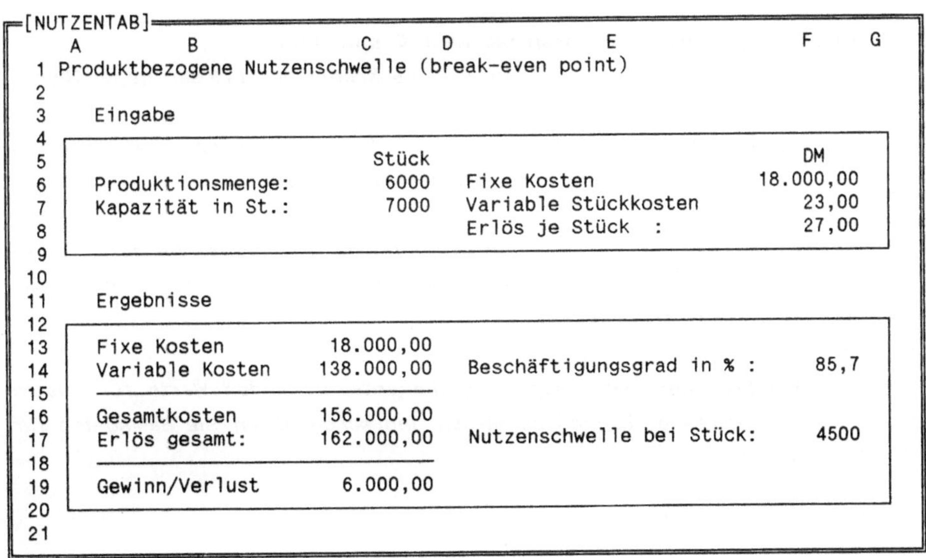

Bild 3.3.B Die Berechnung der Nutzenschwelle

Die **Formeln zur Berechnung der Ausgabedaten** lauten:

Ergebnis	Zelle	Formel
Fixe Kosten	C13	F6
Variable Kosten	C14	F7 * C6
Gesamtkosten	C16	C14 + F6
Erlös gesamt	C17	F8 * C6
Gewinn/Verlust	C19	C17 - C16
Beschäftigungsgrad in %	F14	C6 * 100 / C7
Nutzenschwelle in Stück	F17	F6 / (F8 - F7)

Sie können diese Formeln direkt in den Formelhintergrund der jeweiligen Zelle schreiben oder mit der Cursormethode durch Zeigen der Formelkomponenten gewinnen.

Ein Beispiel zur **Cursormethode** finden Sie u. a. im vorhergenden Modell, der Kostenanalyse.

Die Daten der Tabelle NUTZENTAB sind für eine direkte Aufbereitung einer Grafik zu wenig ergiebig. Sie enthält zu wenig Elemente.

Zur besseren Visualisierung schaffen Sie neue Grafikdaten

Stellen Sie in einer Liniengrafik die Kosten den Erlösen gegenüber.

Gehen Sie von der Kapazität in Stück aus und generieren Sie einen neuen Bereich. Dabei beträgt die Kapazität 100 %.

Unterteilen Sie diese Menge in 10 Teilmengen, wobei Sie mit 0 % beginnen, jeweils um 10 % erhöhen und damit schließlich zur Kapazitätsgrenze kommen.

Sie brauchen dann nur noch die entsprechenden Werte für Kosten und Erlöse berechnen zu lassen und schon haben Sie Basisdaten für eine Grafik.

Diese **Tabelle HILFTAB** hat folgenden Inhalt:

```
┌─[HILFTAB]════════════════════════════════════════════════════
│         A           B           C
│  1  Menge     Kosten         Erlös
│  2       0      18000           0
│  3     700      34100       18900
│  4    1400      50200       37800
│  5    2100      66300       56700
│  6    2800      82400       75600
│  7    3500      98500       94500
│  8    4200     114600      113400
│  9    4900     130700      132300
│ 10    5600     146800      151200
│ 11    6300     162900      170100
│ 12    7000     179000      189000
│ 13                         #GRAPH
└──────────────────────────────────────────────────────────────
```

Bild 3.3.C Die Hilfstabelle mit den Grafikdaten

Zur **Datengewinnung für diese Hilfstabelle** gehen Sie wie folgt vor:

1. *Tragen Sie die Überschriften in Zeile 1 ein.*

2. *Schreiben Sie in Zelle A2 eine Null.*

3. *Tragen Sie in Zelle A12 die Formel zur Anzeige der Kapazitäts-*

```
NUTZENTAB.C7
```

Sie können diese Formel direkt in den Formelhintergrund eintragen oder mit der Cursormethode erzeugen.

4. *Tragen Sie in Zelle A3 die Formel ein:*

```
A$12 * 0.1
```

Damit wird hier eine Menge von 10 % der Kapazitätsgrenze eingetragen.

5. *Kopieren Sie diese Formel bis in Zelle A11.*

6. *Passen Sie die Formeln in Zellen A4 bis A11 an. Aus A$12 * 0.1 wird A$12 * 0.2, also 20 % der Menge der Kapazitätsgrenze usw.*

7. *Tragen Sie in Zelle B2 die Formel ein:*

```
NUTZENTAB.F$6 + A2 * NUTZENTAB.F$7
```

Die absoluten Adressen brauchen Sie, damit sich der Bezug beim Kopieren nicht ändert.

8. *In den Formelhintergrund der Zelle C2 bringen Sie die Formel:*

```
A2 * NUTZENTAB.F$8
```

9. *Unterlegen Sie die Zellen B2 und B3 mit <F6> AUSWAHL und ko-*
   kopieren Sie diese nach unten bis in Zeile 12.

Bindeglied zur automatischen Anpassung

Sie haben jetzt die Hilfstabelle HILFTAB vorliegen. Es fehlt aber noch ein Bindeglied zur Tabelle NUTZEN, damit die Tabelle HILFTAB automastisch aktualisiert wird, wenn sich Daten in der Tabelle NUT-ZEN ändern.

Diese Verbindung können Sie ganz einfach herstellen:

Sie schreiben in Tabelle NUTZEN in eine Zelle unterhalb des Daten-blocks, z. B. in Zelle F21 die Formel:

```
§HILFTAB.
```

Das §-Zeichen veranlaßt die Berechnung einer Formel.

Eine Tabelle können Sie sich vielleicht als große Formel vorstellen. FRAMEWORK trägt dann in die Zelle, in welche Sie diese Formel ge-schrieben haben, die Meldung ein:

```
#NULL!
```

Wenn Sie diese Meldung stört, dann verkleinern Sie einfach den Rahmen des Frames HILFTAB mit <F4> GROESSE und die Meldung ist nicht mehr sichtbar.

Damit auch die Grafik bei Änderungen in der Tabelle NUTZEN auto-matisch neu gezeichnet wird, tragen Sie in Tabelle HILFTAB in Zelle C13 die Formel ein:

```
§NUTZENGRAF
```

Sie müssen die Grafik NUTZENGRAF erst einmal zeichnen lassen, damit die neue Funktion §NUTZENGRAF aktiv werden kann.

FRAMEWORK kann diese erstmalige Zeichnung nicht selbständig vornehmen, denn es muß eine Auswahl aus dem Datenmaterial und eine Auswahl der Grafikart vor-genommen werden.

Die **Grafik NUTZENGRAF** hat folgendes Aussehen:

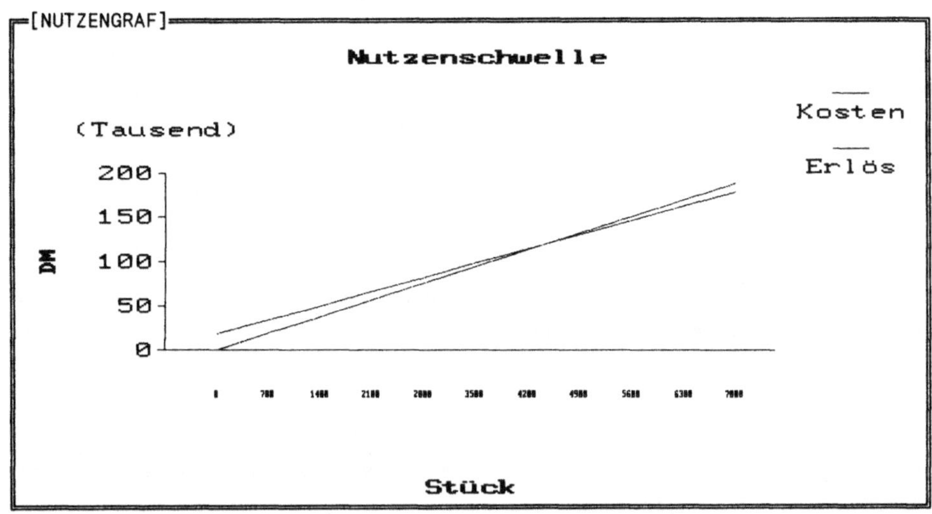

Bild 3.3.D Die Nutzen-Grafik

Zum Erstellen dieser Grafik wählen Sie in Tabelle HILFTAB den Bereich B2:C12 aus.

Wählen Sie im **Menü Grafik** die Punkte

- Spalte beschriftet X-Achse
- Unmarkierte Linie
- Neue Grafik erstellen

Lassen Sie die Grafik in den Frame NUTZENGRAF einzeichnen.

Die Formel, die FRAMEWORK in den Formelhintergrund des Frames NUTZENGRAF eingetragen hat, müssen Sie noch ergänzen. Sie hat dann folgenden Inhalt:

```
@DrawGraph(HILFTAB.B2:HILFTAB.C12,#COLUMN,#UNMARKEDLINES,
 "Nutzenschwelle", "Stück","DM")
```

Wenn Sie jetzt Daten im Eingabefeld der Tabelle NUTZENTAB ändern, wird sowohl die Tabelle HILFTAB als auch die Grafik NUTZENGRAF automatisch angepaßt.

3.4 Die günstigere Anlage - Kostenvergleich Datei: 12KOSTV

Bei **Investitionsvorhaben** stellt sich die Frage, welche Maschine angeschafft werden soll. Dabei kommen häufig mehrere Maschinen in Betracht. In diesem Modell vergleichen Sie jedoch aus Gründen der Vereinfachung nur zwei Maschinen.

Entscheidungskriterium bilden die **Kosten**. Es wird diejenige Anlage angeschafft, welche bei der geplanten Produktionsmenge kostengünstiger arbeitet.

Die Kosten setzen sich aus **fixen und variablen** Bestandteilen zusammen. Eine teurere Anlage verursacht i. d. R. höhere fixe und niedrigere variable Kosten als eine billigere.

Unter dieser Voraussetzung gibt es eine Ausbringungsmenge, bei der beiden Anlagen kostengleich arbeiten. Zur Analyse dieses Problems erstellen Sie das Konzept 12KOSTV mit folgendem Aufbau:

```
┌─[12KOSTV]══════════════════════════════════════════════════════┐
│        1   KOSTTAB                                              │
│        2   HILFTAB                                              │
│        3   KOSTGRAF1                                            │
│        4   KOSTGRAF2                                            │
└────────────────────────────────────────────────────────────────┘
```

Bild 3.4.A Konzeptstruktur

Die Frames KOSTTAB und HILFTAB sind Tabellenframes, die Frames KOSTGRAF1 und KOSTGRAF2 sind Leerframes.

Im Frame KOSTTAB stellen Sie die Kosten von zwei Anlagen in einem bestimmten Stückzahlbereich dar.

Im Frame KOSTGRAF1 lassen Sie die Gesamtkosten und in KOSTGRAF2 die Stückkosten beider Anlagen zeichnen.

Geben Sie der **Tabelle KOSTTAB** folgenden Inhalt:

```
=[KOSTTAB]========================================================
     A     B       C          D         E       F    G       H      I
  1 Kostenvergleich von zwei Anlagen
  2
  3 Eingabe der Parameter im umrandeten Feld
  4
  5  Mindestückzahl:            10       Differenz Stück:          2
  6
  7        Anlage 1                          Anlage 2
  8
  9  Fixe Kosten:       12.000,00    Fixe Kosten:     20.000,00
 10  Var. Stückkst:      1.500,00    Var. Stückkst:    1.000,00
 11
 12
 13  Stück- Anlage 1            Anlage 2         Kostengünsti-
 14  zahl   Kosten in DM        Kosten in DM     gere Anlage
 15  ──────────────────────────────────────────────────────────
 16      10  27.000,00           30.000,00            1
 17      12  30.000,00           32.000,00            1
 18      14  33.000,00           34.000,00            1
 19      16  36.000,00           36.000,00
 20      18  39.000,00           38.000,00            2
 21      20  42.000,00           40.000,00            2
 22      22  45.000,00           42.000,00            2
 23      24  48.000,00           44.000,00            2
```

Bild 3.4.B Der Kostenvergleich von zwei Anlagen

Bei dieser Anwendung wird die Eingabe wieder ganz übersichtlich von der Ausgabe abgegrenzt. Zeichnen Sie zunächst wieder den Rahmen mit einem der Ihnen bekannten Verfahren. Geben Sie die Texte bzw. Begriffe ein.

Damit die notwendigen Berechnungen durchgeführt werden, müssen Sie eine Reihe von Formeln eingeben.

Beginnen Sie mit Zelle B16. Hier soll die **Mindeststückzahl** ausgegeben werden. Diese wird in Zelle D5 eingegeben. Sie brauchen also nur einen Formelbezug herstellen und bei jeder Eingabe in Zelle D5 werden diese Daten in Zelle B16 ausgegeben. Geben Sie als Formel **D5** ein.

Die **Stückzahlangaben** in Spalte B unterscheiden sich um die Stückzahldifferenz. Diese wird in Zelle H5 eingegeben. Geben Sie also in Zelle B17 ein:

```
B16 + H$5
```

Die Eintragung in Zelle B17 ergibt sich als Summe aus der Eintragung in Zelle B16 und der Stückzahldifferenz. Die Zeilenangabe in der Adresse der Stückzahldifferenz ist absolut, damit sich beim Kopieren dieser Formel keine Änderung des Bezugs ergibt.

Kopieren Sie die Formel von Zelle B17 nach unten bis in Zelle B23. Sie erhalten damit die Stückzahlen von 10 bis 24 in einer Schrittweite von 2.

Die **Kosten der Anlage1** lassen Sie mit folgender Formel berechnen:

```
D$9 + D$10 * B16
```

Beachten Sie auch hier die Kombination von absoluten und relativen Bezügen!

Tragen Sie diese Formel in Zelle C16 ein. Die Kosten ergeben sich als Summe aus fixen Kosten (D$9) und dem Produkt aus variablen Kosten (D$10) und Stückzahl (B16).

Entsprechend verfahren Sie mit den **Kosten der Anlage2**. Die Formel für Zelle E16 lautet:

```
H$9 + H$10 * B16
```

Kopieren Sie die Formeln zur Kostenberechnung nach unten bis in Zeile 23. Es fehlt jetzt nur noch die Angabe der Anlage, die bei der jeweiligen Stückzahl **kostengünstiger** arbeitet.

Dazu sind drei Eintragungen möglich:

Eintragung	Fall
1	Anlage 1 arbeitet kostengünstiger
2	Anlage 2 arbeitet kostengünstiger
	beide Anlagen arbeiten mit gleichen Kosten

Es erfolgt also kein Eintrag, wenn beide Anlagen mit gleichen Kosten arbeiten.

Tragen Sie in Zelle H16 folgende Formel ein:

```
§if (C16 < E16, "1", §if (C16 > E16, "2", " "))
```

Kopieren Sie diese Formel nach unten bis in Zelle E23. Sie haben jetzt die Tabelle komplett vorliegen.

Nun können Sie die Tabelle grafisch auswerten.

Dazu können Sie allerdings diese Tabelle nicht direkt verwenden, da die FRAME-WORK-Grafik die Eintragungen der ersten Zeile bzw. ersten Spalte für die Beschriftung der Grafik verwendet.

Die erste Spalte enthält zwar Grafikdaten. In der ersten Zeile steht jedoch die Überschrift **'Kostenvergleich von zwei Anlagen'**. Es werden aber zur Kenntlichmachung der beiden Kostenreihen in der Grafik die Angaben 'Anlage1' und 'Anlage2' benötigt.

Es bleibt Ihnen also auch hier nicht erspart, einen Hilfstabelle zu erstellen. Verwenden Sie dazu die **Tabelle HILFTAB:**

```
┌═[HILFTAB]═══════════════════════════════════════════════════════════════┐
║         A          B            C           D              E             ║
║  1 Stück- Anlage 1    Anlage 2    Anlage 1       Anlage 2               ║
║  2 zahl   Kosten in DM Kosten in DM Stückkosten in DM Stückkosten in DM  ║
║  3 ─────────────────────────────────────────────────────────────────── ║
║  4   10   27.000,00   30.000,00   2700,00        3000,00                ║
║  5   12   30.000,00   32.000,00   2500,00        2666,67                ║
║  6   14   33.000,00   34.000,00   2357,14        2428,57                ║
║  7   16   36.000,00   36.000,00   2250,00        2250,00                ║
║  8   18   39.000,00   38.000,00   2166,67        2111,11                ║
║  9   20   42.000,00   40.000,00   2100,00        2000,00                ║
║ 10   22   45.000,00   42.000,00   2045,45        1909,09                ║
║ 11   24   48.000,00   44.000,00   2000,00        1833,33                ║
└══════════════════════════════════════════════════════════════════════════┘
```

Bild 3.4.C Die Hilfsdaten für die Grafik

Die Spalten A, B und C brauchen Sie für die Grafik KOSTGRAF1, die Spalten A, D und E für die Grafik KOSTGRAF2.

Unterlegen Sie in Tabelle KOSTTAB den Bereich B13:C23. Beginnen Sie das Kopieren mit Taste <F8> KOPIEREN. Wählen Sie Zelle HILFTAB.A1 an und beenden Sie den Kopiervorgang mit dem #-Zeichen. Verbreitern Sie die Spalte C.

Zum Kopieren der Kosten von Anlage2 gehen Sie wieder zurück in Tabelle KOST-TAB. Dort ist noch der eben unterlegte Bereich ausgewählt. Sie brauchen die Markierung nur mit der Pfeiltaste nach rechts auf den Bereich der Kosten von Anlage2 zu bewegen. Kopieren Sie in Tabelle HILFTAB.C1 und beenden Sie die Kopie mit dem #-Zeichen.

Entwickeln Sie für die Stückkosten die Überschriften in Bereich D1:E2.

Zur Berechnung der Stückkosten von Anlage1 tragen Sie in Zelle D4 folgende Formel ein:

```
B4 / $A4
```

Die Kosten werden durch die Stückzahl dividiert.

Durch das $-Zeichen vor dem A können Sie die Formel zur Berechnung der Kosten von Anlage2 nach rechts kopieren, ohne daß Sie die Formel ändern müssen. Sie wird automatisch angepaßt. Aus B4 wird B5. $A4 wird nicht geändert.

Kopieren Sie den Bereich D4:E4 nach unten bis in Zeile 23.

Sie können jetzt mit der Grafik beginnen. Die **Grafik KOSTGRAF1** hat folgendes Aussehen:

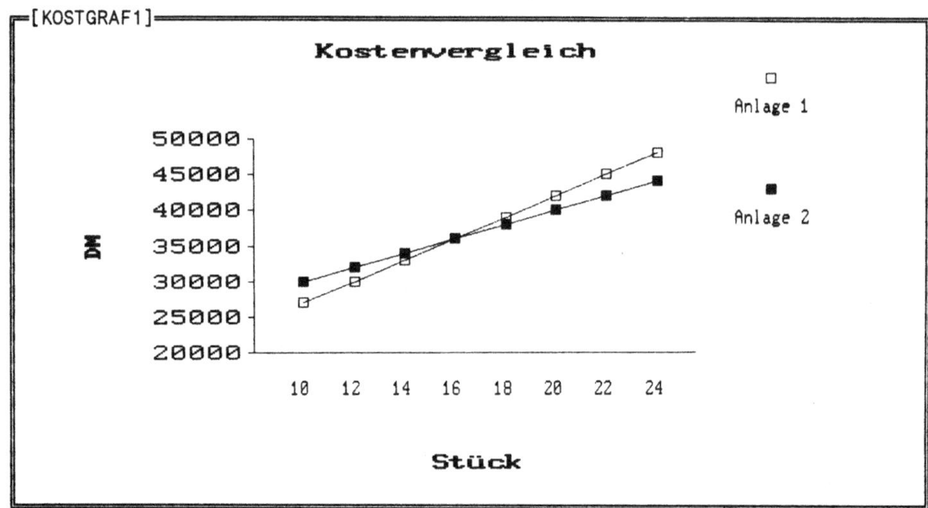

Bild 3.4.D Die Grafik

Unterlegen Sie Bereich HILFTAB.B4:HILFTAB.C11 und wählen Sie im Menü Grafik:
1. Spalte beschriftet X-Achse
2. Unmarkierte Linie
3. Neue Grafik erstellen

Lassen Sie eine Überschrift ausgeben und nehmen Sie die Beschriftung der Achsen vor. Dazu tragen Sie in der ersten @DrawGraph-Funktion nach dem Komma hinter #LINE ein:

```
"Kostenvergleich","Stück","DM"
```

Die Grafik KOSTGRAF1 zeigt die Gesamtkosten beiden Anlagen in dem von Ihnen ausgewählten Stückzahlbereich. Sie erkennen in welchem Bereich die jeweilige Anlage günstiger ist.

Zum selben Ergebnis kommen Sie mit der Stückbetrachtung. Die **Grafik KOSTGRAF2** zeigt die Stückkosten:

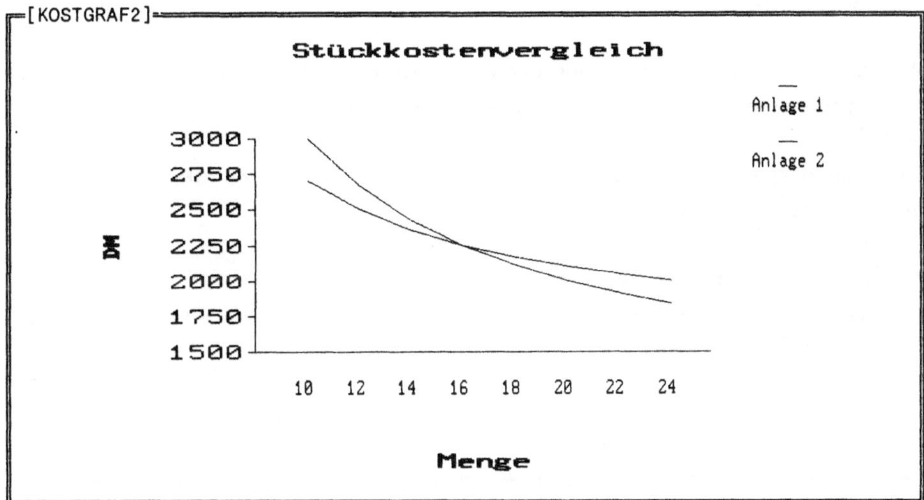

Bild 3.4.E Die Grafik

Sie erkennen deutlich die Stückkostendegression. Bei zunehmender Produktionsmenge nehmen die Stückkosten immer mehr ab.

3.5 Die teueren Maschinen - Maschinenstundensatz   Datei: 13MASCH

In diesem Modell lernen Sie zwei Arten kennen, mit Maschinenstundensätzen zu rechnen.

Die **erste Version** ist sehr ausführlich. Sie berechnen damit den Maschinenstundensatz einer bestimmten Anlage.

Die **zweite Version** ist kompakter dargestellt. Die einzelnen Komponenten werden einander direkt gegenübergestellt.

Dies führt auch zu einer entsprechenden grafischen Auswertung. Version 1 werten Sie mit einer Kreisgrafik aus, welche die Komponenten des Maschinenstundensatzes aufzeigt.

Bei Version 2 stellen Sie mit einer Grafik mit Balken nebeneinander die einzelnen Kostenkomponenten der beiden Maschinenstudensätze einander gegenüber.

In diesem Beispiel sehen Sie, wie Sie ein Problem mit FRAMEWORK ganz unterschiedlich anpacken können.

Erstellen Sie das **Konzept 13MASCH:**

```
┌─[13MASCH]────────────────────────────────────────────────────┐
│        1    MASCHTAB1                                         │
│        2    HILFTAB1                                          │
│        3    MASCHGRAF1                                        │
│        4    MASCHTAB2                                         │
│        5    HILFTAB2                                          │
│        6    MASCHGRAF2                                        │
└──────────────────────────────────────────────────────────────┘
```

Bild 3.5.A Konzeptstruktur

Bei den Frames 1, 2, 4 und 5 handelt es sich um Tabellenframes, bei den übrigen um Leer-/Textframes.

Der **Tabelle MASCHTAB1** geben Sie folgenden Inhalt:

```
┌─[MASCHTAB1]══════════════════════════════════════════════════════════════
│    A              B              C         D          E        F      G H
│ 1 Maschinenstundensatzrechnung          --> = Eingabe !        erstellt am:
│ 2                                                              15.07.1989
│ 3
│ 4   Gerätebezeichnung:        Weingartner                      Kosten je
│ 5   Inventarnummer    :       8817-210-14                      Maschinen-
│ 6                                                              stunde
│ 7
│ 8   Arbeitsstunden/Tag              -->      15,20  Std./Tag
│ 9   Arbeitstage/Jahr                -->       248   Tage/Jahr
│ 10
│ 11  Jahresarbeitsstunden brutto           3769,60  Std./Jahr
│ 12  Ausfallzeiten (Urlaub usw.)     -->     14,00  %
│ 13
│ 14  Jahresarbeitsstunden netto            3241,86  Std./Jahr
│ 15
│ 16  Raumkosten
│ 17
│ 18  Raumbedarf                      -->       9,40  qm
│ 19  Kalk. Monatsmiete/qm            -->       8,64  DM
│ 20  Kalk. Miete                              974,59 DM/Jahr      0,30 DM
│ 21
│ 22
│ 23  Energiekosten
│ 24
│ 25  Installierte Leistung           -->      68,00  kWh
│ 26  Durchschn. Auslastung           -->      74,00  %
│ 27  Durchschn. Inanspruchnahme               50,32  kWh
│ 28  Stromkosten                     -->       0,26  DM/kWh     13,08 DM
│ 29
│ 30
│ 31  Instandhaltung
│ 32
│ 33   Instandhaltungkosten           -->  13.200,00  DM/Jahr      4,07 DM
│ 34
│ 35
│ 36  Kalkulatorische Abschreibung
│ 37
│ 38  Anschaffungspreis               --> 368.414,00  DM
│ 39  Nutzungsdauer                   -->         8   Jahre
│ 40  Preissteigerungsfaktor          -->       1,36  Punkte
│ 41  Wiederbeschaffungswert              501.043,04  DM         19,32 DM
│ 42
│ 43
│ 44  Kalkulatorische Zinsen
│ 45
│ 46  Kalk. Zinsfuß                   -->         7  %
│ 47  kalk. Zins                          12.894,49  DM/Jahr      3,98 DM
│ 48
│ 49  Maschinenstundensatz                                      40,75 DM
│ 50
└──────────────────────────────────────────────────────────────────────────
```

Bild 3.5.B Version 1 der Maschinenstundensatzrechnung

Die Maschine wird im **Zwei-Schicht-Betrieb** gefahren. Damit ergeben sich durchschnittlich 15,2 Stunden pro Tag. Bei einer 38-Stunden-Woche entfallen im Durchschnitt auf einen Arbeitstag 7,6 Stunden pro Schicht.

Auf die Zellen, in Sie **Daten eingeben** können, werden Sie mit nach rechts zeigenden Pfeilen (-->) hingewiesen.

Entwickeln Sie zunächst die **Rahmen** mit einem der in Modell 2.1 beschriebenen Verfahren. Tragen Sie dann die Begriffe ein. Zur **Berechnung der Ergebnisse** bringen Sie die Formeln in die entsprechenden Zellen.

Sie haben die Wahl, ob Sie die Formeln **direkt eintippen oder** ob Sie diese mit der **Cursor-Methode** gewinnen.

Zur Wiederholung ein Beispiel in der Cursormethode:
> *1. Bringen Sie den Cursor auf Zelle D11.*
> *2. Drücken Sie die Taste <F2> FORMEL EDITIEREN.*
> *3. Drücken Sie die Taste <Pfeilauf>. In der Editierzeile steht jetzt:*

D11

> *4. Bewegen Sie den Cursor in Zelle D8. In der Editierzeile steht: D8*
> *5. Geben Sie das *-Zeichen ein. In der Editierzeile steht: D8**
> *6. Bringen Sie den Cursor auf Zelle D9. In der Editierzeile steht:*

D8 * D9

> *7. Drücken Sie zweimal die <Return>-Taste. Die in der Editierzeile entwickelte Formel wird berechnet.*

Im Zelle D11 steht jetzt im Formelhintergrund die Formel D8 * D9 und im Vordergrund als Ergebnis die Zahl 3769,60.

Mit der Cursormethode haben Sie gerade die Formel zur Berechnung der **Jahresarbeitsstunden brutto** eingegeben. Dieser Wert wird bestimmt durch das Produkt aus Arbeitsstunden pro Tag und Arbeitstage pro Jahr.

Die Jahresarbeitsstunden **netto** in Zelle D14 lassen Sie berechnen mit:

D11 - D11 * D12 / 100

Dabei wird von den Jahresstunden brutto der in Zelle D12 stehende Prozentsatz abgezogen.

Die **Kalkulatorische Miete/Jahr** ergibt sich als Produkt aus den Faktoren Raumbedarf, Kalkulatorische Monatsmiete/qm und der Anzahl Monate im Jahr. Lassen Sie das Ergebnis mit der **Funktion §round** kaufmännisch runden.

Geben Sie also in Zelle D20 die Formel ein:

```
§round(D18 * D19 * 12,2)
```

Um die kalkulatorische Miete/**Stunde** zu erhalten, müssen Sie die kalkulatorische Jahresmiete insgesamt durch die Jahresarbeitsstunden netto dividieren. Das Ergebnis lassen Sie kaufmännisch in Zelle F20 runden:

```
§round(D20 / D14,2)
```

Die **durchschnittliche Inanspruchnahme** erhalten Sie in Zelle D27 als Produkt aus installierter Leistung und durchschnittlicher Auslastung, dividiert durch 100.

```
D25 * D26 / 100
```

Die **Stromkosten je Stunde** lassen Sie in Zelle F 28 errechnen als Produkt aus durchschnittlicher Inanspruchname in kWh und Stromkosten je kWh. Lassen Sie auch hier kaufmännisch runden.

```
§round(D28 * D27,2)
```

Die **Instandhaltungkosten/Stunde** ergeben sich in Zelle F33 mit einer Division der Instandhaltungskosten/Jahr durch die Jahresarbeitsstunden netto:

```
§round(D33 / D14,2)
```

Der **Wiederbeschaffungswert** errechnet sich in Zelle D41 als Produkt aus Anschaffungspreis und Preissteigerungsfaktor:

```
§round(D38 * D40,2)
```

Um den **Wiederbeschaffungswert/Std** in Zelle F41 zu erhalten, müssen Sie den Wiederbeschaffungspreis durch die Nutzungsdauer in Jahren und die Jahresarbeitsstunden netto dividieren:

```
§round(D41 / D39 / D14,2)
```

Den **kalkulatorischen Zins/Jahr** lassen Sie in Zelle D47 vom halben Anschaffungspreis berechnen, indem Sie diesen mit dem kalkulatorischen Zinsfuß multiplizieren und das Produkt durch 100 dividieren:

```
§round(D38 / 2 * D46 / 100,2)
```

Wenn Sie den kalkulatorischen Zins/Jahr durch die Jahresarbeitsstunden netto in Zelle F47 dividieren, erhalten Sie den **kalkulatorischen Zins/Stunde**:

```
§round(D47 / D14,2)
```

Den **Maschinenstundensatz** erhalten Sie in Zelle F49, indem Sie die einzelnen Komponenten des Maschinenstundensatzes aufsummieren lassen:

```
§sum(F20:F47)
```

Maschinenlaufzeiten und Kosten des Maschinenstundensatzes:
Berechnen Sie den Maschinenstundensatz mit unterschiedlichen Eingabedaten.

Variieren Sie dabei die Gesamtlaufzeit. Untersuchen Sie insbesondere die Kosten des Maschinenstundensatzes, wenn Sie den Einschicht- mit dem Zwei- und Dreischichtbetrieb vergleichen.

Natürlich ist die Gesamtnutzungsdauer bei einem Mehrschichtbetrieb nicht so hoch wie beim Einschichtbetrieb. Bei der Festsetzung der Nutzungsdauer müssen Sie aber auch bedenken, daß die Nutzungsdauer nicht nur vom Verschleiß sondern insbesondere auch von der Veralterung wegen technischer Innovationen abhängt.

Auch die Ausfallzeiten beeinflussen die Höhe des Maschinenstundensatzes.

Zur **optischen Darstellung** der Komponenten des eben errechneten Maschinenstundensatzes erstellen Sie eine **Kreisgrafik.**

Um diese Grafik zeichnen zu können, müssen Sie auf einen nebeneinander lie-
genden Datenbereich zugreifen. In der Tabelle MASCHTAB1 sind jedoch die einzelnen Bestandteile des Maschinenstundensatzes in verschiedenen Zellen ver-
streut eingetragen.

Sie müssen also zunächst wieder eine Hilfstabelle erstellen. Es handelt sich um
folgende **Tabelle HILFTAB1:**

```
┌─[HILFTAB1]════════════════════════════════════════════════╗
║          A          B          C          D          E     ║
║   1  Maschinenstundensatz              15.07.1989          ║
║   2                                                        ║
║   3  Komponenten                        i. DM       i.%    ║
║   4                                                        ║
║   5  Raumkosten                          0,30       0,74   ║
║   6  Energiekosten                      13,08      32,10   ║
║   7  Instandhaltung                      4,07       9,99   ║
║   8  Kalk. Abschreibung                 19,32      47,41   ║
║   9  Kalk. Zinsen                        3,98       9,77   ║
║  10                                                        ║
║  11  Summe                              40,75     100,00   ║
╚════════════════════════════════════════════════════════════╝
```

Bild 3.5.C Die Hilfstabelle zum Erstellen einer Kreisgrafik

Tragen Sie zunächst die Bezeichnungen in die Hilfstabelle ein.

Tippen Sie die Raumkosten nicht ein, sondern lassen Sie diese per Formel übertragen. Sie können dann auch bei Änderungen in der Tabelle MASCHTAB die Daten in Tabelle HILFTAB automatisch an den geänderten Datenbestand anpassen
lassen.

Geben Sie also in Zelle D5 für die Raumkosten je Stunde ein: MASCHTAB1.F20
Sie können dabei die Cursormethode verwenden.

Die weiteren Formeln zum automatischen Kopieren der einzelnen Komponenten des
Maschinenstundensatzes lauten:

Wert	Zelle	Formel
Ernergiekosten Stunde	D6	MASCHTAB1.F28
Instandhaltung	D7	MASCHTAB1.F33
Kalkulatorische Abschreibung	D8	MASCHTAB1.F41
Kalkulatorische Zinsen	D9	MASCHTAB1.F47

Die **Summe** der einzelnen Kostenkomponenten wird in Zelle D11 berechnet mit der Formel: §sum(D5:D9)

Lassen Sie sich in Zelle E5 den **prozentualen Anteil der Raumkosten am Maschinenstundensatz** ausrechnen: 100 / D$11 * D5

Sie haben die Zelle 11 in dieser Formel direkt adressiert, sodaß Sie diese Formel für die Zellen E5 bis E9 nach unten kopieren können. Sie müssen also nicht mehrsmals eingeben.

Kopieren Sie schließlich noch die Summenformel von Zelle D11 in Zelle E11.

Sie haben jetzt zur statistischen Auswertung noch die prozentuale Aufgliederung des Maschinenstundensatzes. Sie können diese Werte mit denen anderer Maschinen gleichen oder ähnlichen Typs vergleichen.

Mit den Daten der Spalte D von Tabelle HILFTAB1 erstellen Sie folgende **Kreisgrafik MASCHGRAF1:**

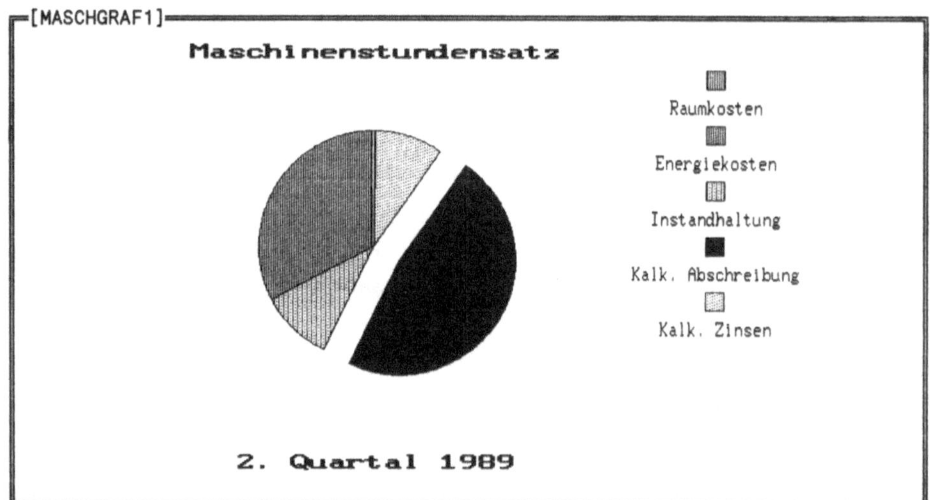

Bild 3.5.D Version 1 der Maschinenstundensatzrechnung

Wählen Sie den Bereich D5 bis D9 in der Tabelle HILFTAB1 aus.

Im **Menü Grafik** müssen Sie folgende Einstellungen vornehmen:

1. Der Menüpunkt 'Spalte beschriftet X-Achse' muß auf 'Ja' stehen.

2. Den Menüpunkt 'Kreisdiagramm' stellen Sie ebenfalls auf 'Ja' ein.

3. Wählen Sie den Menüpunkt 'Neue Grafik erstellen' aus.

Tragen Sie in den Formelhintergrund der Tabelle MASCHGRAF1 nach '#PIE', die folgenden Angaben zur **Beschriftung der Grafik** ein:

```
@DrawGraph(HILFTAB1.D5:HILFTAB1.D9,#COLUMN,#PIE,
"Maschinenstundensatz","2. Quartal 1989",,4)
```

Durch die Ziffer 4 am Schluß der Formel erreichen Sie, daß das vierte Element, die kalkulatorische Abschreibung, abgesetzt gezeichnet wird. Diese Komponente wurde ausgewählt, weil sie mit Abstand den größten Teil des Kostensatzes ausmacht.

Automatische Anpassung der Grafik

Wenn Sie wünschen, daß die Grafik bei jeder Änderung in der Tabelle MASCHTAB automatisch neu gezeichnet wird, dann müssen Sie zwei weitere Formeln eintragen.

1. Die Hilftabelle HILFTAB1 muß zuerst automatisch neu berechnet werden. Dazu tragen Sie am unteren Rand der Tabelle MASCHTAB1 in Zeile 51 die Formel ein §HILFTAB ein.

2. Tragen Sie außerdem die Formel §MASCHGRAF1 zur automatischen Berechnung dieser Grafik in Zeile 12 der Tabelle HILFTAB1 ein.

Wenn Sie jetzt eine Eingabe in der Ursprungstabelle MASCHTAB1 ändern, wird sowohl die Tabelle HILFTAB1 als auch die Grafik MASCH-GRAF1 neu berechnet. Dies dauert einige Zeit.

Sollten Sie in diesem Fall vorhaben, mehrere Eingabe in der Tabelle MASCHTAB vorzunehmen, dann sollten Sie den Neuberechnungsmodus im Menü Zahlen auf manuell umstellen, damit Sie nicht zulange in Wartestellung verweilen müssen.

*Sie können dann Ihre Eingabe vornehmen. Sind Sie damit fertig,
starten Sie die Berechnung durch Druck auf die Funktionstaste <F5>
NEUBERECHNUNG.*

Wenn Sie die Kreisgrafik betrachten, erkennen Sie sofort, welche Komponenten
des Maschinenstundensatzes ein großes Gewicht und welche wenig Bedeutung haben. Die überragende Bedeutung der kalkulatorischen Abschreibung steht in
krassem Gegensatz zu den Raumkosten.

Um aufzuzeigen, wie unterschiedlich Lösungen in FRAMEWORK aussehen können,
entwickeln Sie noch einen **weiteren Lösungsweg** zur Maschinenstundensatzrechnung. Dazu verwenden Sie die Tabellen MASCHTAB2 und HILFTAB2, sowie die
Grafik MASCHGRAF2.

Bei den beiden Lösungsansätzen können Sie vier wesentliche Unterschiede fest-
zustellen.

Unterschied	MASCHTAB1	MASCHTAB2
Ausführlichkeit der Darstellung	ausführlich 50 Zeilen	komprimiert 33 Zeilen
Anzahl Maschinen	1	2
Ein- und Ausgabe	Eingabezellen mit --> gekennzeichnet	klare Trennung von Ein- und Ausgabe- bereich
Grafiktyp	Kreisgrafik	Balken nebeneinander

Auf der nächsten Seite sehen Sie, daß Sie etwas mehr als eine halbe Seite benötigen, um bei klarer Abgrenzung von Ein- und Ausgabe die Stundensätze für
zwei Maschinen zu ermitteln.

Für die Ausgabe der Tabelle MASCHTAB1 haben Sie eine ganze Seite benötigt,
obwohl dort nur die Daten für eine einzige Maschine untergebracht sind. Entscheidend ist, daß Sie sich vor der konkreten Realisierung eines PC-Projektes in
aller Ruhe Gedanken zur Gestaltung und Konzeption machen. Hier kann ein einfaches Blatt Papier und ein Bleistift gute Dienste leisten.

Erst nach diesem planenden Vorstudium sollten Sie Ihre Ideen auf dem PC realisieren. Wie Sie aus den beiden Lösungen zur Maschinenstundenberechnung sehen, können Sie diese völlig unterschiedlich konkretisieren.

Erstellen Sie folgende **Tabelle MASCHTAB2:**

```
┌─[MASCHTAB2]════════════════════════════════════════════════════════════
│      A         B         C      D      E     F     G      H     I    J    K
│  1 Ermittlung von Maschinenstundensätzen                Eingabefelder
│  2
│  3
│  4  Maschinenbezeichnung    Fräsmaschine        CNC-MAHO-080
│  5
│  6  Wiederbeschaff.wert     215.000,00          240.000,00
│  7  Nutzungsjahre                    8                   6
│  8  Laufstunden-Soll              1800                1800
│  9  Raumbedarf (qm,cbm)             50                  70
│ 10  Energiebedarf/h              32,50               34,70
│ 11  Raumkosten/(qm,cbm)             40                  40
│ 12  Energiekosten/h               0,18                0,18
│ 13  Instandhaltungssatz           0,20                0,20
│ 14  Kalk. Zinssatz                   6                   6
│ 15  Werkzeugkosten          6.000,00            8.000,00
│ 16
│ 17
│ 18                                          Ergebnisfelder
│ 19
│ 20
│ 21                 Jahreswert    in %    Jahreswert    in %
│ 22
│ 23  Raumkosten      2.000,00     3,49     2.800,00     3,62
│ 24  Energiekosten  10.530,00    18,40    11.242,80    14,56
│ 25  Instandhaltungen 5.375,00    9,39     8.000,00    10,36
│ 26  Kalk. Zinsen    6.450,00    11,27     7.200,00     9,32
│ 27  Werkzeugkosten  6.000,00    10,48     8.000,00    10,36
│ 28  Kalk.Abschreibungen 26.875,00 46,96  40.000,00    51,78
│ 29
│ 30  Summe          57.230,00   100,00    77.242,80   100,00
│ 31
│ 32  Maschinenstd.satz    31,79                42,91
│ 33
└───────────────────────────────────────────────────────────────────────
```

Bild 3.5.E Version 2 der Maschinenstundensatzrechnung

Zeichen Sie die **Rahmen** und tragen Sie die **Bezeichnungen** in die Tabelle ein. In den **Ergebnisfeldern** werden folgende fünf Werte berechnet:

>   Raumkosten
>
>   Energiekosten
>
>   Instandhaltungen
>
>   Kalk. Zinsen
>
>   Werkzeugkosten
>
>   Kalk.Abschreibungen

Beginnen Sie mit der Berechnung der Ausgabewerte für die Fräsmaschine. Diese werden in Spalte D als Jahreswerte ermittelt.

Die **Raumkosten** werden als Produkt aus Raumbedarf und Raumkosten in Zelle D23
ermittelt mit der Formel:

```
D9 * D11
```

In Zelle D24 ermitteln Sie die **Energiekosten** durch Multiplikation des Energiebe-
darfs mit mit den Energiekosten/h und dem Laufstunden-Soll:

```
D10 * D12 * D8
```

Zur Berechnung der **Instandhaltungen** dividieren Sie in Zelle D25 den Wiederbeschaffungswert durch die Anzahl der Nutzungsjahre und multiplizieren das Ergebnis mit dem Instandhaltungssatz:

```
D6 / D7 * D13
```

Die Formel für die **kalkulatorischen Zinsen** bringen Sie in Zelle D26. Zum Ergebnis gelangen Sie, indem Sie den kalkulatorischen Zins vom halben Wiederbeschaffungswert berechnen lassen:

```
D6 / 2 * D14 / 100
```

Die **Werkzeugkosten** lassen Sie in Zelle D27 aus der entsprechenden Eingabezelle
kopieren:

```
D15
```

Zum Schluß werden sind noch die **kalkulatorischen Abschreibungen** zu berechnen
durch Division des Wiederbeschaffungswertes durch die Anzahl der Nutzungsjahre. Schreiben Sie in Zelle D28 die Formel:

```
D6 / D7
```

Kopieren Sie die eben eingegebenen Formeln zur Berechnung der Jahreswerte
der Fräsmaschine in Spalte H zur Ermittlung der entsprechenden Werte der CNC-
Maschine.

Die **Summe** in Zelle D30 ermitteln Sie mit der Formel:

```
§sum(D23:D28)
```

Kopieren Sie diese Formel in Zelle H30.

Den **prozentualen Anteil der Raumkosten** am gesamten Jahreswert der Maschinen-
kosten ermitteln Sie in Zelle F23, indem Sie die Raumkosten durch die Summe der
Jahres-Maschinenkosten dividieren und das Ergebnis mit 100 multiplizieren. Dazu
erstellen Sie die Formel:

```
D23 / D30 * 100
```

Kopieren Sie diese Formel zur Berechnung der übrigen Prozentsätze sowohl der
Fräs- als auch der CNC-Maschine.

Die übrigen **Summen** in Zeile 30 gewinnen Sie, indem Sie Zelle 30 kopieren.

Den **Maschinenstundensatz** berechnen Sie in Zelle D32, indem Sie die Jahres-Maschinenkosten durch das jährliche Laufstundensoll dividieren:

```
D30 * D8
```

Kopieren Sie diese Formel in Zelle H32.

Zur **grafischen Auswertung** der Tabelle MASCHTAB2 brauchen Sie eine Hilfstabelle, da die Eintragungen in der ersten Spalte bzw. Zeile von MASCHTAB2 nicht
für die Bezeichnungen der Grafik verwendet werden können.

In der **Grafik MASCHGRAF2** stellen Sie die Kostenbestandteile der beiden Maschinen einander gegenüber. Dabei soll die erste Spalte die X-Achse beschriften.

Wenn Sie dazu die 6 Begriffe der Kostenkomponenten von Raumkosten bis kalkulatorische Abschreibung ungekürzt verwenden, dann werden diese Begriffe in
kleiner schlecht lesbarer Schrift in die Grafik eingetragen.

Aus diesem Grund nehmen Sie für die Bezeichnung der einzelnen Kostenbestandteile nur die ersten drei Anfangsbuchstaben.

Die **Tabelle HILFTAB2** bekommt damit folgenden Inhalt:

```
┌─[HILFTAB2]══════════════════════════════════════════════════════════
│             A                B                 C
│ 1                       Fräsmaschine        CNC-MAHO
│ 2 Rau                         3,49              3,62
│ 3 Ene                        18,40             14,56
│ 4 Ins                         9,39             10,36
│ 5 Zin                        11,27              9,32
│ 6 Wer                        10,48             10,36
│ 7 Abs                        46,96             51,78
│ 8
│ 9 Summe                     100,00            100,00
└─────────────────────────────────────────────────────────────────────
```

Bild 3.5.F Die Hilfsdaten für die Grafik MASCHGRAF2

Zur Erstellung der Grafik MASCHGRAF2 unterlegen Sie den Bereich B2:C7 von HILFTAB2.

Wählen Sie das Menü Grafik und hierin folgende Einstellungen:

1. Spalte beschriftet X-Achse
2. Balken nebeneinander

Lassen Sie die Grafik in den Frame **MASCHGRAF2** zeichnen.

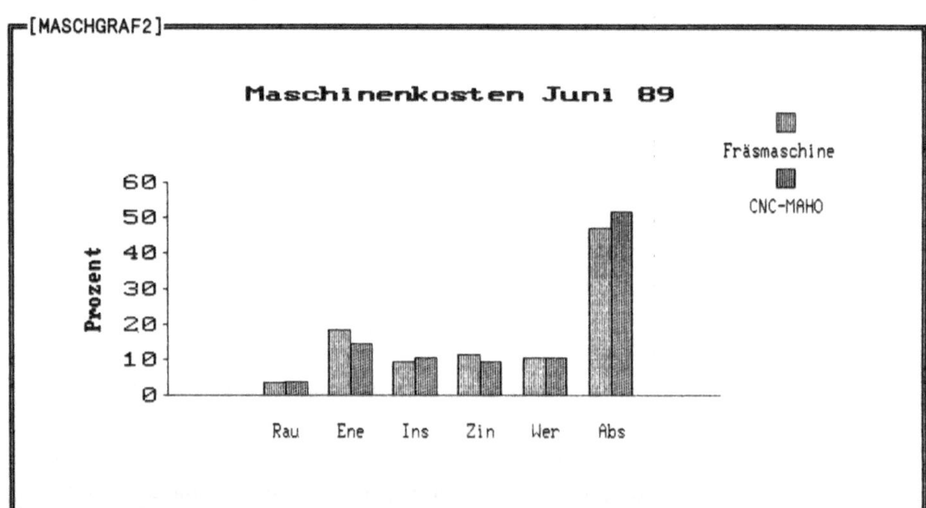

Bild 3.5.G Die Grafik

Die vollständige Grafikformel lautet:

```
@DrawGraph(HILFTAB2.B1:HILFTAB2.C8,#COLUMN,#BAR,
"Maschinenkosten Juni 89",,"Prozent")
```

4. Rechnungswesen im Handel

	Modelle	Dateien
4.1	Global: Kalkulation mit einheitlichem Handlungskostenzuschlag	14KALKHD
4.2	Differenziert: Kalkulation mit Artikelgruppenrechnung	15KALKWGR
4.3	Der Kostenverzicht: Deckungsbeitragsrechnung	16HDBR

4.1 Global: Kalkulation mit einheitlichem Handlungskostenzuschlag Datei: 14KALKHD

Im Groß- und Einzelhandel wird die Kalkulation der Verkaufspreise auf unterschiedliche Art und Weise vorgenommen.

In Modell 4.1 werden die Handlungskosten für alle Waren global in einem gemeinsamen Satz zugeschlagen. Im nächsten Modell dagegen ermitteln Sie für verschiedene Warengruppen jeweils einen eigenen Handlungskostenzuschlagssatz. Im vorliegenden Modell lassen Sie zunächst in einer eigenen Tabelle den globalen Handlungskostenzuschlagsatz berechnen. Dann verwenden Sie diesen Zuschlagssatz in einer weiteren Tabelle für die Kalkulation. Außerdem berechnen Sie den Lagerzinssatz.

Legen Sie das **Konzept 14KALKHD** mit den drei Tabellen-Unterframes an:

```
┌─[14KALKHD]════════════════════════════════════════════════════
│   1   KOSTTAB
│   2   KALKTAB
│   3   ZINSTAB
│
```

Bild 4.1.A Konzeptstruktur

Die **Tabelle KOSTTAB** hat folgenden Inhalt:

```
      A            B              C        D         E              F        G
  1  Ermittlung des Handlungskostenzuschlagsatzes
  2
  3  Eingabe:                            3. Quartal 1989
  4
  5
  6   Personalkosten..:   74.000,00    Eingabe zu Bezugspreisen
  7   Miete...........:    8.000,00
  8   Steuern.........:    9.000,00    Anfangsbestand.:   160.000,00
  9   Werbung.........:    8.000,00    Einkauf........:   946.000,00
 10   Fuhrparkkosten..:    7.500,00    Bezugskosten...:     8.300,00
 11   AVK.............:    5.500,00    Endbestand.....:   154.000,00
 12   Kalkulat.Kosten.:    6.400,00
 13
 14
 15  Ergebnisse:
 16
 17  Handlungskosten:   118.400,00    Verkauf zu
 18                                   Bezugspreisen:    960.300,00
 19
 20  Handlungskostensatz:    12,33
```

Bild 4.1.B Berechnung des Handlungskostenzuschlagsatzes

Tragen Sie zunächst die Beschriftung und den Rahmen ein.

Auch in diesem Modell wurde besonderer Wert auf eine ganz klare Trennung des Ein- und Ausgabeteils der Tabelle gelegt. So kann der Anwender sofort die Daten eingeben, ohne lange überlegen zu müssen, was ein- und was ausgegeben wird.

Zur Erhöhung der Lesbarkeit wurden hinter den Bezeichnungen der Daten, welche einzugeben sind, Punkte angefügt.

Die **Ergebnisse** werden folgendermaßen berechnet:

Die **Handlungskosten** ergeben sich als Summe der Kosten von Zelle C6 bis Zelle C12. Tragen Sie also in Zelle C17 die Formel ein:

```
§sum(C6:C12)
```

Den **Verkauf zu Bezugspreisen** ermitteln Sie als Summe aus Anfangsbestand, Einkauf und Bezugskosten. Davon subtrahieren Sie den Endbestand in Zelle F18 mit der Formel:

```
F8 + F9 + F10 - F11
```

Für die Berechnung des **Handlungskostensatzes** bildet der Verkauf zu Bezugspreisen die Basis, also 100 %. Es ist zu bestimmen, wieviel Prozent davon die Handlungskosten ausmachen. Schreiben Sie also in Zelle C20 die Formel:

```
100 / F18 * C17
```

Dieser Handlungskostensatz wird bei der folgenden Kalkulation verwendet. Dabei werden drei Arten unterschieden:

- **Die Vorwärtskalkulation:**
  Der Einstandspreis ist bekannt. Der Endverkaufspreis wird berechnet.

- **Die Rückwärtskalkulation:**
  Hier verhält es sich genau umgekehrt. Man weiß, zu welchem Preis eine Ware verkauft werden kann und muß ermitteln, zu welchem Preis sie höchstens eingekauft werden kann, um den geplanten Gewinn zu erreichen.

- Die Differenzkalkulation:

Sie ermitteln, wie hoch der Gewinn bzw. der Verlust wird, wenn Sie von einem vorgegebenen Einkaufs- und einem vorgebenen Endverkaufspreis ausgehen.

Sie können mittels des errechneten Gewinnsatzes entscheiden, ob die Durchführung eines Auftrags akzeptabel ist.

Die **Tabelle KALKTAB** hat folgenden Inhalt:

	A	B	C	D	E	F	G	H IJ
1	**Warenhandelskalkulation**				**Eingaben in Spalte C:** Einkaufspreis nur			
2					für Vorwärts- und Differenzkalkulation!			
3								
4	Kalkulationsverfahren				**Vorwärts**	**Rückwärts**	**Differenz**	
5								
6	**Bruttoeinkaufspreis**		1.000,00	DM	1.000,00	1.040,78	1.000,00	
7	- Liefererrabatt		40,00	%	400,00	416,31	400,00	
8								
9	Zieleinkaufspreis				600,00	624,47	600,00	
10	- Liefererskonto		3,00	%	18,00	18,73	18,00	
11								
12	Bareinkaufspreis				582,00	605,73	582,00	
13	+ Bezugskosten		20,00	DM	20,00	20,00	20,00	
14								
15	Bezugspreis				602,00	625,73	602,00	
16	+ Handlungskosten		12,33	%	74,22	77,15	74,22	
17								
18	Selbstkostenpreis				676,22	702,88	676,22	
19	+ **Gewinn**		4,00	%	27,05	28,12	54,78	8,10 %
20								
21	Barverkaufspreis				703,27	731,00	731,00	
22	+ Kundenskonto		3,00	%	22,21	23,08	23,08	
23	+ Vertreterprov.		2,00	%	14,81	15,39	15,39	
24								
25	Zielverkaufspreis				740,29	769,47	769,47	
26	+ Kundenrabatt		15,00	%	130,64	135,79	135,79	
27								
28	Nettoverkaufspr.				870,93	905,26	905,26	
29	+ Mehrwertsteuer		14,00	%	121,93	126,74	126,74	
30								
31	**Endverkaufspreis**		1.032,00	DM	992,86	1.032,00	1.032,00	
32								
33					Eingabe Endverkaufspreis nur bei			
34					Rückwärts- und Differenzkalkulation!			
35								

Bild 4.1.C Warenhandelskalkulation

Abgrenzung der Eingabe von der Ausgabe

Auf einen gesonderten Eingabeteil, welcher dem Ausgabeteil vorangestellt ist, wurde hier verzichtet.

*Da **nur in Spalte C** Daten eingegeben werden, dürfte es keine Schwierigkeiten bereiten, die Zellen zu finden, in welche Daten einzugeben sind.*

Einzelne Eingabedaten, wie z. B. der Bruttoeinkaufspreis, werden in Spalte E bzw. G benötigt. Damit jedoch der Anwender außer in Spalte C nicht auch noch in Spalte E bzw. in Spalte G Eingaben vorzunehmen hat, verfahren Sie wie folgt:

Den Bruttoeinkaufspreis lassen Sie in Spalte C eingeben und über Formeln in Spalte E und G kopieren. Entsprechend verfahren Sie mit dem Endverkaufspreis. Auch dieser wird für die Rückwärts- und Differenzkalkulation in Spalte C eingegeben, obwohl er in den Spalten F und G in die Tabelle eingebaut ist.

Auch die Bezugskosten lassen Sie in Spalte C eingeben und in die Spalten E F und G kopieren.

Dieses Vorgehen bringt zwar einen kleinen Schönheitsfehler mit sich, da einzelne Beträge einmal mehr als eigentlich notwendig in der Tabelle erscheinen. Dieses Manko dürfte jedoch durch erhöhte Sicherheit bei der Dateneingbe überkompensiert werden.

Arbeiten Sie mit folgenden Formeln, die Sie entweder direkt eingeben oder mit der Cursor-Methode gewinnen:

Vorwärtskalkulation

Wert	Zelle	Formel
Bruttoeinkaufspreis	E6	C6
Liefererrabatt in DM	E7	E6*$C7/100
Zieleinkaufspreis	E9	E6-E7
Liefererskonto in DM	E10	E9*$C10/100
Bareinkaufspreis	E12	E9-E10
Bezugskosten	E13	$C13
Bezugspreis	E15	E12+E13
Handlungskostensatz	C16	KOSTTAB.C20

Wert	Zelle	Formel
Handlungskosten	E16	E15*$C16/100
Selbstkosten	E18	E15+E16
Gewinn	E19	E18*C19/100
Barverkaufspreis	E21	E18+E19
Kundenskonto in DM	E22	C22*E21/(100-C22-C23)
Vertreterprovision	E23	E21*C23/(100-C23-C22)
Zielverkaufspreis	E25	E21+E22+E23
Kundenrabatt in DM	E26	E25*C26/(100-C26)
Nettoverkaufspreis	E28	E25+E26
Mehrwertsteuer	E29	E28*C29/100
Endverkaufspreis	E31	E28+E29

Schützen Sie die Zelle C16 gegen Änderungen

In Spalte C stehen die Eingabedaten. Es handelt sich zumeist um Prozentsätze. Zelle C16 enthält den Handlungskostensatz. Dieser darf nicht eingegeben werden. Er wird in der Tabelle KOSTTAB berechnet und per Formel in Zelle KALKTAB.C16 übernommen.

Achten Sie deshalb unbedingt darauf, daß Sie die Zelle C16 im Menü Editieren gegen Änderungen schützen, damit hier nicht aus Versehen Daten eingegeben werden.

Rückwärtskalkulation

Wert	Zelle	Formel
Bruttoeinkaufspreis	F6	F9 + F7
Liefererrabatt in DM	F7	F9 * C7 / (100 - C7)
Zieleinkaufspreis	F9	F12 + F10
Liefererskonto in DM	F10	F12 * C10 / (100 - C10)
Bareinkaufspreis	F12	F15 - F13
Bezugskosten	F13	C13
Bezugspreis	F15	F18 - F16
Handlungskosten	F16	F18 * C16 / (100 + C16)
Selbstkosten	F18	F21 - F19
Gewinn	F19	F21 * C19 / (100 + C19)
Barverkaufspreis	F21	F25 - F23 - F22
Kundenskonto in DM	F22	F25 * $C22 / 100
Vertreterprovision	F23	F25 * $C23 / 100
Zielverkaufspreis	F25	F28 - F26
Kundenrabatt in DM	F26	F28 * $C26 / 100
Nettoverkaufspreis	F28	F31 - F29
Mehrwertsteuer	F29	F31 * $C29 / (100+$C29)
Endverkaufspreis	F31	C31

Differenzkalkulation

Die Berechnung der Werte vom Bruttoeinkaufspreis bis zum Selbstkostenpreis erfolgt analog der Berechnung bei der Vorwärtskalkulation.

Die entsprechenden Bezüge zur Eingabespalte C haben Sie bereits absolut adressiert.

Somit können Sie die Formeln für die Berechnung vom Bruttoeinkaufspreis bis zum Selbstkostenpreis aus Spalte E von Zeile 6 bis Zeile 18 in Spalte G kopieren.

Entsprechend verhält es sich mit den Daten vom Bar- bis zum Endverkaufspreis. Kopieren Sie die ensprechenden Formeln aus der Rückwärtskalkulation von Zeile F21 bis F31.

Der **Gewinn in DM** ergibt sich als Differenz zwischen Barverkaufs- und Selbstkostenpreis in Zelle G19 nach der Formel:

```
G21 - G18
```

Lassen Sie außerdem den **Gewinn in Prozent** in Zelle H19 berechnen. Der Selbstkostenpreis bildet dazu die Basis. Die Formel lautet:

```
G19 * 100 / G18
```

Sichern Sie die Daten vor Zerstörung!
> *Damit Sie bei der Dateneingabe nicht zufälligerweise Eingaben in Zellen vornehmen, die Rechenformeln oder Begriffe enthalten, sollten Sie diese Zellen schützen.*
>
> *Spalte C dürfen Sie jedoch - mit Ausnahme der Zelle C16 - nicht schützen, da Sie sonst keine Daten eingeben können, ohne daß Sie vorher den Schutz aufheben.*

Ihre Tabelle soll lesbar bleiben!
> *Wenn Sie den Cursor in der Tabelle nach unten bewegen, können Sie die Überschriftszeilen mit den Bezeichnungen nicht mehr sehen.*
>
> *Um dies zu verhindern, stellen Sie den Cursor in Zelle A6. Wählen Sie das Menü Editieren und daraus den Punkt 'Fixieren von Spal-*

ten/Zeilen'. Die ersten fünf Zeilen der Tabelle bleiben nun in der Tabelle sichtbar, auch wenn Sie den Cursor ganz nach unten bewegen.

Neben dem Instrument der Kalkulation benötigt der Handelsbetrieb ein **Auswertungssystem**, mit dem die Lage des Betriebs im Zeitablauf und im Zusammenhang mit anderen Betrieben der gleichen Art beurteilt werden kann.

In einem Handelsbetrieb kommt es entscheidend darauf an, die Waren möglichst rasch umzusetzen.

Je nach Branche gibt es dafür typische Kennziffern. Bei negativen Abweichungen von Erfahrungswerten der Vergangenheit bzw. branchentypischen Werten sind Maßnahmen zu ergreifen, um die Unternehmung wieder in einen konkurrenzfähigen Zustand zu bringen.

Des weiteren ist zu überlegen, ob nicht bei langer Lagerverweildauer die entsprechenden Zinsen zur Finanzierung der Lagerbestände in die Warenpreise einzurechnen sind.

Sind sie relativ niedrig, so können sie vernachlässigt werden.

Allerdings sollte zumindest in einem vierteljährlichen Intervall eine Kontrolle der entsprechenden Werte vorgenommen werden.

Zu diesem Zweck bauen Sie die **Tabelle ZINSTAB** wie folgt auf:

```
┌─[ZINSTAB]════════════════════════════════════════════════════════╗
║                                A                    B            C ║
║   1 Berechnung des Lagerzinszuschlags                             ║
║   2                                                               ║
║   3 Durchschnittlicher Lagerbestand:    157.000,00 DM            ║
║   4                                                               ║
║   5 Umschlagshäufigkeit:                      6,12 pro Quartal   ║
║   6                                                               ║
║   7 Umschlagshäufigkeit:                     24,47 pro Jahr      ║
║   8                                                               ║
║   9 Durchschnittliche Lagerdauer:            14,71 Tage          ║
║  10                                                               ║
║  11 Lagerzins pro Lagerdauer:                 0,29 Prozent       ║
╚═══════════════════════════════════════════════════════════════════╝
```

Bild 4.1.D Lagerzins

Geben Sie zunächst die Begriffe ein. Achten Sie darauf, daß Spalte B frei bleibt. Diese Spalte nimmt die Rechenformeln auf:

Der **durchschnittliche Lagerbestand** ergibt sich als Durchschnitt aus Anfangs-
und Endbestand aus der Tabelle KOSTTAB.

Verwenden Sie die **Cursormethode** und gehen Sie dabei in folgenden Schritten
vor:
- Stellen Sie den Cursor in Zelle ZINSTAB.B3
- Aktivieren Sie die Cursormethode, indem Sie die Tasten <F2>
  FORMEL EDITIEREN und <Pfeilauf> drücken. FRAMEWORK hat in der
  Editierzeile eingetragen: B3.
- Verlassen Sie die Tabelle ZINSTAB und bewegen Sie den Cursor
  auf Zelle KOSTTAB.F8. FRAMEWORK hat in der Editierzeile einge-
  tragen: KOSTTAB.F8
- Tippen Sie das "+"-Zeichen ein. In der Editierzeile steht:
  KOSTTAB.F8+
- Bewegen Sie den Cursor auf Zelle F11 in Tabelle KOSTTAB. In der
  Editierzeile steht: KOSTTAB.F8 + KOSTTAB.F11
- Geben Sie die Klammer) ein. In der Editierzeile steht:
  KOSTTAB.F8+KOSTTAB.F11)
- Geben Sie das Division-Zeichen / und den Divisor 2 ein. In der
  Editierzeile steht: KOSTTAB.F8 + KOSTTAB.F11) / 2
  Jetzt fehlt noch die linke Klammer (
- Gehen Sie dazu mit dem Cursor in der Editierzeile an den Anfang
  der Formel und geben Sie diese linke Klammer ein.
- Drücken Sie die <Return>-Taste.

FRAMEWORK hat in Zelle ZINSTAB.B3 folgende Formel eingetragen und berechnet:

```
(KOSTTAB.F8 + KOSTTAB.F11) / 2
```

Die Umschlagshäufigkeit pro Quartal ermitteln Sie in Zelle B5: Den Verkauf zu
Bezugspreisen dividieren Sie durch den durchschnittlichen Lagerbestand:

```
(KOSTTAB.F18 / B3
```

Indem Sie die Umschlagshäufigkeit pro Quartal mit 4 multiplizieren, erhalten Sie
die Umschlagshäufigkeit pro Jahr in Zelle B7:

```
B5 * 4
```

Die durchschnittliche Lagerdauer wird berechnet durch Division der Tage im Jahr durch die Umschlagshäufigkeit im Jahr:

```
360 / B7
```

In Zelle B11 ergibt sich der Lagerzins pro Lagerdauer bei einem Zinssatz von 7 %, indem dieser Zinssatz auf die durchschnittliche Lagerdauer umgerechnet wird:

```
7 / 360 * B9
```

Wenn sich Daten der Tabelle KALKTAB ändern, erreichen Sie eine Anpassung der Daten in der Tabelle ZINSTAB, indem Sie die Funktionstaste <F5> NEUBERECH-NUNG drücken. Dabei muß sich der Cursor entweder auf dem Rahmen des Frames ZINSTAB oder in diesem Frame befinden.

4.2 Differenziert: Kalkulation mit Artikelgruppenrechnung   Datei: 15KALKWGR

Im letzten Modell haben Sie mit einem einheitlichen Handlungskostenzuschlagssatz für alle Waren gerechnet.

Die Kalkulation wird genauer, wenn Sie für verschiedene Gruppen von Artikeln **unterschiedliche Handlungskostensätze** ermitteln und zuschlagen.

Es gibt z. B. Warengruppen, deren Verkauf personalintensiv ist und andere, die sich fast von alleine verkaufen. Werden auf alle Warengruppen prozentual dieselben Personalkosten zugeschlagen, dann sind die Ergebnisse der Kalkulation nicht so genau wie bei einer Kalkulation mit unterschiedlichen Handlungskostensätzen.

Erstellen Sie zu dieser differenzierten Kalkulation **das Konzept 15KALKWGR** mit folgendem Aufbau:

```
┌─[15KALKWGR]═════════════════════════════════════════════════╗
║    1   TABELLEN                                              ║
║        1.1   EINSATZTAB                                      ║
║        1.2   GRUPPENTAB                                      ║
║        1.3   KALKTAB                                         ║
║        1.4   HILFTAB                                         ║
║    2   GRAFIK                                                ║
║        2.1   KALKGRAF1                                       ║
║        2.2   KALKGRAF2                                       ║
║        2.3   KALKGRAF3                                       ║
╚═════════════════════════════════════════════════════════════╝
```

Bild 4.2.A Konzeptstruktur

Orientieren Sie die Stufengliederung Ihres Konzepts an der Anzahl und der Art der Frames

> *Im Konzept 15KALKWGR sind vier Frames für Tabellen und drei für Grafiken vorgesehen.*

> *Um eine übersichtliche Gliederung zu erreichen, fassen Sie jede dieser beiden Gruppen auf einer eigenen Gliederungsebene zusammen.*

> *Je mehr Frames Sie in einer Anwendung verwenden, um so tiefer sollten Sie Ihr Konzept gliedern.*

Bei den Unterframes 1.1 bis 1.4 des Frames TABELLEN handelt es sich um Tabellen, bei den Unterframes 2.1 bis 2.3 des Frames GRAFIK um Leerframes.

In Tabelle EINSATZTAB berechnen Sie den Wareneinsatz (den Verkauf zu Bezugspreisen) für die drei Warengruppen Damenoberbekleidung (DOB), Kinderbekleidung (Kinder) und Kurzwaren.

Den jeweiligen Wareneinsatz brauchen Sie zur Umlage der Kosten auf die drei
Warengruppen in der Tabelle GRUPPENTAB.

In der Tabelle KALKTAB berechnen Sie den Verkaufspreis, indem Sie die in Tabelle GRUPPENTAB ermittelten Handlungskostenzuschlagssätze verwenden.

Zur Darstellung der Kostenbestandteile in zwei Grafiken mit Balken nebeneinander und einer Grafik mit Abschnittsbalken benötigen Sie die Hilfstabelle HILFTAB.

Geben Sie zunächst der **Tabelle EINSATZTAB** folgenden Inhalt:

	A	B	C	D	E	F
1	Berechnung des **Wareneinsatzes**				Eingabe zu	
2	3. Quartal 1989				Bezugspreisen	
3						
4			DOB	Kinder	Kurzwaren	
5						
6	Anfangsbestand.:		410.000,00	32.000,00	60.000,00	
7	Einkauf........:		600.000,00	60.000,00	20.000,00	
8	Bezugskosten...:		8.000,00	1.100,00	2.000,00	
9	Endbestand.....:		420.000,00	34.000,00	55.000,00	
10						
11						
12	Verkauf zu					
13	Bezugspreisen:		598.000,00	59.100,00	27.000,00	

Bild 4.2.B Berechnung des Wareneinsatzes

Tagen Sie zunächst die Rahmen und die Begriffe in die Tabelle ein.

Die **Eingabe** trennen Sie wieder ganz klar von der **Ausgabe** der Ergebnisse, dem
Verkauf zu Bezugspreisen. Dazu schreiben Sie diese Eingabedaten in einen einfachen Rahmen.

Den **Verkauf zu Bezugspreisen** ermitteln Sie in Zelle C13, indem Sie von der
Summe aus Anfangsbestand, Einkauf und Bezugskosten den Endbestand subtrahieren. Die entsprechende Formel lautet:

```
C6 + C7 + C8 - C9
```

Kopieren Sie diese Formel in die Zellen D13 und E13.

Die Berechnung der Handlungskostenzuschlagsätze (HKZ) für die einzelnen Artikelgruppen nehmen Sie in der **Tabelle GRUPPENTAB** vor:

```
=[GRUPPENTAB]=======================================================
    A     B          C          D            E          F          G          H
 1 Artikelgruppenrechnung             Eingabe in die Zellen mit Schrägschrift
 2 3. Quartal 1989                     zwischen den Doppelstrichen Zeile 7 - 12
 3
 4 Nr Kostenart Schlüssel Gesamt    Verteilungsgrundlage
 5                        in   DM   DOB         Kinder     Kurzwaren   Summen
 6 ─────────────────────────────────────────────────────────────────────────
 7  1 Personal: Kopfzahl   55.000,00          5          2          1          8
 8  2 Miete...: m²          8.000,00        400         80         50        530
 9  3 Werbung : Belege     14.000,00      4.000      2.000        500      6.500
10  4 AVK.....: ca.        20.000,00          8          2          3         13
11  5 Steuern : W.einsatz   9.000,00    598.000     59.100     27.000    684.100
12  6 Kalk. K.: m²          6.400,00        400         80         50        530
13 ─────────────────────────────────────────────────────────────────────────
14    Summe              112.400,00
15
16
17 Nr Kostenart           Gesamt    Kosten je Artikelgruppe
18                        in   DM   DOB         Kinder     Kurzwaren   Summe
19 ─────────────────────────────────────────────────────────────────────────
21  1 Personalkosten...:   55.000,00  34.375,00 13.750,00   6.875,00  55.000,00
22  2 Miete...........:     8.000,00   6.037,74  1.207,55     754,72   8.000,00
23  3 Werbung.........:    14.000,00   8.615,38  4.307,69   1.076,92  14.000,00
24  4 AVK.............:    20.000,00  12.307,69  3.076,92   4.615,38  20.000,00
25  5 Steuern.........:     9.000,00   7.867,27    777,52     355,21   9.000,00
26  6 Kalk. Kosten.....:    6.400,00   4.830,19    966,04     603,77   6.400,00
27 ─────────────────────────────────────────────────────────────────────────
28    Summen           112.400,00  74.033,27 24.085,72  14.281,01 112.400,00
29 ─────────────────────────────────────────────────────────────────────────
30    HKZ                              12,38      40,75      52,89
31 ─────────────────────────────────────────────────────────────────────────
32
```

Bild 4.2.C Berechnung der Handlungskostenzuschlagsätze

Geben Sie die Überschriften und Spaltenbezeichnungen in den Zeilen 1 bis 5 ein.

Geben Sie danach die Angaben im Bereich A7 bis C12 ein. Kopieren Sie die Spaltenbezeichnungen von Zeile 5 in die Zeile 18 und den Bereich A7:A12 in die Zellen A20:B25. Zur besseren Lesbarkeit fügen Sie Punkte hinter den entsprechenden Begriffen in Spalte C an.

Das Hervorheben des Eingabebereichs in der Tabelle GRUPPENTAB durch einen einfachen Rahmen ist nicht ohne weiteres zu realisieren.
In dieser Tabelle werden sechs Kostenarten über die jeweils angegebenen Schlüssel auf drei Artikelgruppen verteilt.

Bei der 5. Kostenart, den Steuern wird der Wareneinsatz als Schlüsselgröße verwendet. Dieser wurde für jede der drei Warengruppen in der Tabelle EIN-
SATZTAB bereits berechnet. Die entsprechenden Schlüsselgrößen brauchen Sie
deshalb nicht mehr einzugeben.

Entsprechend verhält es sich mit den kalkulatorischen Kosten. Als Schlüssel
dient die Quadratmeterzahl der Fläche, in der die entsprechenden Warengruppen
untergebracht sind. Dieser Schlüssel wurde bereits in Position 2 (Miete) verwendet.

In Bereich D7:G12 sind in Spalte D Eingaben von Zeile 7 bis 12 vorzunehmen. In
den Spalten E bis G nehmen Sie jedoch Eintragungen nur von Zeile 7 bis 10 vor.
Damit können Sie um diesen Datenblock keinen einfachen Rahmen ziehen, der die
einzugebenden Daten anzeigt.

Aus diesem Grund verwenden Sie in dieser Tabelle ein anderes Verfahren.

Hervorhebung des Eingabebereichs mit Doppelstrich und Schrägschrift
*Ziehen Sie zwei waagrechte Doppellinien um den Bereich, welcher die
Eingabezellen enthält (mit ASCII 205).*

*Allerdings befinden sich zwischen diesen Doppellinien auch Zellen, in
welche keine Daten einzugeben sind, nämlich der Bereich E5:G6.*

*Formatieren Sie die Zellen, welche der Dateneingabe dienen, über das
Menü Text mit Schrägschrift.*

*Damit in die Zellen des Bereichs E5:G6 tatsächlich keine Eingaben er-
folgen, schützen Sie diese Zellen gegen Änderungen über das Menü
Editieren.*

Schützen Sie außerdem die Summen im Bereich H7:H12.

*Es stehen Ihnen nun zur Hervorhebung der Stellen, in die Daten
einzugeben sind, folgende Möglichkeiten zur Verfügung:*
- Hervorhebung des Eingabebereichs mit einfachen Rahmenlinien
- Verwendung von Pfeilen, die auf die Eingabe hinweisen
- Doppelstrich und Schrägschrift

Als weitere Möglichkeit steht Ihnen die Abgrenzung der Ein- und Ausgabe in getrennten Frames zur verfügung. Sie fassen hierzu die gesamte Eingabe in einem gesonderten Tabellenframe zusammen. Die Ergebnisse erscheinen dann in einem zweiten Tabellenframe. Diejenigen Daten des Eingabeframes, welche Sie auch in dem Ausgabeframe benötigen, können Sie dort durch Formelbezug gewinnen. Möchten Sie z. B. in der Zelle E4 des Ausgabeframes B den Inhalt der Zelle A2 des Eingabeframes A ausgeben, schreiben Sie einfach in den Formelhintergrund der Zelle B.E4 die Formel A.A2.

Die Berechnung der Werte beginnen Sie in Zelle H7. Lassen Sie hier die **Summe der Schlüsselwerte** für die Personalkosten bestimmen. Dazu dient die Formel:

```
§sum(E7:G7)
```

Kopieren Sie diese Formel nach unten bis in Zelle H12 zur Berechnung der weiteren Summen an Schlüsselwerten.

Die **Summe der Gesamtbeträge** der zu verteilenden Kostenarten wird in Zelle D14 bestimmt nach der Formel:

```
§sum(D7:D12)
```

Die **Kosten einer Artikelgruppe** können Sie ermitteln, indem Sie den Gesamtbetrag der jeweiligen Kostenart durch die Summe der Schlüsselwerte dieser Kostenart dividieren.

Sie erhalten damit die Kosten, die auf einen einzigen Schlüsselwert entfallen. Dieses Ergebnis müssen Sie noch mit den Schlüsselwerten der jeweiligen Kostenart multiplizieren.

Für jede der Zellen im Verteilungsbereich E20:G25 benötigen Sie eine Formel, nach welcher die Kostenverteilung vorgenommen wird. Es sind also insgesamt 18 Formeln.

Wenn Sie das Instrument der direkten und indirekten Adressierung sinnvoll anwenden, brauchen Sie nur eine einzige Formel zu entwickeln. Die übrigen 17 können Sie durch Kopieren gewinnen.

Die Formel für Zelle E20 lautet:

```
$D7 / $H7 * E7
```

Beim Kopieren nach rechts dürfen die Adressen über den Gesamtbetrag in Spalte D und über die Summe der Schlüsselwerte in Spalte H nicht geändert werden. Dies erreichen Sie, indem Sie das $-Zeichen vor die entsprechenden Angabe in der Formel schreiben.

Kopieren Sie diese Formel nach rechts bis in die Spalte G und nach unten bis in die Zeile 25.

Berechnen Sie zu Kontrollzwecken die Summe in Zelle H20:

```
§sum(E20:G20)
```

Kopieren Sie diesen Formel nach unten bis in Zelle 25.

Die Summe in Zelle D27 errechnen Sie mit:

```
§sum(D20:D25)
```

Kopieren Sie diese Formel nach rechts bis in Spalte H.

Jetzt brauchen Sie nur noch die **Zuschlagssätze** für die drei Artikelgruppen zu berechnen. Beginnen Sie mit der Artikelgruppe DOB in Zelle E29. Sie dividieren die Kostensumme durch den Wareneinsatz und multiplizieren das Ergebnis mit 100, damit Sie einen Prozentsatz erhalten:

```
100 / E11 * E27
```

Kopieren Sie diese Formel für die beiden weiteren Warengruppen zweimal nach rechts.

Nach der Ermittlung der Zuschlagssätze erstellen Sie die Kalkulation in der **Tabelle KALKTAB** nach folgendem Schema:

```
┌─[KALKTAB]════════════════════════════════════════════════════════╗
║  A      B        C    D    E        F    G    H        I    J    K      LM
║ 1Kalkulation mit Artikelgruppen      Eingabefelder in Schrägschrift!
║ 2
║ 3┌──────────────────────────────────────────────────────────────────
║ 4│Artikelgruppen              DOB              HK              Kurzwaren
║ 5├──────────────────────────────────────────────────────────────────
║ 6│Bruttoeinkaufspr. 1000,00 DM 1000,00  1000,00 DM 1000,00  1000,00 DM 1000,00
║ 7│- Liefererrabatt    40,00 %   400,00    40,00 %   400,00    40,00 %   400,00
║ 8├──────────────────────────────────────────────────────────────────
║ 9│Zieleinkaufspreis             600,00              600,00              600,00
║10│- Liefererskonto     3,00 %    18,00     3,00 %    18,00     3,00 %    18,00
║11├──────────────────────────────────────────────────────────────────
║12│Bareinkaufspreis              582,00              582,00              582,00
║13│+ Bezugskosten      20,00 DM    20,00    20,00 DM   20,00    20,00 DM   20,00
║14├──────────────────────────────────────────────────────────────────
║15│Einstandspreis                602,00              602,00              602,00
║16│+ Handlungskosten   12,38 %    74,53    40,75 %   245,34    52,89 %   318,41
║17├──────────────────────────────────────────────────────────────────
║18│Selbstkostenpreis             676,53              847,34              920,41
║19│+ Gewinn             4,00 %    27,06     4,00 %    33,89     4,00 %    36,82%
║20├──────────────────────────────────────────────────────────────────
║21│Barverkaufspreis              703,59              881,23              957,23
║22│+ Kundenskonto       3,00 %    22,22     3,00 %    27,83     3,00 %    30,23
║23│+ Vertreterprov.     2,00 %    14,81     2,00 %    18,55     2,00 %    20,15
║24├──────────────────────────────────────────────────────────────────
║25│Zielverkaufspreis             740,62              927,61             1007,61
║26│+ Kundenrabatt      15,00 %   130,70    15,00 %   163,70    15,00 %   177,81
║27├──────────────────────────────────────────────────────────────────
║28│Nettoverkaufspr.              871,32             1091,31             1185,42
║29│+ Mehrwertsteuer     14 %    121,98     14 %     152,78     14 %     165,96
║30├──────────────────────────────────────────────────────────────────
║31│Endverkaufspreis              993,30             1244,09             1351,38
║32└──────────────────────────────────────────────────────────────────
╚══════════════════════════════════════════════════════════════════╝
```

Bild 4.2.D Kalkulation mit differenziertem Handlungskostenzuschlagssatz

In der Tabelle KALKTAB werden die drei verschiedenen Artikelgruppen einander direkt gegenübergestellt.

Der Einkaufspreis und die einzelnen Prozentsätze sind in den Spalten C, F und I einzugeben.

Die Musterdaten in den Zellen, in denen Daten eingegeben werden können, sind in **Schrägschrift** formatiert. Für die Handlungskosten darf kein Prozentsatz eingegeben werden. Für die Mehrwertsteuer ist ebenfalls keine Eingabe vorzunehmen, wenn mit dem Satz von 14 % gerechnet werden soll.

Wenn Sie die Daten weiterer Zellen als fix gelten lassen wollen, dann brauchen Sie nur die Formatierung zu ändern. Wenn z. B. der Kundenskonto für alle Kunden gleich sein soll, dann geben Sie den entsprechenden Satz ein und formatieren Sie die Eintragung mit Normalschrift.

Schützen Sie die Zellen, in die kein Eintrag vorzunehmen ist, über das Menü Editieren mit dem Punkt 'Gegen Änderungen schützen'.

Damit die Auswirkung der unterschiedlichen Handlungskostenzuschlagssätze ersichtlich wird, ist im Ausgangsbeispiel bei allen drei Artikelgruppen der gleiche Bruttoeinkaufspreis eingesetzt. Der Endverkaufspreis reicht damit von 993,30 DM bis 1.351.38 DM.

Erstellen Sie zunächst die Rahmen und tragen Sie die Begriffe in Spalte B und D ein. Damit Sie nach dem Formeleintrag in Spalte E gleich Rechenergebnisse bekommen, tippen Sie auch die Eingaben in Spalte C ein.

Die Formeln für die Artikelgruppe DOB können Sie entweder direkt in folgende Zellen eintippen oder mit der Cursor-Methode gewinnen:

Wert	Zelle	Formel
Bruttoeinkaufspr.	E6	C6
Liefererrabatt	E7	E6 * C7 / 100
Zieleinkaufspreis	E9	E6 - E7
Liefererskonto	E10	E9 * C10 / 100
Bareinkaufspreis	E12	E9 - E10
Bezugskosten	E13	C13
Einstandspreis	E15	E12 + E13
Handlungskosten in %	**C16**	**GruppenTab.E29**
Handlungskosten in DM	E16	E15 * C16 / 100
Selbstkostenpreis	E18	E15 + E16
Gewinn	E19	E18 * C19 / 100
Barverkaufspreis	E21	E18 + E19
Kundenskonto	E22	C22 * E21/(100-C22-C23)
Vertreterprovision	E23	E21 * C23/(100-C22-C23)
Zielverkaufspreis	E25	E21 + E22 + E23
Kundenrabatt	E26	E25 * C26 / (100 - C26
Nettoverkaufspreis	E28	E25 + E26
Mehrwertsteuer	E29	E28 * C29 / 100
Endverkaufspreis	E31	E28 + E29

Mit Ausnahme der Handlungskosten in % werden alle Formeln in **Spalte E** eingetragen.

Beim Kundenskonto, bei der Vertreterprovision und beim Kundenrabatt handelt es sich um eine Prozentrechnung **im Hundert.**

Kopieren Sie die Daten und Formeln der Artikelgruppe DOB im Bereich C6:E31 für die Artikelgruppe Kinderbekleidung in den Bereich F6:H31.

Die Formel, die beim Kopieren des Bereichs C6:E31 in die Zelle F16 eingetragen wurde, ist nicht korrekt, da der Handlungskostensatz aus der Tabelle GRUPPENTAB zu entnehmen ist. Löschen Sie deshalb diese Formel und tragen Sie in den Formelhintergrund der Zelle F16 ein:

```
GRUPPENTAB.F29
```

Verfahren Sie entsprechend mit der Artikelgruppe Kurzwaren.

Bereiten Sie Ihre Quelldaten zur Interpretatation auf

In der Tabelle GRUPPENTAB werden die Kostenarten auf drei Warengruppen verteilt. Damit können Sie Unterschiede absoluter Beträge feststellen. Für die Interpretation der Kostenunterschiede ist diese Tabelle mit absoluten Beträgen jedoch wenig aussagefähig.

*Für eine solche Analyse ist eine Tabelle besser geeignet, welche die Kosten der drei Warengruppen auf einen gemeinsamen Nenner bringt, also eine Angabe der Kosten auf **Prozentbasis.***

Die gesamten Kosten der jeweiligen Warengruppen werden dazu mit 100 % festgelegt und die Prozentanteile der einzelnen Kostenart berechnet.

*Noch aussagefähiger wird jedoch eine Tabelle, bei der die Kostenarten nicht auf die Gesamtkosten einer Kostenart sondern auf den **Wareneinsatz** bezogen werden.*

Diese Berechnungen erhalten Sie in der **Tabelle HILFTAB.** Sie dient auch der Aufbereitung des Datenmaterials für grafische Zwecke.

```
┌─[HILFTAB]──────────────────────────────────────────────────┐
│              A            B          C          D           │
│  1 Kostenart            DOB        Kinder     Kurzwaren      │
│  2 absolute Beträge     in DM      in DM      in DM         │
│  3                                                          │
│  4 Personalkosten      34.375,00  13.750,00   6.875,00      │
│  5 Miete                6.037,74   1.207,55     754,72      │
│  6 Werbung              8.615,38   4.307,69   1.076,92      │
│  7 AVK                 12.307,69   3.076,92   4.615,38      │
│  8 Steuern              7.867,27     777,52     355,21      │
│  9 Kalk. Kosten         4.830,19     966,04     603,77      │
│ 10                                                          │
│ 11 Summe              74033,27   24085,72   14281,01        │
│ 12                                                          │
│ 13                                                          │
│ 14 Kostenart            DOB        Kinder     Kurzwaren      │
│ 15 Kostenaufteilung     in %       in %       in %          │
│ 16                                                          │
│ 17 Personal              46,43      57,09      48,14        │
│ 18 Miete                  8,16       5,01       5,28        │
│ 19 Werbung               11,64      17,88       7,54        │
│ 20 AVK                   16,62      12,77      32,32        │
│ 21 Steuern               10,63       3,23       2,49        │
│ 22 Kalk.K.                6,52       4,01       4,23        │
│ 23                                                          │
│ 24 Summe                100,00     100,00     100,00        │
│ 25                                                          │
│ 26 Wareneinsatz       598.000,00 59.100,00 27.000,00        │
│ 27                                                          │
│ 28                                                          │
│ 29 Kostenart            DOB        Kinder     Kurzwaren      │
│ 30 Kosten/Wareneinatz   in %       in %       in %          │
│ 31                                                          │
│ 32 Personal               5,75      23,27      25,46        │
│ 33 Miete                  1,01       2,04       2,80        │
│ 34 Werbung                1,44       7,29       3,99        │
│ 35 AVK                    2,06       5,21      17,09        │
│ 36 Steuern                1,32       1,32       1,32        │
│ 37 Kalk.K.                0,81       1,63       2,24        │
│ 38                                                          │
│ 39 Summe                 12,38      40,75      52,89        │
└─────────────────────────────────────────────────────────────┘
```

Bild 4.2.E Daten zur Kosteninterpretation und Grafik

Tragen Sie die Begriffe in die Hilfstabelle ein.

Die Kosten für HILFTAB.B4:HILFTAB.D9 kopieren Sie aus dem Bereich E20:G25 der Tabelle GRUPPENTAB. Beenden Sie den Kopiervorgang mit dem #-Zeichen.

Die **Summe** in Zelle HILFTAB.B11 lassen Sie mit folgender Formel berechnen:

```
§sum(B4:B9)
```

Kopieren Sie diese Formel zur Berechnung der absoluten Beträge der Kosten für die Artikelgruppe DOB zweimal nach rechts für die beiden übrigen Artikelgruppen.

Zur Berechnung der **prozentualen Kostenangaben** kopieren Sie in der Tabelle HILFTAB den Bereich A11:A14 in den Bereich A14:A24 und in den Bereich A29:A39.

Schreiben Sie die Überschriften in Zeile 14, 15 und 29, 30.

Zum Berechnen des **prozentualen Anteils der Personalkosten** an der Artikelgruppen DOB geben Sie in Zelle HILFTAB.B17 folgende Formel ein:

```
100 / B$11 * B4
```

Die Zeile 11 adressieren Sie absolut, damit Sie diese Formel zur Berechnung der übrigen Prozentsätze der Artikelgruppe DOB nach unten kopieren können. Nach rechts können Sie diese Formel ohnehin kopieren, da bei den beiden anderen Artikelgruppen je auf die entsprechende Basis zurückgegriffen werden muß.

Kopieren Sie die Formel HILFTAB.B17:HILFTAB.D22 in die übrigen Zellen des Bereichs .

Zur Berechnung des **Kostenanteils am Wareneinsatz** tragen Sie in die Zelle HILFTAB.B32 die Formel ein:

```
100 / B$26 * B4
```

Kopieren Sie diese Formel in die übrigen Zellen des Bereichs B32:D37.

Kopieren Sie außerdem die Summenformel aus Zelle B11 in die Zellen B39 bis D39. Diese Summen sind identisch mit den in der Tabelle GRUPPENTAB berechneten Handlungskostenzuschlagssätzen.

Besonders in dieser letzten Darstellung innerhalb der Tabelle HILFTAB erkennen Sie den hohen Anteil der Personalkosten in den Gruppen Kinder und Kurzwaren, gemessen am Wareneinsatz. Außerdem fällt der hohe Prozentsatz der allgemeinen Verwaltungskosten (AVK) bei den Kurzwaren auf. Alle Prozentsätze für die einzelnen Kosten bei der Artikelgruppe Damenbekleidung sind niedriger als bei den beiden übrigen Artikelgruppen, mit Ausnahme der Steuern, die in der Tabelle

GRUPPENTAB auf der Basis des Wareneinsatzes auf die drei Artikelgruppen verteilt worden sind.

Noch klarer ersichtlich wird Ihnen diese Kostensituation, wenn Sie die Daten grafisch darstellen.

Die **Grafik KALKGRAF1** stellt die relativen Kosten auf der Basis der jeweiligen Gesamtkosten je Artikelgruppe mit Balken nebeneinander dar:

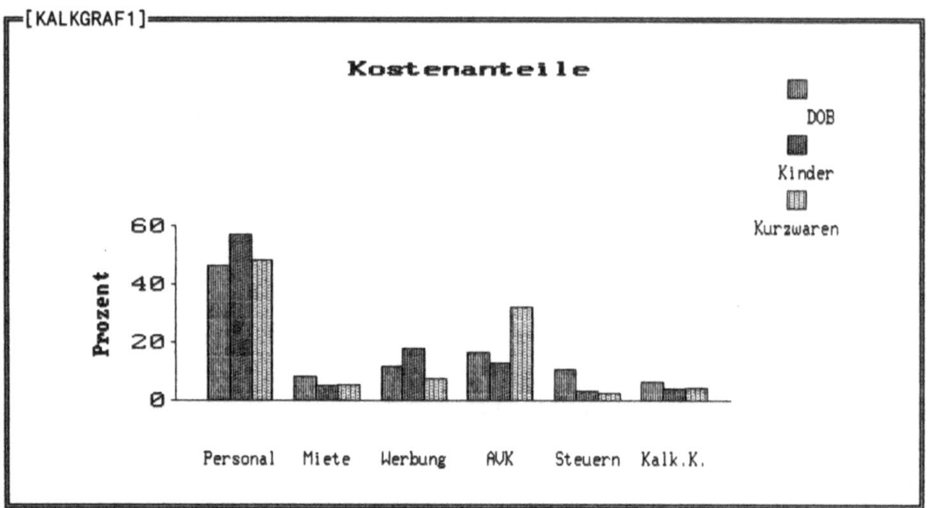

Bild 4.2.F Relative Kosten mit Balken nebeneinander

Unterlegen Sie den Bereich B17.D22 in der Tabelle HILFTAB.

Wählen Sie im Menü Grafik die Punkte:

      1. Spalte beschriftet die X-Achse

      2. Balken nebeneinander

      3. Neue Grafik erstellen

Tragen Sie die Überschriften und die Achsenbeschriftung im Formelhintergrund des Frames KALKGRAF1 am Ende folgender Grafikformel nach #BAR ein:

```
@DrawGraph(TABELLEN.HILFTAB.B17:TABELLEN.HILFTAB.D22,
#COLUMN,#BAR, "Kostenanteile",,"Prozent")
```

Diese Formel zeigt die **Einstellungen,** die Sie zur Erstellung dieser Grafik vorgenommen haben:

Formelteil	Bedeutung
TABELLEN.HILFTAB.B17:TABELLEN.HILFTAB.D22	Bereich, dessen Daten grafisch dargestellt werden.
#COLUMN	Spalte beschriftet X-Achse
#BAR	Balken nebeneinander
"Kostenanteile"	Überschrift
"Prozent"	Beschriftung der Y-Achse

Die Beschriftung der X-Achse wird aus der ersten Spalte der Zeilen 17 bis 22 der Tabelle HILFTAB entnommen.

Die Daten, welche Sie für die Grafik KALKGRAF1 verwendet haben (der Bereich B17:D22 der Tabelle HILFTAB), bereiten Sie nun mit Abschnittsbalken auf. Es hätte hier allerdings keinen Sinn, mit der Spalte die X-Achse beschriften zu lassen, da sich die 100 % jeweils als Summe der Kostenkomponenten einer Artikelgruppe ergeben. Die X-Achse muß hier also mit den Daten der ersten Zeile beschriftet werden.

Das Ergebnis stellt sich in **KALKGRAF2** wie folgt dar:

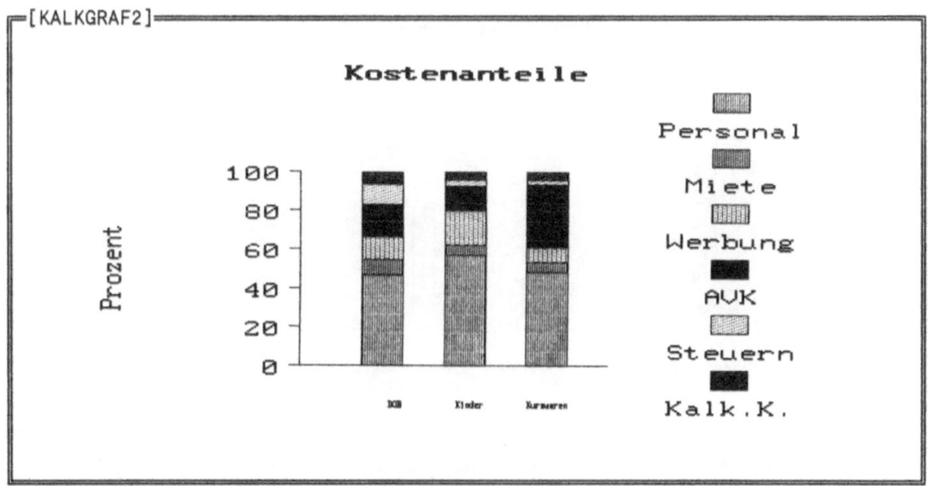

Bild 4.2.G Relative Kosten mit Abschnittsbalken

Als Grafiktyp wählen Sie Balken nebeneinander. Die komplette Grafikformel inklusive Überschrift und Beschriftung der Y-Achse lautet:

```
@DrawGraph(TABELLEN.HILFTAB.B17:TABELLEN.HILFTAB.D22,#ROW,
#STACKEDBAR, "Kostenanteile",,"Prozent")
```

Sie können mit dieser Grafik erkennen, wie stark die einzelnen Kostenkomponenten bei jeder der drei Artikelgruppen ausgeprägt sind.

Besonders hoch ist der Anteil der allgemeinen Verwaltungskosten bei der Artikelgruppe Kurzwaren.

Etwas störend wirkt bei dieser grafischen Darstellung allerdings die Anordnung der einzelnen Elemente innerhalb der Legende. Sie ist genau der Reihenfolge dieser Elemente in der Grafik entgegengesetzt. Beispielsweise steht in der Legende die Markierung für die Personalkosten ganz oben. Im eigentlichen Grafikteil erscheint dieses Sinnbild dagegen ganz unten.

Von der betriebswirtschaftlichen Seite her gesehen ist eine weitere grafische Darstellung noch aussagefähiger als KALKGRAF2.

In der **Grafik KALKGRAF3** werden die Kostenkomponenten in Prozent des Wareneinsatzes dargestellt.

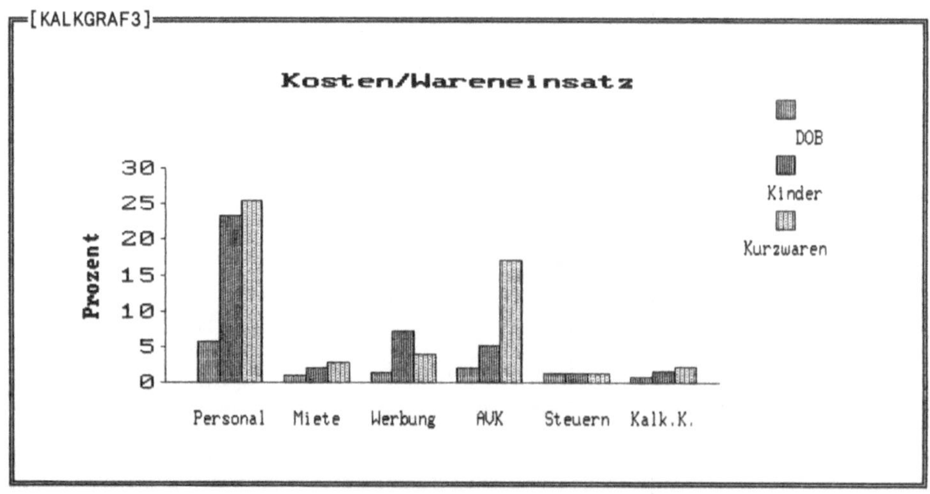

Bild 4.2.H Relative Kosten auf der Basis des Wareneinsatzes

4.3 Der Kostenverzicht: Deckungsbeitragsrechnung   **Datei: 16HDBR**

Bei den beiden vorausgegangenen Modellen mit globalen und differenzierten Zuschlagssätzen haben Sie auf Vollkostenbasis gearbeitet.

Häufig stellt sich jedoch die Frage, ob ein Artikel auch dann noch verkauft werden soll, wenn er nur die variablen, nicht aber die fixen Kostenanteile deckt. Im Sinne eines abgerundeten Sortiments ist es häufig sinnvoll, entsprechenden Kundenwünschen entgegenzukommen.

Die **Teilkostenrechnung** geht davon aus, daß die variablen Kosten den einzelnen Waren oder Warengruppen verursachungsgerecht zugerechnet werden können.

Deshalb wird der Verkaufspreis zunächst um die direkt zurechenbaren Kosten gekürzt. Bei diesen direkten Kosten handelt es sich insbesondere um den Wareneinkaufspreis, die Bezugskosten, die Ausgangsfracht und den Kundenrabatt.

Zu den fixen Kosten gehören dagegen insbesondere Gehälter und gesetzliche Sozialkosten, Abschreibung, Mieten und allgemeine Verwaltungskosten.

Sie berechnen zunächst im Rahmen einer Gesamtabrechnung für das 3. Quartal 1989 in einer mehrstufigen Deckungsbeitragsrechnung den Unternehmensgewinn.

In einer Hilfstabelle ermitteln Sie die Prozentsätze der einzelnen Fixkostenkomponenten auf der Basis des Umsatzes.

Am Schluß stellen Sie die fixen und variablen Kostenbestandteile grafisch dar.

Erstellen Sie zunächst das **Konzept 16HDBR** mit folgendem Aufbau:

```
┌─[16HDBR]─────────────────────────────────────────────┐
│     1  DECKTAB                                        │
│        1.1  HAUPT                                     │
│        1.2  HILFTAB1                                  │
│        1.3  EINZEL                                    │
│     2  GRAFTAB                                        │
│        2.1  HILFTAB2                                  │
│        2.2  HILFTAB3                                  │
│     3  GRAFIKEN                                       │
│        3.1  DECKGRAF1                                 │
│        3.2  DECKGRAF2                                 │
│        3.3  DECKGRAF3                                 │
└──────────────────────────────────────────────────────┘
```

Bild 4.3.A Konzeptstruktur

Dieses Konzept ist in **drei Gruppen** eingeteilt:

1 DECKTAB mit den eigentlichen Tabellen zur Deckungsbeitragsrechnung

2 GRAFTAB mit Hilfstabellen für die Grafik

3 GRAFIKEN mit drei grafischen Darstellungen.

Der **Tabelle HAUPT** geben Sie folgenden Inhalt:

```
┌─[HAUPT]══════════════════════════════════════════════════════════════════
║    A           B           C      D    E    F    G       H    I     J      K
║  1 Deckungsbeitragsrechnung  im Handel                    3. Quartal 1989
║  2
║  3 ┌───────────────────────┬────────────────────────────┬─────────────────┐
║  4 │ Artikelgruppen        │           Bekleidung       │ Schmuck         │
║  5 │                       ├───────────┬────────┬───────┼─────────────────┤
║  6 │                       │ Damen     │        │ Herren│                 │
║  7 │                       │           │        │       │                 │
║  8 │ Warenerlös ohne USt   │ 174.500,00│        │131.000,00│  86.000,00   │
║  9 │ – Einzelkosten Vertrieb│ 14.100,00│        │  8.100,00│   1.500,00   │
║ 10 │                       │           │        │       │                 │
║ 11 │ Nettoerlös            │ 160.400,00│        │122.900,00│  84.500,00   │
║ 12 │ – Direkte Handlungskst.│ 95.700,00│        │ 77.600,00│  52.800,00   │
║ 13 ├───────────────────────┤           │        │       │                 │
║ 14 │ Deckungsbeitrag I     │  64.700,00│        │ 45.300,00│  31.700,00   │
║ 15 │ – Artikelgruppenfixkst.│          │ 44.500,00│     │     23.000,00   │
║ 16 ├───────────────────────┴───────────┴────────┴───────┼─────────────────┤
║ 17 │ Deckungsbeitrag II              65.500,00          │      8.700,00   │
║ 18 ├────────────────────────────────────────────────────┴─────────────────┤
║ 19 │ – Unternehmensfixkst.                          48.900,00             │
║ 20 ├────────────────────────────────────────────────────────────────────────┤
║ 21 │ Gewinn                                         25.300,00             │
║ 22 └────────────────────────────────────────────────────────────────────────┘
```

Bild 4.3.B Gesamtabrechnung Deckungsbeiträge im 3. Quartal 1989

Lösungsansätze zum Komprimieren von Spalteninhalten

Bei der Darstellung der Deckungsbeitragsrechnung in einer Tabelle gibt es das Problem der Zusammenführung der Ergebnisse einzelner Spalten. Die Artikelgrupenfixkosten werden vom Deckungsbeitrag I der Damen- **und** *Herrenbekleidung substrahiert.*

Dieses Problem lösen Sie, indem Sie eine **Spalte** *von Zeile 6 bis Zeile 12* **leer** *lassen.*

Bei der zweiten Zusammenführung von Spalten können Sie eine andere Lösung anwenden: Die Unternehmensfixkosten werden von der Summe der Deckungsbeiträge II aus Bekleidung und Schmuck abgezogen. Damit Sie nicht noch eine weitere leere Spalte anlegen müs-

*sen, deuten Sie die Zusammenführung mit einem **Doppelstrich** in Zeile 18 an. Mit einer weiteren Leerspalte würde die Darstellung nicht so gut aussehen.*

Tragen Sie die Bezeichnungen und die Rahmen in die Tabelle ein.

Folgende **Berechnungen** sind erforderlich:

Den **Nettoerlös** bestimmen Sie in Zelle D11 als Differenz aus Warenerlös ohne USt und Einzelkosten Vertrieb mit der Formel:

```
D8 - D9
```

Kopieren Sie die Formel in die Zellen H11 und J11.

Der Deckungsbeitrag I ergibt sich, indem Sie die direkten Handlungskosten vom Nettoerlös subtrahieren. Geben Sie dazu in Zelle D14 die Formel ein:

```
D11 - D12
```

Kopieren Sie diese Formel in die Zellen H14 und J14.

Zur Bestimmung der beiden Ergebnisse von **Deckungsbeitrag II** benötigen Sie je eine unterschiedlich entwickelte Formel:

- Den Deckungsbeitrag II zur Artikelgruppe Bekleidung erhalten Sie, indem Sie Deckungsbeitrag I von Damen- und Herrenbekleidung um die entsprechenden Artikelgruppenfixkosten kürzen. Geben Sie in Zelle F17 die Formel ein:

```
D14 + H14 - F15
```

- In Zelle J17 geben Sie ein:

```
J14 - J15
```

Den **Gewinn** bestimmen Sie in Zelle H21 aus den beiden Beträgen von Deckungsbeitrag II abzüglich der Unternehmensfixkosten mit der Formel:

```
F17 + J17 - H19
```

Damit Sie die Ergebnisse dieser Tabelle für die Stückkalkulation verwenden können, müssen Sie noch eine Reihe von Berechnungen in einer Hilfstabelle vornehmen.

Lassen Sie auf der Basis des Umsatzes für die direkten Kosten und die einzelnen
Komponenten der indirekten Kosten Prozentsätze berechnen.

Die **Tabelle HILFTAB1** enthält folgende Angaben:

```
=[HILFTAB1]=================================================================
             A        B    C           D          E        F  G       H       I
   1                      Damen       Herren     Schmuck     Damen   Herren Schmuck
   2                      DM          DM         DM          %       %       %
   3  ----------------------------------------------------------------------------
   4  Umsatz             174.500,00  131.000,00  86.000,00   100,00  100,00  100,00
   5  direkte Kosten     109.800,00   85.700,00  54.300,00    62,92   65,42   63,14
   6  Deckungsbeitrag I   64.700,00   45.300,00  31.700,00    37,08   34,58   36,86
   7
   8
   9                      Bekleidung  Schmuck                 Bekleidung Schmuck
  10                      DM          DM                      %          %
  11  ----------------------------------------------------------------------------
  12  Deckungsbeitrag I  110.000,00   31.700,00               36,01     36,86
  13  Artikelgruppenfixk  44.500,00   23.000,00               14,57     26,74
  14  Deckungsbeitrag II  65.500,00    8.700,00               21,44     10,12
  15
  16
  17                      Bekleidung und Schmuck              Bekleidung und Schmuck
  18                      DM                                  %
  19  ----------------------------------------------------------------------------
  20  Deckungsbeitrag II  74200                               18,95
  21  Unternehmensfixkst  48900                               12,49
  22  Gewinn              25300                                6,46
```

Bild 4.3.C Ermittlung der Prozentangaben zur Stückrechnung

Die **absoluten Angaben** in den Zellen C4 bis C6 gewinnen Sie durch Kopie aus
Tabelle HAUPT, bzw. durch Subtraktion.

Wert	Zelle	Formel
Umsatz	C4	HAUPT.D8
direkte Kosten	C5	HAUPT.D9+HAUPT.D12
Deckungsbeitrag I	C6	C4-C5

Kopieren Sie die Formel in Zelle C6 zweimal nach rechts. Kopieren Sie die beiden
anderen Formeln nach rechts. Sie müssen diese allerdings nach dem Kopiervorgang noch richtig stellen: In Spalte D wird aus dem E ein H und in Spalte E
wird aus dem F ein I.

Die **prozentualen Angaben** in Bereich G4:I6 gewinnen Sie, indem Sie in die Zelle G4 die Formel eintragen:

```
100 / C$4 * C4
```

Kopieren Sie diese Formel in die übrigen Zellen dieses Bereichs.

Um die Artikelgruppenfixkosten abziehen zu können, fassen Sie die Artikelgruppen Herren- und Damenkleidung zusammen.

Wert	Zelle	Formel
Deckungsbeitrag I	C12 D12	C6 + D6 E6
Artikelgruppenfixkosten	C13 D13	HAUPT.F15 HAUPT.J15
Deckungsbeitrag II	C14 D14	C12 - C13 D12 - D13

Für die prozentualen Angaben im Bereich G12:H14 geben Sie in Zelle G12 die Formel ein:

```
100 / (C$4 + D$4) * C12
```

Kopieren Sie diese Formel zweimal nach unten.

In Zelle H12 geben Sie die Formel ein:

```
100 / E$4 * D12
```

Kopieren Sie auch diese Formel ebenfalls zweimal nach unten.

Zur Berechnung des **Gewinns** bilden Sie aus Bekleidung und Schmuck Gesamtbeträge nach folgenden Formeln:

Wert	Zelle	Formel
Deckungsbeitrag II	C20	C14 + D14
Unternehmensfixkosten	C21	HAUPT.H19
Gewinn	C22	C20 - C21

Zur Berechnung der entsprechenden Prozentangaben kopieren Sie aus Zelle G20 folgende Formel zweimal nach unten:

```
100 / /C$4 + D$4 + E$4) * C20
```

Nach der Ermittlung der Prozentsätze können Sie für jeden Artikel der drei Artikelgruppen, Damen-, Herrenbekleidung und Schmuck eine Deckungsbeitragsrechnung vornehmen.

Geben Sie dazu der **Tabelle EINZEL** folgenden Inhalt:

```
=[EINZEL]==========================================================
    A          B      C      D      E    F    G    H    I    J  K    L      M    N    O
  1 Stückkalkulation als Fixkostendeckungsrechnung
  2
  3
  4 Dateneingabe           Damenbekleidung     Herrenbekleidung    Schmuck
  5                            i. DM               i. DM             i. DM
  6 Verkaufspreis --->         466,20              621,00            28,00
  7
  8
  9
 10 Ergebnisse             Damen    % vom    Herren   % vom    Schmuck   % vom
 11                        DM je    Ver-     DM je    Ver-     DM je     Ver-
 12                        Stück    kaufs-   Stück    kaufs-   Stück     kaufs-
 13                                 preis             preis             preis
 14
 15 Verkaufspreis          466,20   100,00   621,00   100,00    28,00    100,00
 16 - Direkte Handl.K.     293,35    62,92   406,26    65,42    17,68     63,14
 17
 18 Deckungsbeitrag I      172,85            214,74             10,32
 19 - Artikelgr.fixkst      67,91    14,57    90,46    14,57     7,49     26,74
 20
 21 Deckungsbeitrag II     104,95            124,29              2,83
 22 - Unternehmensfixk      58,23    12,49    77,57    12,49     3,50     12,49
 23
 24 Gewinn                  46,72             46,72             -0,66
 25
```

Bild 4.3.D Stückkalkulation als Fixkostendeckungsrechnung

Aus dieser Darstellung ist ersichtlich, daß sich bei der Damenbekleidung bereits bei einem Verkaufspreis von 466,20 DM ein Stückgewinn von 46,72 DM ergibt. Bei der Herrenbekleidung ist der Verkauf von 621,00 DM erforderlich, um denselben Stückgewinn zu bekommen.

Beim Verkauf von Schmuck entsteht dagegen ein Verlust. Allerdings ist aus der Tabelle ersichtlich, daß dabei die direkten Handlungskosten und die Artikelgruppenfixkosten voll gedeckt sind. Auch die Unternehmensfixkosten sind zum größten Teil gedeckt.

Angesichts der Verteilungsproblematik der fixen Kosten und des Marketinggedankens, daß ein Sortiment den Kundenwünschen entsprechend abgerundet sein sollte, wird man sich wohl trotz des Verlustes für ein Verbleiben des Schmucks im Sortiment aussprechen.

Was den **formalen Aufbau** der Tabelle EINZEL anbelangt, können Sie feststellen, daß die Zellen, die Eingabedaten enthalten, ganz klar von der Ausgabe der Ergebnisse abgegrenzt sind. Zusätzlich weist ein Pfeil auf die Zeile 6 hin, in welcher Daten einzugeben sind.

Erstellen Sie die Rahmen und tragen Sie die Begriffe ein. Denken Sie dabei daran, ausführlich von der Möglichkeit des Kopierens Gebrauch zu machen.

Den Verkaufspreis in Zelle D15 im Ausgabeteil lassen Sie aus dem Eingabeteil kopieren mit der Formel:

```
D6
```

Kopieren Sie diese Formel in die Zellen H15 und L15.

Der Verkaufspreis stellt die Basis für die Berechnung der Prozentsätze der einzelnen Kostenkomponenten dar. Tragen Sie deshalb in die Zellen F15, J15 und N15 jeweils die Zahl 100 ein. Bei der Ermittlung der Ergebnisse werden Prozentsätze verwendet, die in der Tabelle HILFTAB1 ausgerechnet worden sind.

Für das Berechnen dieser Prozentsätze verwenden Sie folgende Formeln:

Wert	Zelle	Formel
Direkte Handlungskosten	F16	HILFTAB1.G5
	J16	HILFTAB1.H5
	N16	HILFTAB1.I5
Artikelgruppenfixkosten	F19	HILFTAB1.$G13
	J19	HILFTAB1.$G13
	N19	HILFTAB1.H13
Unternehmensfixkosten	F22	HILFTAB1.$G21
	J22	HILFTAB1.$G21
	N22	HILFTAB1.$G21

Die DM-Beträge bekommen Sie durch Kopieren. Zunächst tragen Sie in Zelle D16 folgende Formel ein:

```
D$15 * F16 / 100
```

Kopieren Sie diese Formel in die Zellen H16, L16, D19, H19, L19, D22, H22, L22.

Zur Ermittlung des **Gewinns** geben Sie in Zelle D24 die Formel ein:

```
D21 - D22
```

Kopieren Sie diese Formel in die Zellen H24 und L24.

Nachdem Sie die Tabelle EINZEL fertiggestellt haben, können Sie feststellen, wie stark die Waren der einzelnen Artikelgruppen zum Gewinn bzw. zur Kostendeckung beitragen.

Bei einem Verkaufspreis von 100,- DM ergibt sich z. B. bei Damen- und Herrenbekleidung ein Gewinn von 10,02 DM bzw. 7,52 DM und bei Schmuck ein Verlust von 2,37 DM. Dabei trägt allerdings der Schmuck neben den direkten Kosten und den Artikelgruppenfixkosten noch 10,12 DM der anteilig verteilten 12,49 DM Unternehmensfixkosten.

Verwenden Sie zur Kontrolle den eingebauten Taschenrechner

Falls Sie den Berechnungen mit den eingegebenen Formeln nicht trauen oder tatsächlich einen Fehler vermuten, verwenden Sie den Taschenrechner.

Sie brauchen ihn nicht zu suchen. Nehmen Sie einfach den eingebauten FRAMEWORK-Taschenrechner.

Sie aktivieren ihn mit ⟨Alt⟩ + ⟨F10⟩. Wenn Sie ihn erneut benötigen, aktivieren sie ihn wieder mit dieser Tastenkombination.

Wenn Sie mit einer größeren Anzahl an Nachkommastellen rechnen wollen, dann wählen Sie im Menü Zahlen die entsprechende Anzahl Nachkommastellen, während der Rechner-Frame in der linken unteren Bildschirmecke markiert ist.

Falls der Rechner-Rahmen zu klein ist, verbreitern Sie den Rechnerframe mit der Funktionstaste ⟨F4⟩ GRÖSSE.

Bei der Verteilung der Kosten sind Sie in der Tabelle HAUPT folgendermaßen vorgegangen:

Die direkten Kosten haben Sie einzeln auf alle drei Artikelgruppen verteilt, die Artikelgruppenfixkosten auf die Artikelgruppen Bekleidung und Schmuck und die Unternehmensfixkosten pauschal auf alle drei Artikelgruppen.

Je mehr Kosten Sie verteilt haben, um so pauschaler ist die Verteilungsgrundlage geworden. Diesen Zusammenhang können Sie mit grafischen Darstellungen visualisieren.

Dazu benötigen Sie die beiden Hilfstabellen HILFTAB2 und HILFTAB3.

Die Tabelle **HILFTAB2** enthält die absoluten und prozentualen Beträge für die beiden Artikelgruppen.

```
=[HILFTAB2]===================================================
                          A              B          C
    1 absolute Beträge       Bekleidung  Schmuck
    2 Umsatz                 305.500,00  86.000,00
    3 direkte Kosten         195.500,00  54.300,00
    4 Deckungsbeitrag I      110.000,00  31.700,00
    5 Artikelgruppenfixk.     44.500,00  23.000,00
    6 Deckungsbeitrag II      65.500,00   8.700,00
    7
    8                                %          %
    9 Umsatz                     100,00     100,00
   10 direkte Kosten             63,99       63,14
   11 Artikelgruppenfixk.        14,57       26,74
   12 Deckungsbeitrag II         21,44       10,12
```

Bild 4.3.E Hilfstabelle mit Grafikdaten in zwei Betragsspalten

Gewinnen Sie die Formeln für diese Hilfstabelle mit der Cursormethode. Die Formel in Zelle B2 lautet z. B.:

```
DECKTAB.HAUPT.D8 + DECKTAB.HAUPT.H8
```

Ein weiteres Beispiel ist die Formel in Zelle B3:

```
DECKTAB.HAUPT.D9 + DECKTAB.HAUPT.D12
+DECKTAB.HAUPT.H9 + DECKTAB.HAUPT.H12
```

Für die Grafik benötigen Sie außerdem die **Tabelle HILFTAB3**:

```
=[HILFTAB3]==================================================
                 A                      B
   1                          absolute Beträge
   2 Umsatz                   391.500,00
   3 direkte Kosten           249.800,00
   4 Deckungsbeitrag I        141.700,00
   5 Artikelgruppenfixk.       67.500,00
   6 Deckungsbeitrag II        74.200,00
   7 Unternehmensfixkosten     48.900,00
   8 Gewinn                    25.300,00
   9
  10                                    %
  11 Umsatz                   100,00
  12 direkte Kosten            63,81
  13 Artikelgruppenfixk.       17,24
  14 Unternehmensfixkosten     12,49
  15 Gewinn                     6,46
```

Bild 4.3.F Hilfstabelle mit Grafikdaten in einer Betragsspalte

Mit Ausnahme der absoluten Unternehmensfixkosten können Sie die übrigen Fix-
kosten aus der Tabelle HILFTAB2 entwickeln. Die Formel für Zelle B2 lautet z. B.:

```
HILFTAB2.B2 + HILFTAB2.C2
```

Vergessen Sie nicht die Neuberechnung

> *Denken Sie daran, daß Sie bei Änderungen in der Tabelle HAUPT die*
> *Daten in den Hilfstabellen mit der Funktionstaste <F5> NEUBERECH-*
> *NUNG anpassen müssen.*

Die Grafik **DECKGRAF1** hat folgendes Aussehen:

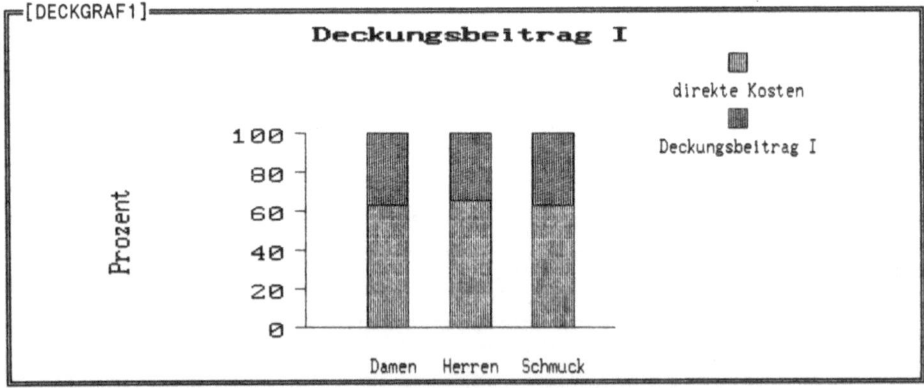

Bild 4.3.G Deckungsbeitrag I

Die Zeichen-Formel lautet:

```
@DrawGraph(DECKTAB.HILFTAB1.G5:DECKTAB.HILFTAB1.I6,#ROW,
#STACKEDBAR,"Deckungsbeitrag I",,"Prozent")
```

Geben Sie der Grafik **DECKGRAF2** folgenden Inhalt:

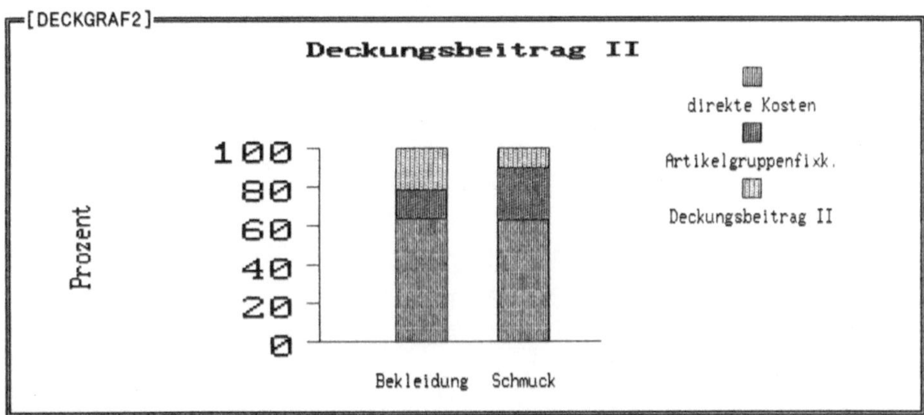

Bild 4.3.H Deckungsbeitrag II

Grafikformel:

```
@DrawGraph(GRAFTAB.HILFTAB2.B10:GRAFTAB.HILFTAB2.C12,#ROW,
#STACKEDBAR,"Deckungsbeitrag II",,"Prozent")
```

Bei **DECKGRAF3** handelt es sich um eine Kreisgrafik:

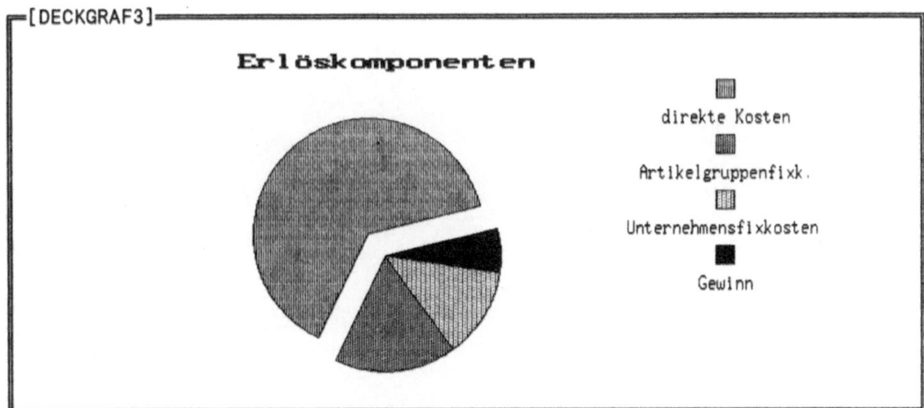

Bild 4.3.I Erlöskomponenten

Grafikformel:

```
@DrawGraph(GRAFTAB.HILFTAB3.B12:GRAFTAB.HILFTAB3.B15,
#COLUMN,#PIE,"Erlöskomponenten",,,1)
```

5. Fakturierung und Mahnung

5.1 Halbautomatische Fakturierung   Datei: 17RECHN

In diesem Modell lernen Sie, wie man mehrere Frames unterschiedlichen Typs miteinander verbindet.

Für die Rechnung benötigen Sie eine **Tabelle**, für die Kunden- und Artikelverzeichnisse je eine **Datenbank**.

Verschiedene **Makros** erleichtern Ihnen die Arbeit.

Sie können selbstverständlich auch auf die Makros verzichten und die Fakturierung nur mit der Tabelle für die Rechnung und den beiden Datenbanken für die Kunden und Artikel entwickeln.

Diese Makros können Ihnen allerdings sehr nützlich sein. Damit Sie sich nicht jede Einzelheit merken müssen, bauen Sie mit ihnen ein Hilfesystem ein. Es erläutert Ihnen auf Anfrage die Aufgaben der Makros und hilft Ihnen bei der Suche nach Kunden und Artikeln.

Mit einem weiteren Makro lassen Sie Rechnungen drucken und die entsprechenden Daten ins Rechnungsausgangsbuch eintragen. Damit schaffen Sie eine Verbindung zum automatischen Mahnwesen.

Durch die Festlegung dieser Modelle auf die Kommandoebene im Band I sind die Möglichkeiten dieser Anwendungen natürlich begrenzt.

Es gibt kein Updating der Kunden- und Artikeldatenbanken. Außerdem ist ein Rechnungsexemplar auf eine einzige Seite beschränkt.

Zue Realisation benötigen Sie FRED, den Editor von FRAMEWORK. Diesen behandeln wir in Band II dieser Modelle.

Das Modell 17RECHN enthält mehr als zehn Frames. Gliedern Sie das **Konzept 17RECHN** deshalb zweistufig gemäß folgendem Konzeptaufbau:

```
┌─[17RECHN]────────────────────────────────────────────────┐
│        1   RECHNUNG                                        │
│        2   DATEIEN                                         │
│            2.1 KUNDEN                                      │
│            2.2 ARTIKEL                                     │
│        3   MAKRO                                           │
│            3.1 A                                           │
│            3.2 B                                           │
│            3.3 C                                           │
│            3.4 D                                           │
│            3.5 H                                           │
│            3.6 K                                           │
│            3.7 R                                           │
│            3.8 S                                           │
│        4   HILFE                                           │
│            4.1 ADRESSE                                     │
│            4.2 TAB                                         │
│            4.3 TXT                                         │
│        5   RECHNAUS                                        │
└───────────────────────────────────────────────────────────┘
```

Bild 5.1.A Konzeptstruktur

Bauen Sie zunächst die beiden Datenbanken KUNDEN und ARTIKEL auf.

Aus diesen Frames holen Sie später im direkten Zugriff die entsprechenden Rechnungsdaten.

Beginnen Sie mit der **Datenbank KUNDEN**. Diese enthält folgende sichtbaren und zwei weitere unsichtbare Felder:

```
┌─[KUNDEN]════════════════════════════════════════════════════┐
│ KdNr Anrede Name          Vorname Plz  Ort        Straße     │
╞══════════════════════════════════════════════════════════════╡
│ 1000 Herrn  Mayer         Ingo    7968 Saulgau    Werderstr. 12     │
│ 1001 Frau   Rettich       Klara   7000 Stuttgart 1 Reinsburgstr. 128│
│ 1002 Frl.   Neerlich      Monika  7900 Ulm        Donaublick 107    │
│ 1003 Fa.    Weber & Co.           7000 Stuttgart 1 Gutenbergstr. 102│
└──────────────────────────────────────────────────────────────┘
```

Bild 5.1.B sichtbare Felder der Kundendatenbank

Neben diesen Feldern entält die Kundendatenbank zwei **unsichtbare Felder**, deren Inhalt automatisch aus den sichtbaren Feldern entwickelt wird:

```
┌─[KUNDEN]═══════════════════════════════════════════════════┐
│ NVName           Plz  Ort                                   │
╞═════════════════════════════════════════════════════════════╡
│ Ingo Mayer       7968 Saulgau                               │
│ Klara Rettich    7000 Stuttgart 1                           │
│ Monika Neerlich  7900 Ulm                                   │
│ Weber & Co.      7000 Stuttgart 1                           │
└─────────────────────────────────────────────────────────────┘
```

Bild 5.1.C unsichtbare Felder der Kundendatenbank

Die Datenfelder 'Name' und 'Vorname' führen Sie getrennt, damit Sie in der Datenbank gezielt nach beiden Begriffen suchen können.

Für die Rechnungsanschrift brauchen Sie allerdings die Kombination aus Vorname und Name, wobei zwischen beiden Angaben eine Leerstelle steht. Wenn es sich allerdings um einen Firmennamen handelt (z. B. Weber & Co.), dann darf keine Leerstelle vor dem Namen stehen.

Verwenden Sie dazu das Hilfsfeld 'NVNAME'. Die Angaben lassen Sie entwickeln, indem Sie in den Formelhintergrund hinter der Feldbezeichnung NVNAME folgenden Befehl eingeben:

```
§if(Vorname="",NVNAME:= Name,NVNAME:=Vorname & " " & Name)
```

Wenn im Feld 'Vorname' kein Eintrag enthalten ist, wenn es sich also um einen Firmennamen handelt, dann wird im Hilfsfeld 'NVNAME' nur der Inhalt des Feldes 'Name' eingetragen. Im anderen Falle geht in 'NVNAME' der Inhalt des Feldes 'Vorname', gefolgt von einer Leerstelle und dem Inhalt des Feldes 'Name', ein.

Damit Sie über zwei Suchbegriffe in der Datenbank verfügen und außerdem das numerische Eingabeformat der Postleitzahl plausibel prüfen können, tragen Sie auch für die Postleitzahl und den Ort getrennte Felder ein.

Für die Rechnung benötigen Sie jedoch den Inhalt beider Felder in einem einzigen String. Entwickeln Sie dazu das Hilfsfeld 'PLZORT'. Die Daten gewinnen Sie mit der Formel:

```
PLZORT := §integer(PLZ) & " " & ORT
```

Dem Hilfsfeld 'PLZORT' wird der Inhalt des Feldes 'PLZ' in alphanumerischem Format, gefolgt von einer Leerstelle und dem Inhalt des Feldes 'ORT', zugewiesen.

Sie können Hilfsfelder unsichtbar werden lassen

Damit die Hilfsfelder NVNAME und PLZORT bei Datenbankabfragen optisch nicht stören, verkleinern Sie diese mit der Funktionstaste ⟨F4⟩ GRÖSSE so weit, bis sie nicht mehr sichtbar sind. Diese Felder entfalten trotzdem ihre Wirkung.

Für die Rechnungsschreibung benötigen Sie außer der Kundendatenbank die **Datenbank ARTIKEL:**

Artnr	Bezeichnung	Einheit	Einzelpreis
2000	Verbundplatten 30er	qm	6,75
2010	Rigipsplatten 9,5er	qm	2,50
2100	Ansetzbinder	Sack	7,90
2101	Fugenfüller	kg	0,90
2110	Bewehrungsstreifen	Rolle	2,60
2200	Zement	Sack	5,50
3000	Waschbetonplatten	qm	11,50

Bild 5.1.D Artikeldatenbank

Nach Fertigstellung der beiden Dateien gestalten Sie die **Tabelle RECHNUNG:**

```
       A        B            C              D        E          F
 1 Betonwerk Wacker & Co., Siebenlinden 81, 7000 Stuttgart 40
 2          Telex: 232321   Fax: 1234123     Ruf: 0711/242324
 3
 4
 5
 6
 7 Kdnr.   1003                 R E C H N U N G
 8 Fa.
 9 Weber & Co.
10
11 Gutenbergstr. 102
12 7000 Stuttgart 1          Rechnungsdatum:   26.07.1989
13
14                           Rechnungsnummer: 1003
15
16
17 Artnr. Menge Bezeichnung      Einheit DM/Stück Netto DM
18 ────────────────────────────────────────────────────────
19   2000    20 Verbundplatten 30er   qm      6,75     135,00
20   3000    40 Waschbetonplatten     qm     11,50     460,00
21
 ..
30 ────────────────────────────────────────────────────────
31 Zwischensumme                                      595,00
32 Transportkosten                                     10,00
33 USt                                                 84,70
34 ────────────────────────────────────────────────────────
35 Gesamtbetrag                                       689,70
36 ════════════════════════════════════════════════════════
37
38 Zahlung innerhalb 10 Tagen mit 2 % Skonto oder 30 Tagen netto.
39
40 Deutsche Bank AG Stuttgart (BLZ 7112468) 2188665
41 Stuttgarter Bank AG        (BLZ 7112566) 7653214
```

Bild 5.1.E Rechnung

Tragen Sie die **Bezeichnungen** in Zeile 1 und 2 ein, außerdem die Begriffe in Zelle A7, D7, D12 und D14.

Geben Sie in Zelle B7 die Kundennummer 1003 ein. Über diese Nummer lassen Sie die Angaben zur jeweiligen **Anschrift** in den Zellen A8 bis A12 ausgeben. Dies geschieht durch **Zugriff** auf die Kundendatenbank mit der Funktion §dblookup.

Die **Funktion §dblookup** enthält drei Parameter:

- den **Suchwert**: Dies ist der Wert (Inhalt einer Zelle oder Variablen), der in der angegebenen Datenbank in einem Suchfeld gesucht werden soll.

- das **Suchfeld**: Es handelt sich um einen String-Ausdruck für das Datenbankfeld, das nach dem jeweiligen Suchwert zu durchsuchen ist.

Wichtiger Hinweis

> *Die Daten des Suchfeldes müssen **nicht** aufsteigend sortiert sein. §dblookup findet die Daten auch bei unsortierter Reihenfolge des Suchfeldes.*

- das **Übertragungsfeld**: Ist der Suchwert im Suchfeld gefunden, dann wird der Inhalt des Übertragungsfeldes in derjenigen Zeile übertragen, in welcher der Suchwert gefunden worden ist.

Tragen Sie dazu folgenden Formeln im Formelhintergrund der angegebenen Zellen ein:

Zelle	Formel
A8	§dblookup(B7,"DATEIEN.KUNDEN.KdNr","DATEIEN.KUNDEN.Anrede")
A9	§dblookup(B7,"DATEIEN.KUNDEN.KdNr","DATEIEN.KUNDEN.NVName")
A11	§dblookup(B7,"DATEIEN.KUNDEN.KdNr","DATEIEN.KUNDEN.Straße")
A12	§dblookup(B7,"DATEIEN.KUNDEN.KdNr","DATEIEN.KUNDEN.PLZORT")

Die Zelle B7 enthält die Nummer, welche in der Datei DATEIEN.KUNDEN im Feld KdNr gesucht wird. Wird die Zahl gefunden, dann wird der Inhalt desjenigen Feldes aus der Datenbank in die Tabelle übertragen, welches am Formelende steht.

Das **Rechnungsdatum** in Zelle F12 lassen Sie per Formel angeben:

§date

Die **Funktion §date** ergibt einen Datumswert im Standardformat aus dem Systemdatum.

Die **Rechnungsnummer** in Zelle F14 können Sie eingeben oder aber später durch ein MAKRO generieren lassen. Nehmen Sie die Eintragungen in Zeile 17 und 18 vor.

Geben Sie als Artikelnummer in die Zelle A10 die Zahl 2000 und als Menge in die Zelle B19 die Stückzahl 20 ein.

Die übrigen Angaben dieser Zeile erhalten Sie wieder mit Formeln:

Zelle	Formel
C19	§if(A19=" "," ",§dblookup(A19,"DATEIEN.ARTIKEL.Artnr", "DATEIEN.ARTIKEL.Bezeichnung"))
D19	§if(A19=" "," ",§dblookup(A19,"DATEIEN.ARTIKEL.Artnr", "DATEIEN.ARTIKEL.Einheit"))
E19	§if(A19=" "," ",§dblookup(A19,"DATEIEN.ARTIKEL.Artnr", "DATEIEN.ARTIKEL.Einzelpreis"))
F19	§if(A19=" "," ",B19*E19)

Sie können die Meldung #N/A! und §VALUE! in leeren Zeilen verhindern

> *Damit in leeren Zellen nicht die Meldung #N/A! (kein Wert verfügbar) bzw. #VALUE! (falscher Datentyp) erscheint, bauen Sie in die Zugriffsformel eine Abfrage ein:*

§if(A19=" "," ",§dblookup(...)

> *Wenn das Suchwertfeld ohne Eintrag ist, dann soll auch die Zelle leer bleiben, welche die Formel enthält. Andernfalls erfolgt der Zugriff bzw. die Berechnung.*

Kopieren Sie die Formeln bis in Zeile 29.

Die **Zwischensumme** in Zelle F31 ermitteln Sie mit der Formel:

§sum(Rechnung.F19:Rechnung.F29)

Geben Sie die **Transportkosten** in Zelle F32 ein.

Die **Umsatzsteuer** aus Zwischensumme und Transportkosten ergibt sich in der Zelle F33 mit der Formel:

```
§sum(Rechnung.F31:Rechnung.F32) * .14
```

Den **Gesamtbetrag** lassen Sie in Zelle F35 errechnen mit:

```
§sum(Rechnung.F31:Rechnung.F33)
```

Sie können jetzt die Rechnung **drucken** lassen.

Falls Ihnen die 11 Postenzeilen für die einzelnen Artikel nicht reichen, fügen Sie einfach weitere Zeilen in die Tabelle RECHNUNG ein.

Hier können Sie Ihre Arbeit am Modell Rechnung abbrechen
> *Sie besitzen jetzt ein Instrument zum Erstellen von Rechnungen. An dieser Stelle können Sie Ihre Arbeit an diesem Modell beenden.*

Sie können diese Anwendung auch noch verbessern
> *Dazu bieten sich zwei Wege an:*
> *1. Makros*
> *2. das Rechnungsausgangsbuch*

Wenn Sie weitermachen wollen, dann entwickeln Sie zunächst die Makros. Sie brauchen allerdings nicht alle der im folgenden aufgeführten acht Makros zu erstellen.

Zum Start der Rechnungsschreibung verwenden Sie **MAKRO.A**.

Dieses Makro enthält folgenden Code:

```
§setselection("17RECHN.Rechnung.B7"),
§eraseprompt,§prompt("Nach Eingabe der Kundennummer weiter mit ALT-B",20),
§nextkey(1)
```

Sie müssen die Zelle nicht mehr suchen, in welche Sie die Kundennummer eingeben. Dies erledigt das MAKRO.A jetzt für Sie.

Folgender Befehl steuert die Zelle B7 der Tabelle Rechnung an:

```
§setselection("RECHN.Rechnung.B7"),
```

§eraseprompt löscht den Bildschirm. §prompt gibt die Meldung aus:

```
Nach Eingabe der Kundennummer weiter mit ALT-B.
```

Diese Meldung wird in der Nachrichtenzeile mit einem Abstand von 20 Stellen vom linken Rand ausgegeben.

§nextkey(1) bewirkt, daß die Ausgabe ca. 1 Sekunde stehen bleibt.

Das MAKRO.B verwenden Sie zur Entwicklung der Postenzeilen. (Zeilen 19 bis 29).

Da dieses Makro relativ umfangreich ist, zunächst noch ein paar Tips:

Zur Erinnerung: Vereinfachung der Makro-Codierung
> *Wenn Sie Tastatursequenzen im Makro-Code schreiben wollen, verwenden Sie das Bibliotheks-MAKRO ALT-K aus der Beispiele Diskette zu FRAMEWORK III. Dieses Makro wird aufgerufen mit der Sequenz ⟨Alt⟩ + K und damit auch wieder deaktiviert.*

Der komplette Makro-Code lautet:

```
[17RECHN].Rechnung.F14:=[17RECHN].Rechnung.F14+1,
§fill([17RECHN].Rechnung.A19:[17RECHN].Rechnung.F29," "),
§fill([17RECHN].Rechnung.F31:[17RECHN].Rechnung.F33," "),
§fill([17RECHN].Rechnung.E35:[17RECHN].Rechnung.F35," "),
§setselection("[17RECHN].Rechnung.F31"),
§pk("{F6}{dnarrow}{dnarrow}{del}{return}"),;Formeln löschen
§setselection("[17RECHN].Rechnung.F35"),
§pk("{del}{return}"),
§setselection("[17RECHN].Rechnung.A17"),
§pk("{dnarrow}{dnarrow}")
```

Die Rechnungsnummer wird automatisch durch das Makro um 1 erhöht. Die Daten der letzten Rechnung werden mit der Funktion §fill aus der Tabelle gelöscht.

Löschen Sie Formeln, um eine permanente Neuberechnung zu verhindern

Die Formeln in den Zellen F31 bis F35 zur Berechnung der Zwischen-summe, der Umsatzsteuer und des Gesamtbetrags werden gelöscht, damit nicht bei jedem Dateneintrag in einer Postenzeile eine Neube-rechnung erfolgt.

Sie hätten zwar im Menü Zahlen über den Punkt Optionen für Neu-berechnung die Wahl Manuell treffen können. Dann hätten Sie aber für jede Postenzeile den Nettobetrag erst bei Drücken der Taste <F5> NEUBERECHNUNG bekommen.

Das MAKRO.C verwenden Sie, wenn Sie die Postenzeilen bearbeitet haben:

```
§setformula([17RECHN].Rechnung.F31,§sum(Rechnung.F19:
                              .Rechnung.F29)),
§setformula([17RECHN].Rechnung.F33,§sum(Rechnung.F31:
                              Rechnung.F32)),
§setformula([17RECHN].Rechnung.F35,§sum(Rechnung.F31:
                              Rechnung.F33)),
§setselection("[17RECHN].Rechnung.F32"),
§eraseprompt,§prompt("Transportkosten bzw. 0 eingeben",20)
```

Dieses Makro trägt die Formeln, die von Makro.B gelöscht worden sind, wieder ein und steuert die Zelle F32 zur Eingabe der Transportkosten an.

Das MAKRO.D druckt Ihre Rechnung und trägt sie ins Rechnungsausgangsbuch ein:

```
§setselection("[17RECHN].RECHNUNG"),
§eraseprompt,
§prompt("Die Rechnung wird gedruckt. Drucker eingestellt? Weiter mit
Taste",10),
§nextkey,
§performkeys( "{ctrl-d}s"),

;Eintrag ins Rechnungsausgangsbuch
§setselection("RECHNAUS"),§pk("{IN}{CTRL-N}Z{return}{OUT}"),
§setselection("HILFE.TAB"),§pk("{F5}{IN}{F6}{END}
                              {RETURN}{F8}"),
§setselection("RECHNAUS"),§pk("{in}{#}")
```

Die Tabelle RECHNUNG wird angewählt. Auf den Anwenderhinweis auf die Druk-kereinstellung wartet das System bis eine Taste gedrückt wird. Danach wird die Rechnung gedruckt.

Schaffen Sie eine Schnittstelle zur automatischen Mahnung mit dem Rechnungs-ausgangsbuch über die Tabelle HILFE.TAB:

> *Für diesen Teil von MAKRO.D benötigen Sie die Datenbank RECHNAUS und die Tabelle HILFE.TAB.*
>
> *Sie können zwar mit der Funktionstaste ⟨F8⟩ KOPIEREN sämtliche relevanten Daten aus der Rechnung in die Datenbank RECHNAUS ko-pieren.*
>
> *Dies ist aber ein sehr mühsamer Weg. Es können Ihnen dabei auch eine Reihe von Fehlern unterlaufen.*
>
> *Ein anderer Lösungsansatz besteht darin, daß Sie diese Daten per Makro direkt von der Rechnung in die Datenbank kopieren lassen. Dies bringt jedoch einen Nachteil mit sich: Da relativ viele Daten einzeln kopiert werden, wird der Bildschirm recht unruhig (er flak-kert).*
>
> *Um diese Umruhe auf dem Bildschirm zu vermeiden, lassen Sie zunächst die Daten für das Rechnungsausgangsbuch in die **Hilfsta-belle HILFE.TAB** per Formeln kopieren. Sie können anschließend die ganze Zeile daraus ins **Rechnungsausgangsbuch** kopieren. Dabei bleibt der Bildschirm relativ ruhig.*

Die Tabelle **HILFE.TAB** besteht aus einer einzigen Zeile:

```
=[HILFE.TAB]====================================================
    A       B       C              D              E          F        G
 1  1003 Fa.  Weber & Co.   Gutenbergstr. 102 7000 Stuttgart  26.07.1989 689,70
```

Bild 5.1.F Hilfstabelle für das Rechnungsausgangsbuch

Die Datenbank RECHNAUS enthält Daten nach folgendem Muster:

KNR	KDAN	KDNAME	KDSTRASSE	KDORT	RDATUM	RBETRAG
1003	Fa.	Weber & Co.	Gutenbergstr. 102	7000 Stuttgart	26.07.1989	689,70
1002	Frl.	Monika Nerlich	Donaublick 107	7000 Ulm	21.06.1989	64,00
1001	Herrn	Ingo Mayer	Werderstr. 12	7968 Saulgau	20.06.1989	1.200,00
1000	Frau	Klara Rettich	Reinsburgstr. 128	7000 Stuttgart	15.06.1989	1.140,00

Bild 5.1.G F Rechnungsausgangsbuch

Damit die Daten des Feldes RDATUM im Datumsformat vorliegen, formatieren Sie das Feld RDATUM mit dem Datumsformat (Menü Zahlen, Auswahl des Eingabeformats, Datum). Da Sie im MAKRO.D den Kopiervorgang aus der Tabelle HILFE.TAB in die Datenbank RECHNAUS mit dem #-Zeichen beenden, bleibt das im Feld RDATUM vorgewählte Datumsformat erhalten. Hätten Sie den Kopiervorgang dagegen mit der <Return>-Taste beendet, wäre nicht nur das entsprechende Datum aus der Tabelle HILFE.TAB übertragen worden, sondern auch das entsprechende Standardformat.

Für das folgende Konzept 18MAHN bilden Sie die Differenz in Tagen aus dem jeweiligen Rechnungsdatum und dem aktuellen Tagesdatum eines Mahnschreibens. Diese Berechnung läßt sich wesentlich einfacher ausführen, wenn das Rechnungsdatum im Datumsformat vorliegt.

Mit den folgenden Makros bauen Sie ein Hilfesystem zur Rechnungsschreibung auf. Dieses System ist im Frame HILFE erläutert. Mit der Tastaturkombination <Alt> + H können Sie diesen Hilfeframe jederzeit aufrufen.

Der Frame HILFE.TXT hat folgenden Inhalt:

```
Aufgaben der Makros
Alt-A: Ansteuerung der Kundennummer

Alt-B: Erhöht die aktuelle Rechnungsnummer um 1 und steuert
       den Cursor in die erste Postenzeile

Alt-C: Zur Eingabe der Transportkosten

Alt-D: Druckausgabe einer Rechnung und Eintrag ins Rechnungs-
       ausgangsbuch

Alt-H: Hilfe

Alt-K: Suchen der Kundennummer über den Kundennamen

Alt-S: Suchen der Artikelnummer über die Art.bezeichnung

Alt-R: Rückkehr aus einem Makro
```

Bild 5.1.H Hilfetext

Mit **MAKRO.H** können Sie sich diese Hilfe geben lassen:

```
HILFE.ADRESSE:=§setselection,
§setselection("[17RECHN].HILFE.TXT"),
§eraseprompt,§prompt("zurück mit Alt-R",35),§nextkey(1)
```

Die Adresse der Stelle, an der Sie beim Aufruf des Makros arbeiten, wird in die globale Variable HILFE.ADRESSE ausgelagert. Diese globale Variable realisieren Sie durch einen ganz gewöhnlichen Leerframe mit dem Frame-Namen ADRESSE.

Auf dem Bildschirm erscheint der Hilfetext. Sie kehren an die Stelle Ihrer vorherigen Bildschirmaktivität zurück mit der Tastenkombination ⟨Alt⟩ + R.

Zur Ausgabe der Kundenanschrift im Rechnungsformular im Bereich A8:A12 benötigen Sie die Kundennummer.

Haben Sie diese nicht parat, so hilft Ihnen dabei das **MAKRO.K**:

```
HILFE.ADRESSE:=§setselection,
§setselection("[17RECHN].DATEIEN.KUNDEN.Name"),
§eraseprompt,§prompt("zurück mit Alt-R",20),§nextkey(1),
§pk("{ctrl-s}s")
```

Das Rückkehrmakro **MAKRO.R** ist sehr kurz:

```
§setselection(HILFE.ADRESSE)
```

Es führt zur vorher gespeicherten Rückkehradresse zurück.

Wie bei der Kundenanschrift die Kundennummer, so müssen Sie in den Postenzeilen die Artikelnummer eingeben. Als Hilfestellung bietet sich Ihnen das **MAKRO.S** an:

```
HILFE.ADRESSE:=§setselection,
§setselection("[17RECHN].DATEIEN.ARTIKEL.Bezeichnung"),
§eraseprompt,§prompt("zurück mit Alt-R",20),§nextkey(1),
§pk("{ctrl-s}s")
```

Dieses Makro ist analog Makro.K aufgebaut.

Sie können innerhalb MAKRO.R und MAKRO.S mit Abkürzungen suchen

Wenn Sie die Kundennummer über den Namen oder die Artikelnummer über die Bezeichnung suchen, dann müssen Sie nicht den ganzen Suchbegriff eingeben.

*Es reicht auch ein Teilstring, gefolgt von einem *. Suchen Sie z. B. den Namen Rettich, dann reicht als Suchstring die Eingabe von tt* oder von Ret*.*

5.2 Serienbriefe im Mahnwesen   Datei: 18MAHN

Für die finanzielle Situation einer Unternehmung ist es äußerst wichtig, daß
Außenstände pünktlich eingehen.

Zu schleppend eingehende Kundenzahlungen kollidieren mit den Unternehmenszie-
len der Liquidität und der Rentabilität.

Eine manuelle Kontrolle der offenstehenden Rechnungen und das dazugehörige
Schreiben individueller Mahnbriefe ist sehr zeitaufwendig. Aus diesem Grunde
erfolgen solche Mahnungen häufig nur sporadisch.

FRAMEWORK bietet Ihnen die Möglichkeit die Außenstände ohne großen Arbeits-
aufwand zu überwachen und Mahnbriefe zu schreiben.

Dieses Modell baut auf die Schnittstelle Rechnungsausgangsbuch aus dem Modell
5.1 halbautomatische Rechnungsschreibung auf. Die Mahnbriefe lassen Sie im Se-
rienbriefverfahren drucken.

Stellen Sie zunächst das **Konzept 18MAHN** auf:

```
┌═[18MAHN]══════════════════════════════════════════════════════════════┐
│    1   RECHNAUS                                                        │
│    2   MAHN1                                                           │
│    3   MAHN2                                                           │
│    4   MAKRO                                                           │
│        4.1   A                                                         │
│        4.2   B                                                         │
│        4.3   C                                                         │
└───────────────────────────────────────────────────────────────────────┘
```

Bild 5.2.A Konzeptstruktur

RECHNAUS ist ein Datenbankframe, die übrigen Frames sind Leer-/Textframes.

Kopieren Sie den Inhalt der Datenbank RECHNAUS aus der im letzten Modell angelegten **Datenbank RECHNAUS:**

```
┌═[RECHNAUS]════════════════════════════════════════════════════════════════┐
│  RNR   KDAN KDNAME          KDSTRASSE           KDORT        RDATUM    RBETRAG│
│                                                                             │
│ 1003 Fa.  Weber & Co.     Gutenbergstr. 102 7000 Stuttgart 26.07.1989   689,70│
│ 1002 Frl. Monika Neerlich Donaublick 107     7000 Ulm      21.06.1989    64,00│
│ 1001 Herr Ingo Mayer      Werderstr. 12      7968 Saulgau  20.06.1989 1.200,00│
│ 1000 Frau Klara Rettich   Reinsburgstr. 128  7000 Stuttgart 21.06.1989 1.140,00│
└─────────────────────────────────────────────────────────────────────────────┘
```

Bild 5.2.B Rechnungsausgangsbuch aus Modell Rechnungsschreibung

Erweitern Sie diese Datenbank am rechten Ende durch Einfügen folgender Spalten:

```
BEZAHLT    OFFEN      TAGE ÜBER  TAGDAT
           689,70      42   12  06.09.1989
            64,00      77   47  06.09.1989
         1.200,00      78   48  06.09.1989
1.140,00     0,00      73   53  06.09.1989
```

Bild 5.2.C Ausweitung des Rechnungsausgangsbuchs

In das **Feld BEZAHLT** tragen Sie Zahlungseingänge ein. Es kann sich dabei auch um Teilzahlungen handeln.

Nehmen Sie in die folgenden Datenfeldern keine Eintragungen vor.

Das **Feld OFFEN** bestimmt sich als Differenz zwischen Rechnungsbetrag und Zahlungseingängen. Es handelt sich dabei um die noch offenen Posten. Tragen Sie im Formelhintergrund des Feldnamens OFFEN die Formel ein:

```
OFFEN := RBETRAG - BEZAHLT
```

Im **Feld TAGE** lassen Sie die Kalendertage zwischen dem jeweiligen Rechnungsdatum und dem aktuellen Tagesdatum berechnen , das Sie beim Systemstart eingegeben haben, bzw. das durch die Echtzeituhr ermittelt wird. Die Formel zur Berechnung lautet:

```
Tage := §diffdate(§today,RDATUM)
```

Funktionen zur Bestimmung einer Datumsdifferenz im Feld TAGE, wobei das Datum im Datumsformat vorliegt

1. Die Funktion §diffdate

Sie berechnet die Differenz in Tagen zwischen zwei Terminen. Der zweite Termin wird vom ersten subtrahiert.

Beide Termine können im FRAMWORK-Datumsformat vorliegen. Dazu wählen Sie das entsprechende Feld Ihrer Datenbank aus. Sie müssen über das Menü Zahlen und den Punkt 'Auswahl des Eingabeformats' das Datumsformat wählen. Achten Sie darauf, daß als

*Eingabeformat für das Datum die Form 'B.Tag Monat Jahr' auf 'Ja'
steht.*

*Sie könen aber auch einen der beiden Termine mit der Funktion
§today bestimmen lassen.*

*Selbstverständlich können Sie eine Datumsdifferenz auch aus zwei
Terminen berechnen, die im String-Format vorliegen. Dazu müssen
Sie allerdings Programmierkenntnisse, die erst in Band II erar-
beitet werden, besitzen.*

2. Die Funktion §today

*Sie übernimmt vom Betriebssystem das aktuelle Datum und bildet
daraus einen Wert vom Format Datum in der Form Tag.Monat.Jahr,
z. B. 30.08.1989.*

Für das Mahnschreiben benötigen Sie das **Tagesdatum**. Entnehmen Sie dies der
Datenbank RECHNAUS. Sie gewinnen es für die einzelnen Zeilen der Datenbank
RECHNAUS, indem Sie folgende Formel hinter den Feldnamen TAGDAT schreiben:

```
TAGDAT := §today
```

Was die Datenbank anbelangt, so haben Sie nun alle Daten vorliegen, die Sie
brauchen, um **Mahnschreiben** zu erstellen.

Sie müssen allerdings noch die Datensätze selektieren, für die Sie die jeweilige
Mahnung schreiben.

Die **Grundvoraussetzung** für ein Mahnschreiben ist, daß ein Betrag offen ist, daß
also im Feld OFFEN der Eintrag größer als Null ist.

Für das Mahnschreiben selbst unterscheiden wir zwei Fälle:

1. Fall: Eine **Zahlungserinnerung** schicken Sie ab, wenn der Kunde das Zahlung-
ziel mehr als 10 Tage, jedoch nicht mehr als 30 Tage überschritten hat.

2. Fall: Sie schreiben eine **zweite Mahnung**, wenn das Zahlungsziel um mehr als
30 Tage überschritten ist.

Für die Ermittlung der Kunden, an welche Sie eine Zahlungserinnerung schicken, schreiben Sie in den Formelhintergrund der Datenbank RECHNAUS die **Filterformel**:

```
§and ( OFFEN > 0, §and ( ÜBER > 10 , ÜBER < 31 ))
```

Die **Funktion §and** verlangt, daß die beiden folgenden Bedingungen zutreffen. Es muß also sowohl der Eintrag im Feld OFFEN größer als Null sein, als auch der Bedingungsblock nach dem zweiten §and zutreffen.

Dieser Block enthält zwei Bedingungen zur Überschreitung des Zahlungsziels in Tagen. Es handelt sich um eine geschachtelte Anwendung der Funktion §and.

Es müssen alle drei Bedingungen erfüllt sein. Der offene Betrag muß größer als Null, die Überschreitung des Zahlungsziel größer als 10 und kleiner als 31 Tage (also höchstens 30 Tage) sein.

Nehmen Sie auf dem Rand der Datenbank RECHNAUS eine Neuberechnung mit der Funktionstaste <F5> NEUBERECHNUNG vor. Die Datenbank weist jetzt folgende Eintragungen aus:

```
=[RECHNAUS]==========================================================
 RNR   KDAN KDNAME          KDSTRASSE         KDORT        RDATUM      RBETRAG

1003 Fa.  Weber & Co.     Gutenbergstr. 102 7000 Stuttgart 26.07.1989   689,70
```

```
 BEZAHLT   OFFEN     TAGE ÜBER TAGDAT

           689,70    42    12 06.09.1989
```

Bild 5.2.D Selektierte Sätze für die Zahlungserinnerung

Die Datenbank RECHNAUS weist jetzt nur noch einen einzigen Datensatz aus, der den Selektionsbedingungen entspricht.

Neben einer Datenbank brauchen Sie zum Drucken eines Serienbriefs ein **Textmuster**. Dieses muß neben dem laufendem Text Angaben enthalten, die anzeigen, daß bestimmte Inhalte aus der Datenbank in den jeweiligen Brief übernommen werden. Zur Bezeichnung der Datenbankinhalte werden die Feldnamen verwendet, die im Serienbriefmuster in spitze Klammern geschrieben werden.

Erstellen Sie folgendes Textmuster im **Frame MAHN1:**

```
┌─[MAHN1]════════════════════════════════════════════════════╗
║ Betonwerk Wacker & Co., Siebenlinden 81, 7000 Stuttgart 40  ║
║          Telex: 232321    Fax: 1234123    Ruf: 0711/242324  ║
║                                                             ║
║          Deutsche Bank AG Stuttgart (BLZ 7112468) 2188665   ║
║          Stuttgarter Bank AG        (BLZ 7112566) 7653214   ║
║                                                             ║
║                                                             ║
║ <KDAN>                                                      ║
║ <KDNAME>                                                    ║
║ <KDSTRASSE>                                                 ║
║                                                             ║
║ <KDORT>                                                     ║
║                                                             ║
║                                                             ║
║                            Stuttgart, den <TAGDAT>          ║
║                                                             ║
║ Z a h l u n g s e r i n n e r u n g                         ║
║                                                             ║
║                                                             ║
║ Wir weisen Sie auf die Rechnung Nr. <RNR> mit einem noch offen-║
║ stehenden Betrag von <OFFEN> DM hin.                        ║
║                                                             ║
║ Das Zahlungsziel ist bereits <ÜBER> Tage überschritten.     ║
║                                                             ║
║ Für die umgehende Überweisung von <OFFEN> DM unter Angabe der║
║ Rechnungsnummer danken wir Ihnen.                           ║
║                                                             ║
║ Mit freundlichem Gruß                                       ║
╚═════════════════════════════════════════════════════════════╝
```

Bild 5.2.E Serienbriefmuster für die Zahlungserinnerung

Ativieren der Serienbrieffunktion

Das Schreiben des Serienbriefs Zahlungserinnerung können Sie auf sehr einfache Weise mit drei Bedienungsschritten in Gang setzen:

1. Gehen Sie mit dem Cursor auf den Rand des Frames MAHN1.

2. Rufen Sie das Menü Anwendung auf und wählen Sie darin den Punkt 'Text mischen mit'.

3. Geben Sie den Namen der Datenbank an, deren Feldinhalte in den Text der Zahlungserinnerung gemischt werden soll, also in diesem Fall: RECHNAUS.

Der Serienbrief wird gedruckt.

Damit in der Datenbank RECHNAUS wieder alle Sätze angezeigt werden, wählen
Sie auf dem Rand dieses Frames im Menü Frames den Punkt 'Öffne alle'.

Wenn Sie jetzt gleich die zweiten Mahnungen schreiben wollen, dann wählen Sie
wieder die entsprechenden Sätze aus. Schreiben Sie in den Formelhintergrund
der Datenbank RECHNAUS die **Filterformel**:

```
§and(OFFEN > 0, ÜBER > 30)
```

Diese Formel ist wesentlich einfacher als die Filterformel zur Ermittlung der Datensätze für die Zahlungserinnerung. Beide Bedingungen nach §and müssen wahr
sein, also zutreffen.

Die **Datenbank RECHNAUS** weist jetzt folgende Eintragungen auf:

```
=[RECHNAUS]====================================================================
 RNR   KDAN KDNAME          KDSTRASSE          KDORT          RDATUM     RBETRAG

1002 Frl. Monika Neerlich Donaublick 107    7000 Ulm       21.06.1989     64,00
1001 Herr Ingo Mayer       Werderstr. 12     7968 Saulgau   20.05.1989  1.200,00
```

```
 BEZAHLT   OFFEN      TAGE ÜBER TAGDAT

         1.200,00      77    47 06.09.1989
            64,00      78    48 06.09.1989
```

Bild 5.2.G Selektierte Sätze für die zweite Mahnung

Verfassen Sie folgendes Serienbriefmuster im **Frame MAHN2:**

```
┌─[MAHN2]══════════════════════════════════════════════════════════╗
║  Betonwerk Wacker & Co., Siebenlinden 81, 7000 Stuttgart 40       ║
║            Telex: 232321   Fax: 1234123    Ruf: 0711/242324       ║
║                                                                    ║
║            Deutsche Bank AG Stuttgart (BLZ 7112468) 2188665        ║
║            Stuttgarter Bank AG       (BLZ 7112566) 7653214         ║
║                                                                    ║
║                                                                    ║
║  <KDAN>                                                            ║
║  <KDNAME>                                                          ║
║  <KDSTRASSE>                                                       ║
║                                                                    ║
║  <KDORT>                                                           ║
║                                                                    ║
║                                                                    ║
║                                         Stuttgart, den <TAGDAT>    ║
║                                                                    ║
║                                                                    ║
║  Z w e i t e   M a h n u n g                                       ║
║                                                                    ║
║                                                                    ║
║  Wir haben Sie bereits mit einem früheren Schreiben auf die       ║
║  Rechnung Nr. <RNR> mit einem noch offenstehenden Betrag über     ║
║  <OFFEN> DM hingewiesen.                                           ║
║                                                                    ║
║  Leider ist daraufhin bei uns noch keine Zahlung eingegangen.     ║
║                                                                    ║
║  Ihr Zahlungsziel haben Sie nunmehr bereits <ÜBER> Tage           ║
║  überschritten.                                                    ║
║                                                                    ║
║  Wir weisen Sie in aller Deutlichkeit auf die Wahrnehmung Ihrer   ║
║  Zahlungspflicht hin. Überweisen Sie bitte umgehend den Betrag    ║
║  von <OFFEN> DM unter Angabe der Rechnungsnummer auf eines un-    ║
║  sereroben angegebenen Konten.                                     ║
║                                                                    ║
║  Mit freundlichem Gruß                                             ║
╚════════════════════════════════════════════════════════════════════╝
```

Bild 5.2.H Serienbriefmuster für die zweite Mahnung

Erstellen Sie dieses zweite Serienbriefmuster ohne großen Aufwand

Sie brauchen selbstverständlich nicht den ganzen Text für dieses zweite Serienbriefmuster zu schreiben. Es ist viel einfacher, wenn Sie den Inhalt von Frame MAHN1 in den Frame MAHN2 kopieren und anschließend einzelne Textstellen ändern.

Sie aktivieren die Serienbrieffunktion für die zweite Mahnung auf genau dieselbe Weise, wie Sie es bei der Zahlungserinnerung schon getan haben.

Sie können sich noch drei kleine Hilfen in Form von **Makros** schaffen, wenn Sie die Datenselektion für die Mahnbriefe und das Wiederanzeigen aller Sätze vereinfachen wollen.

Sie brauchen dann bei der Datenselektion keine Filterformel mehr zu schreiben und keine Neuberechnung mehr vorzunehmen.

Zum **Filtern** der Daten für die Zahlungserinnerung verwenden Sie **MAKRO.A**

Tragen Sie in den Formelhintergrund von Frame MAKRO.A ein:

```
§execute(RECHNAUS,§and(OFFEN > 0, §and(ÜBER > 10,ÜBER < 31)))
```

Die Funktion **§execute** enthält zwei Paramter:
1. Einen Bezug: Die Stelle, an der eine Formel abgelegt werden soll, z. B.: RECHNAUS
2. Eine Formel, die an der im Bezug angegebenen Stelle abgelegt wird z. B.: §and(OFFEN > 0, §and(ÜBER > 10 , ÜBER < 31))

Vorher abgelegte Formeln werden überschrieben. Die Funktion §execute startet auch die Durchführung der Formel, die sie abgelegt hat.

MAKRO.B als Utility zur zweiten Mahnung geben Sie die Formel:

```
§execute(RECHNAUS,§and(OFFEN > 0, ÜBER > 30))
```

Sie benötigen nur noch **MAKRO.C** zum Wiederanzeigen aller Datensätze:

```
§setselection("18MAHN.RECHNAUS"),§pk("{ctrl-f}ö")
```

§setselection wählt den Frame 18MAHN.RECHNAUS an. §pk("{ctrl-f}ö") ist der Makrocode für das Wiederanzeigen aller Datensätze.

Um jedes der drei Makros einer bestimmten Taste zuzuweisen, schreiben Sie in den Formelhintergrund des umfassenden Frames MAHN:

```
;mit <F5> aktivieren !
§setmacro({alt-a},[18MAHN].MAKRO.A),
§setmacro({alt-b},[18MAHN].MAKRO.B),
§setmacro({alt-c},[18MAHN].MAKRO.C)
```

Sie weisen damit MAKRO.A den Buchstaben a, MAKRO.B den Buchstaben b und MAKRO.C den Buchstaben c zu.

Damit können Sie MAKRO.A mit der Tastenkombination <Alt> + a usw. starten.

Lassen Sie nach jeder Selektion wieder alle Sätze anzeigen
> *Vergessen Sie nicht, nach der Selektion von Datensätzen mit MAKRO.A bzw. MAKRO.B jedesmal wieder alle Sätze anzeigen zu lassen.*
>
> *Ohne dieses Wiederöffnen der kompletten Datenanzeige würde eine erneute Selektion auf der Basis der restlichen angezeigten Sätze erfolgen, was zu Fehlern führt. Wenn Sie z. B. sowohl mit MAKRO.A als auch mit MAKRO.B selektieren, ohne dazwischen alle Sätze wieder anzeigen zu lassen, dann beauftragen Sie FRAMEWORK damit die Sätze anzuzeigen, für welche sowohl die Bedingungen der ersten als auch der zweiten Filterformel zutreffen. Diese Formeln enthalten jedoch exklusive Elemente. Damit können keine Sätze mehr ausgegeben werden.*

6. Wertpapierverwaltung

	Modelle	Dateien
6.1	Aktien	19AKTIE
6.2	Rentenwerte	20RENTEN

6.1 Aktien   **Datei: 19AKTIE**

In den letzten Jahren wurde jedermann deutlich vor Augen geführt, daß in der Vermögensbildung mit Aktien große Chancen, aber auch erhebliche Risiken liegen.

Insbesondere der 19. Oktober 1987, der sogenannte Schwarze Montag, zeigt, wie stark Aktienkurse in kurzer Zeit fallen können. Der Dow-Jones-Index gab an diesem Tag um 508 auf 1738 Punkte nach. Dies bedeutet allein am US-Wertpapiervermögen einen Verlust von über 500 Milliarden Dollar.

Im Jahr 1988 und im laufenden Jahr 1989 haben die Kurse wieder sehr stark an Boden gewonnen.

Nun kann Ihnen bestimmt niemand sagen, wie sich die Kurse in Zukunft entwickeln werden. Sie können lediglich Datenmaterial sammeln und daraus Ihre Erkenntnisse ziehen.

Es gibt viele Methoden, um Daten für den Aktionär aufzubereiten. Sie können aus der Entwicklung der Vergangenheit lernen. Gewissen Trugschlüssen bezüglich einzelnen Unternehmen, deren Bonität Sie falsch einschätzen, werden Sie sich trotzdem nicht widersetzen können.

Das vorliegende Modell will Ihnen helfen, Ihre Aktien möglichst übersichtlich zu verwalten und Ihnen zusätzlich Anregungen geben, wie Sie Informationsmaterial aufbereiten können.

Entwickeln Sie das **Konzept 19AKTIE:**

```
┌=[19AKTIE]═══════════════════════════════════════
│     1   VERWALTUNG
│         1.1   HAUPTTAB
│         1.2   HILFTAB1
│         1.3   VERWGRAF
│     2   INFODATEN
│         2.1   LANGZEITTAB
│         2.2   HILFTAB2
│         2.3   HILFTAB3
│     3   INFOGRAF
│         3.1   INDEXGRAF
│         3.2   LANGZEITGRAF1
│         3.3   LANGZEITGRAF2
│         3.4   8688GRAF
│         3.5   MINIMAXGRAF
```

Bild 6.1.A Konzeptstruktur

Bei den Frames, deren Namen mit TAB enden, handelt es sich um Tabellen-, bei den übrigen um Leer-/Textframes.

Im ersten Teil des Konzepts beschäftigen Sie sich mit der Verwaltung Ihrer Aktien. In der Tabelle HAUPTTAB berechnen Sie Ihren Anlageerfolg und lassen sich über Zielkurse Verkaufshinweise geben. Die Grafik VERWGRAF stellt den Kapitaleinsatz dem aktuellen Verkaufswert der einzelnen Posten gegenüber.

Im zweiten Teil sammeln Sie Informationsmaterial, das Sie im dritten Teil mit Grafiken verdeutlichen.

Bauen Sie zunächst die **Tabelle HAUPTTAB** auf:

	A	B	C	D	E	F	G
1	Aktie	Mannesm.	Mannesm.	Karstadt	Siemens	VW	Summen
2	Stück --->	20	20	20	25	20	bzw. ø
3	Kaufdatum --->	29.08.86	20.11.87	26.10.87	02.11.87	29.08.86	
4	Kaufkurs --->	199,50	109,00	457,00	479,00	504,00	
5	Kurswert	3.990,00	2.180,00	9.140,00	11.975,00	10.080,00	
6	Prov.,Geb.	54,06	29,99	122,56	160,26	135,06	
7	**Kapitaleinsatz**	**4.044,06**	**2.209,99**	**9.262,56**	**12.135,26**	**10.215,06**	**37.866,93**
8							
9	Tagesdatum --->	28.07.89	----------	----------	----------	----------	---
10	Tageskurs --->	231,00	231,00	614,00	609,00	450,00	
11	Tageswert	4.620,00	4.620,00	12.280,00	15.225,00	9.000,00	
12	Prov.,Geb.	62,44	62,44	164,32	203,49	120,70	
13	**Tageserlös**	**4.557,56**	**4.557,56**	**12.115,68**	**15.021,51**	**8.879,30**	**45.131,61**
14							
15	**Kursertrag: DM**	**513,50**	**2.347,57**	**2.853,12**	**2.886,25**	**-1.335,76**	**7.264,68**
16	Kursertrag: %	12,70	106,23	30,80	23,78	-13,08	19,18
17	Anlagedauer: Tage	1064	616	641	634	1064	796,58
18	**Kursertrag: % p.a.**	**4,36**	**62,99**	**17,55**	**13,70**	**-4,49**	**8,80**
19							
20	Höchstkurs	260	260	614	612	504	
21	Tiefstkurs	100	100	344	320	429	
22							
23	Zielkurs --->	270	270	560	590	480	
24							
25	Empfehlung			verkaufen	verkaufen		

Bild 6.1.B Haupttabelle zur Aktienverwaltung

Tragen Sie die Bezeichnungen in Spalte 1 und Zeile 1 ein. Das Zeichen ø bekommen Sie mit der Tastenkombination <Alt> + 237.

Die nach rechts weisenden Pfeile "-->" geben die Zeilen an, in welche Eingabedaten kommen. Geben Sie die Daten des Musterbeispiels in den Zeilen 2 ein.

Geben Sie das Datum im Bereich B3:F3 in Datumsformat ein

Damit Sie später zur Berechnung des Kursertrags p. a. die Tage zwischen Aktienkauf und aktuellem Tagesdatum auf **einfache** Weise bestimmen können, müssen Sie dafür Sorge tragen, daß Sie das Tagesdatum in Datumsformat eingeben.

Dazu wählen Sie den Bereich B3:F3 mit der Funktionstaste ⟨F6⟩ AUSWAHL aus. Wählen Sie im Menü Zahlen den Punkt 'Auswahl des Eingabeformats'. Von den daraufhin angebotenen sieben Formatmöglichkeiten brauchen Sie das Datumsformat.

Dieses können Sie allerdings in unterschiedlicher Form vorgeben. Damit das richtige Datumsformat eingestellt wird, wählen Sie den Punkt 'Eingabeformat für Datum' und aus dem nun angebotenen Untermenü den Punkt 'B. Tag Monat Jahr'. Drücken Sie die Taste ⟨Pfeilrechts⟩. Es erscheint wieder das Untermenü mit den unterschiedlichen Formaten. Wählen Sie jetzt das Datumsformat aus.

Das scheint nach dieser Beschreibung etwas kompliziert. Wenn Sie aber am PC sitzen und sich diese Sache näher ansehen, dann wird es ganz einfach. FRAMEWORK bietet Ihnen übersichtliche Pull-Down-Menüs und -untermenüs an.

Nur dürfen Sie nicht vergessen, das Datumsformat auch wirklich einzustellen.

Wenn Sie Ihr Datum in eine der Zellen des Bereich B3:F3 einbringen, erscheint in der Nachrichtenzeile die Meldung:

```
Datumsangabe bearbeiten -- Abschließen mit RETURN
```

Unterläuft Ihnen bei der Editierung ein Fehler, der erkennen läßt, daß Sie sich nicht an das eben eingestellte Datumsformat halten, dann bekommen Sie nach Drücken der ⟨Return⟩-Taste in der Nachrichtenzeile die Fehlermeldung:

```
Datumskonstante eingeben
```

und in der Eingabezeile steht:

```
#VALUE!
```

Außerdem ertönt ein akustisches Signal, das Sie auf den Eingabefehler hinweist.

Den **Kurswert** in Zelle B5 lassen Sie als Produkt aus Stück und Kurswert errechnen mit:

```
B4 * B2
```

In Zelle B6 berechnen Sie die **Provisionen und Gebühren** nach folgender Formel:

```
§floor(B5 * 0.08) / 100 + §floor(B5 * 0.25) / 100 +
§if((B5 / 100) < 10,10,B5 / 100) + 1
```

Diese Formel ermittelt die Summe aus vier Gebührenbestandteilen:

1. §floor(B5*0.08)/100
   Als Maklergebühr (Courtage) werden 0,08 % des Kurswertes berechnet. Die Funktion §floor rundet die Maklergebühr ab.

   Die Ziffern ab der 3. Nachkommastelle fallen also weg.

2. §floor(B5*0.25)/100
   Damit ermitteln Sie die Börsenumsatzsteuer.

3. §if((B5/100)<10,10,B5/100)
   Als Provision setzen Sie 1 % des Kurswerts an. Beträgt dieses eine Prozent weniger als 10,- DM, dann lassen Sie diesen Betrag als Mindestprovision gelten.

4. 1
   Damit berechnen Sie die Clearinggebühren von 1,- DM.

Den **Kapitaleinsatz** ermitteln Sie in Zelle B7 als Summe aus Kurswert und Gebühren:

```
§round(§sum(B5:B6),2)
```

Die **Funktion §round** rundet eine Zahl kaufmännisch auf die angegebene Zahl von Nachkommastellen.

Geben Sie auch das Tagesdatum in Datumsformat ein

Achten Sie auch hier wie beim Kaufdatum darauf, daß Sie die Eingabezelle mit dem Datumsformat versehen.

Dazu stellen Sie den Cursor auf Zelle B9 und wählen im Menü Zahlen den Punkt 'Auswahl des Eingabeformats'. Verfahren Sie analog Ihrem Vorgehen beim Kaufdatum.

Beim zweiten Anwendungsfall dürfte die Formatwahl schon einfacher vor sich gehen.

Wenn Sie in die Zelle B9 das Datum eingeben, achten Sie darauf, daß in der Nachrichtenzeile folgende Meldung erscheint:

```
Datumsangabe bearbeiten -- Abschließen mit RETURN
```

Erscheint diese Meldung nicht, dann haben Sie das Datumsformat nicht richtig ausgewählt.

Vermeiden Sie weiterhin folgende Fehlermeldung:

```
#VALUE!
```

In Zeile 10 geben Sie die Tageskurse ein.

Den **Tageswert** in Zelle B11 bestimmen Sie mit der Formel:

```
B10 * B2
```

Die Formel in Zelle B12 zur Berechnung der Gebühren entspricht derjenigen in Zelle B6:

```
$floor(B11 * 0.08) / 100 + §floor(B11 * 0.25) / 100 +
§if(B11 / 100 < 10,10,B11 / 100) + 1
```

Der **Tageserlös** ergibt sich mit:

```
§round((B11 - B12),2)
```

Den **Kursertrag in DM** bekommen Sie als Differenz von Tageserlös und Kapitaleinsatz:

```
B13 - B7
```

Der **Kursertrag in %** auf der Basis des Kapitaleinsatzes ergibt sich in Zelle B16 mit der Formel:

```
B15 * 100 / B7
```

Um zu berechnen, wie hoch der Kursertrag in einem Jahr ist, benötigen Sie die **Anlagedauer in Tagen.** Da Sie beim Kauf- und beim Tagesdatum das Datumsformat für die Eingabe vorgewählt haben, müssen Sie jetzt nur noch folgende einfache Formel in den Formelhintergrund der Zelle B17 zu schreiben:

```
§diffdate($B9,B3)
```

Die Funktion **§diffdate** ermittelt die Tage zwischen zwei Terminen. Vom Tagesdatum in Zelle B9 wird das Kaufdatum in Zelle B3 abgezogen.

Damit diese Formel zur Ermittlung der Tage für die weiteren Wertpapiere nach rechts kopiert werden kann, adressieren Sie die Spaltenangabe für das Tagesdatum absolut. Sie geben nämlich das Tagesdatum nur in einer einzigen Zelle an. Deshalb darf die Adressangabe dieser Zelle beim Kopieren nicht geändert werden.

In Zelle B18 rechnen Sie den Kursertrag auf ein Jahr um. Die Formel dazu lautet:

```
B16 / B17 * 365.25
```

Sie bestimmen die Tage kalendergenau oder auf kaufmännische Art

*Da die **Funktion §diffdate** die Tage kalendergenau rechnet, verwenden Sie als Multiplikator nicht die Zahl 360 wie beim üblichen kaufmännischen Zinsrechnen, sondern 365.25. Diese Zahl stellt den Mittelwert eines gewöhnlichen Jahres mit 365 Tagen und eines Schaltjahrs mit 366 Tagen dar, das aber nur alle 4 Jahre auftritt.*

Der Funktion §diffdate rechnet genauer als die Methode mit den 360 Tagen pro Jahr und 30 Tagen pro Monat, da sie die Monate kalen-

dergenau ermittelt, also z. B. den Januar mit 31 Tagen, den Februar dagegen mit 28 bzw. 29 Tagen.

Die 30 Tage der kaufmännischen Zinsrechnung entsprechen nicht den tatsächlichen Verhältnissen.

Wegen des Schaltjahr-Problems verwenden Sie den Durchschnitt aus 365 und 366 Tagen für die Zinsformel, also 365.25.

Natürlich führt dies zu einer Ungenauigkeit, da Sie bei einem gewöhnlichen Jahr 0,25 Tage zuviel und bei einem Schaltjahr 0,75 Tage zu wenig rechnen.

Die daraus resultierende Fehlerungenauigkeit beträgt jedoch nur ca. 0,1 %.

Dafür sind die Tage genau berechnet, d. h. die Fehlerungenauigkeit der kaufmännischen Zinsrechnung bei der Bestimmung der Tage pro Monat wird vermieden. Diese Ungenauigkeit der kaufmännischen Zisnrechnung liegt z. B. im Monat Februar bei über 6 % und über alle Monate hinweg bei ca 2,4 %, also wesentlich höher als die Ungenauigkeit der §diffdate-Funktion.

Während sich jedoch die größeren Ungenauigkeiten der kaufmännischen Zinsrechnung übers ganze Jahr gesehen ausgleichen, bleibt die geringere Ungenauigkeit der §diffdate-Funktion erhalten.

Sie können selbstverständlich statt der §diffdate-Funtion die kaufmännische Zinsrechnungsmethode anwenden. Dann müssen Sie das Datum jeweils als String, also in alphanumerischem Format, eingeben. Die Formel lautet dann in Zelle B17:

```
(§value(§mid($B8,7,2)) - §value(§mid(B3,7,2))) * 360+
(§value(§mid($B9,4,2)) - §value(§mid(B3,4,2))) * 30 +
§value(§mid($B9,1,2)) - §value(§mid(B3,1,2))
```

Diese Formel ist wesentlich komplexer als die im Modell verwendete Formel:

```
§diffdate($B9,B3)
```

Wenn Sie nicht mit der §diffdate-Funktion arbeiten, dürfen Sie auch nicht 365.25 Tage für das Jahr ansetzen, sondern müssen mit 360 Tage pro Jahr rechnen.

Der **Höchstkurs** wird in Zelle B20 und der Niederstkurs in Zelle B21 ausgegeben. Beide Werte werden vom Beginn des betreffenden Aktienkaufs an bei jeder Eingabe bestimmt.

Geben Sie in den Formelhintergrund der Zelle B20 ein:

```
§max(B10, B20)
```

Die Funktion §max bestimmt den maximalen Wert aus einer Folge von Parametern.

Achten Sie darauf, daß Sie in der Formel ein Komma zwischen B10 und B20 setzen. Würde hier ein Doppelpunkt stehen, dann würde das Maximum aus sämtlichen Werten des Bereichs B10:B20 gebildet

Den **Niederstkurs** bestimmen Sie analog mit der Formel:

```
§min(B10, B21)
```

In die Zelle B23 geben Sie den **Zielkurs** ein. Dies ist der Kurs, bei dem Sie verkaufen wollen. Diesen Kurs werden Sie über längere Zeit nicht ändern, sodaß es nicht ins Gewicht fällt, wenn diese Eingabezeile optisch gesehen weit von den übrigen Eingabezeilen entfernt ist. Außerdem wird auf die Eingabe durch den Pfeil ---> deutlich hingewiesen.

In Zelle B25 müssen Sie noch die Formel zur **Verkaufsempfehlung** unterbringen:

```
§if(B10> = B23,"verkaufen"," ")
```

Falls der Tageskurs höher oder gleich hoch ist wie der Zielkurs, dann erfolgt die Ausgabe "verkaufen", andernfalls werden Leerstellen ausgegeben.

Bei dieser Formel ist der Nein-Zweig, der Leerstellen ausgibt, deshalb wichtig, weil ohne ihn in der Formel-Zelle die Meldung #FALSE ausgegeben würde, falls die Bedingung nicht wahr ist.

Kopieren Sie die Formeln von Spalte B bis in Spalte F.

In Spalte G lassen Sie - allerdings nicht in jeder Zeile - die **Summen bzw. Durchschnittswerte** ausgeben. Es hätte z. B. keinen Sinn, wenn Sie die Summe oder den Durchschnitt der Kaufkurse ermitteln ließen.

Die **Summe des Kapitaleinsatzes** in Zelle G7 ergibt sich mit der Formel:

```
§sum(B7:F7)
```

Kopieren Sie diese Formel in die Zellen G13 und G15.

Zur Berechnung des gesamten Kursertrags in Prozent brauchen Sie nur die Formel von Zelle F16 in die Zelle G16 zu kopieren.

Zur der Berechnung der **durchschnittlichen Anlagedauer** genügt der einfache Durchschnitt nicht.

Diese Dauer verwenden Sie in Zelle G18 zur Bestimmung des durchschnittlichen Kursertrags in Prozent. Dabei gehen die einzelnen Aktien durch eine jeweils unterschiedliche Höhe des Kapitaleinsatzes mit unterschiedlichem Gewicht in diese Ertragsgröße ein.

Sie müssen also die Methode des gewichteten Durchschnitts verwenden. Die Formel für Zelle G18 lautet dazu:

```
(B17 * B7 + C17 * C7 + D17 * D7 + E17 * E7 + F17 * F7) / G7
```

Den **Kursertrag in Prozent pro Jahr** bestimmen Sie in Zelle G18:

```
G16 / G17 * 365
```

Da Sie mit der Funktion §diffdate die Tage kalendergenau berechnen ließen, dürfen Sie als Multiplikator nicht die Zahl 360 verwenden, wie dies bei der kaufmännischen Zinsformel üblich ist, sondern die Zahl 365.25.

Sie haben nun die Werte in der Tabelle errechnet und können Sie gleich testen.

So behandeln Sie Zu- und Abgänge von Posten

*Wenn Sie eine oder mehrere Posten von Aktien **verkauft** haben, dann müssen Sie nur die entsprechende(n) Spalte(n) zu löschen.*

Sie können vorher Ihre Verkaufsergebnisse in eine gesonderte Tabelle kopieren, deren Anlage Ihnen keine Schwierigkeiten bereiten wird.

*Beim **Kauf** von Aktien fügen Sie Spalten ein. Wenn Sie etwa Siemens-Aktien dazukaufen wollen, dann fügen Sie eine Spalte neben der Spalte E ein. In der Spalte E haben Sie bereits 25 Stück Siemens-Aktien eingetragen. Sie können dann beide Siemens-Engagements direkt vergleichen. Kopieren Sie die Rechenformeln in die neue Spalte.*

Achten Sie darauf, daß Sie auch die Summenformeln anpassen.

Mit der Tabelle HAUPTTAB haben Sie ein einfaches Instrument zur Hand, um Ihr Aktienengagement laufend zu kontrollieren. Allerdings wird die Ertragsberechnung ohne Berücksichtigung von Bezugsrechten und Dividenden ermittelt. Der Übersichtlichkeit wegen wurde darauf verzichtet. Sie können es sich zur Aufgabe machen, auch diese beiden Ertragsfaktoren in die Tabelle einzubauen.

Wenn Sei die Entwicklung Ihres Kapitaleinsatzes und des Tageswertes je Posten optisch betrachten wollen, dann bauen Sie zunächst die **Tabelle HILFTAB1** auf:

```
=[HILFTAB1]===============================================================
            A           B         C         D          E          F
 1 Aktie        MM        MM        Kar       Siem       VW
 2 Kapitaleinsatz 4.044,07 4.419,98  9.262,56  14.562,12  10.215,06
 3 Tageserlös      4.557,56 9.116,11 12.115,68  18.257,70   8.879,30
```

Bild 6.1.C Hilfstabelle für die Grafik zur Aktienverwaltung

Den Kapitaleinsatz und den Tageserlös kopieren Sie aus den Zeilen 7 und 13 der Tabelle Verwaltung.

Sie könnten die Grafik zwar auch aus der Tabelle VERWALTUNG direkt gewinnen. Diese würde dann aber nicht ganz so gut aussehen, wie auf der Basis der Hilfstabelle. Sie können ja einmal den Versuch starten!

Die Grafik VERWGRAF sieht wie folgt aus:

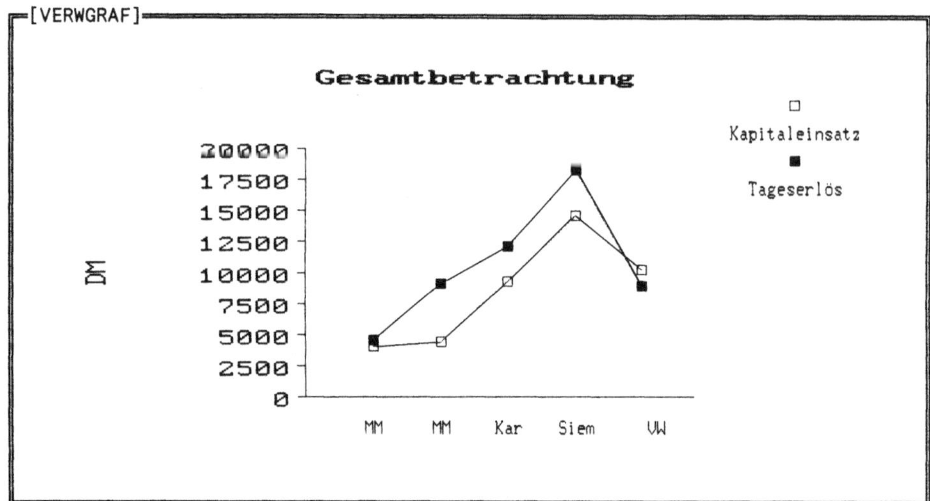

Bild 6.1.D Tageserfolg

Um die richtige Entscheidung zum Kauf und Verkauf der richtigen Aktien zum richtigen Zeitpunkt treffen zu können, gibt es eine Menge von Informationematerial. Dabei sollten Sie allerdings die Regel beherzigen, daß zuviel Material eher schädlich ist als zu wenig.

Im Folgenden erhalten Sie einige Anregungen dazu, wie Sie sich einige grundlegende Daten zurechtlegen können.

Generell ist es hilfreich, wenn Sie sich einen Überblick über die Kursentwicklung innerhalb einer längeren Periode beschaffen. Dazu können Sie die gängigen Indizes wie den DAX- oder Commerzbank-Index verwenden.

Sie können sich aber auch selbst einen **eigenen Index** aufbauen. Versehen Sie dazu die **Tabelle LANGZEITAB** mit folgendem Inhalt:

```
┌─[LANGZEITAB]════════════════════════════════════════════════════════════════
│     A        B    C    D    E    F    G    H    I     J    K    L     M      N
│ 1 Datum     BHF  Cbk  DtBk Siem Kars  MM  Bay RWEVZ Veba VW  Index % Basis % zu
│ 2                                                            Summe 12.82  Vorjahr
│ 3 30.12.82  227  133  274  258  201  145  113  192   137  146  1826 100,00
│ 4 27.12.83  278  170  334  382  281  138  170  175   165  216  2309 126,45 126,45
│ 5 09.01.85  285  167  402  495  239  156  194  168   174  213  2493 136,53 107,97
│ 6 06.01.86  552  374  924  770  361  296  302  204   305  524  4612 252,57 185,00
│ 7 06.01.87  546  314  822  741  480  171  319  228   309  422  4352 238,34  94,36
│ 8 27.01.88  275  200  379  334  370  106  244  201   247  210  2566 140,53  58,96
│ 9 29.12.88  415  234  563  542  386  212  307  206   268  349  3482 190,69 135,70
│10 28.07.89  463  266  673  609  614  231  294  264   318  450  4182 229,03 120,10
│11
│12 ø 82-89   380  232  546  516  367  182  243  205   240  316  3228
│13 ø 85-89   450  278  672  599  442  203  293  221   289  391  3839
│14
│15 Min 82-89 227  133  274  258  201  106  113  168   137  146  1826
│16 Max 82-89 552  374  924  770  614  296  319  264   318  524  4612
│17
│18 Min 86-89 275  200  379  334  370  106  244  201   247  210  2566
│19 Max 86-89 546  314  822  741  614  231  319  264   318  450  4352
└──────────────────────────────────────────────────────────────────────────────
```

Bild 6.1.E Langzeitentwicklung der Aktienkurse

Weil beim Erstellen dieses individuellen Index nicht mehr alle Tageskurse zur
Verfügung standen, sind neben Kursen vom Jahresende teilweise auch Kurse vom
Jahresanfang angegeben.

Da die Tabelle nur einer groben Übersicht dienen soll, können Sie diese Kurse
den jeweiligen Jahresenden von 1982 bis 1988 zuordnen. Für das laufende Jahr
enthält die Tabelle den aktuellen Stand.

In Spalte M sehen Sie, daß sich die angegebenen Kurse von 1982 bis 1988 mehr
als verdoppelt haben. Dabei war der höchste Jahresendstand 1985 mit 252,57 %
zu verzeichnen. In drei Jahren stiegen also die Kurse um mehr als 150 %, was
einer Jahresrate von 50 % auf der Basis des Jahresendkurses 1982 entspricht.

Eine sehr günstige Gelegenheit zum Aktienerwerb ergab sich Ende 1987 bei einem
Index von ca. 140.

Spalte N enthält den Prozentsatz im Vergleich zum Vorjahr. Danach war im angegebenen Zeitraum die größte Steigerung 1985 mit ca. 85 % und der größte Rück-
gang 1987 mit ca. 41 % zu verzeichnen.

Tragen Sie die Daten in diese Tabelle in den Spalten A bis K bis zu Zeile 10 ein.

Zur Ermittlung des **absoluten Index** aus der Summe der angegebenen Aktienwerte tragen Sie in Zelle L3 die Formel ein:

```
§sum(B3:K3)
```

Für den **relativen Index** auf der Basis des Aktienendkurse 1982 geben Sie in den Formelhintergrund von M3 ein:

```
100 / L$3 * L3
```

Die dritte Zeile in der Basisadresse L3 ist absolut adressiert, damit sich diese Adresse beim späteren Kopieren nicht ändert.

Die **prozentuale Veränderung** der Kurse gegenüber dem Vorjahr ergibt sich in Zelle N4 nach der Formel:

```
100 / M3 * M4
```

Kopieren Sie die Formeln in den Zellen L3, M3 und N4 nach unten bis in Zeile 10.

Zu Ihrer Information berechnen Sie in den folgenden Zeilen noch eine Reihe von Durchschnittswerten, Minima und Maxima.

Beginnen Sie damit in Zelle B12 zur Berechnung des Durchschnitts der Endkurse der Jahre 1982 bis 1989 (1989 bis ca. Juli) mit der Formel:

```
§avg(B3:B10)
```

Für den entsprechenden Durchschnitt von 1985 bis 1989 gilt die Formel:

```
§avg(B6:B10)
```

Zur Ermittlung des **Minimums** aus den Endkursen der **Jahre 1982 bis 1989** verwenden Sie in Zelle B15 die Formel:

```
§min(B3:B10)
```

Für Zelle B16 gilt:

```
§max(B3:B10)
```

Sie müssen jetzt nur noch die beiden Formeln für die **Extremkurse** von 1986 bis 1989 in die Zelle B18 eingeben:

```
§min(B7:B10)
```

und in Zelle B19:

```
§max(B7:B10)
```

Wenn Sie diese Tabelle laufend mit den aktuellen Daten ergänzen, haben Sie einen Überblick über die langfristige Kursentwicklung einiger wichtiger Aktien.

Sie bekommen eine noch bessere Vorstellung von der langfristigen Entwicklung, wenn Sie die Daten grafisch darstellen. Neben einer Liniengrafik für die langfristige Entwicklung des individuellen Index sollen Linien für Durchschnittswerte in die Grafik eingezeichnet werden.

Wie Sie bereits aus mehreren Modellen wissen, empfiehlt es sich, die Daten für eine Grafik extra aufzubereiten. So ist es auch in diesem Falle.

Es handelt sich um die **Tabelle HILFTAB2:**

```
┌─[HILFTAB2]════════════════════════════════════════╗
║        A       B       C       D                   ║
║   1 Ende  Index   ø 82-89  ø 85-89                 ║
║   2       Summe                                    ║
║   3    82   1826    3228    3839                   ║
║   4    83   2309    3228    3839                   ║
║   5    84   2493    3228    3839                   ║
║   6    85   4612    3228    3839                   ║
║   7    86   4352    3228    3839                   ║
║   8    87   2566    3228    3839                   ║
║   9    88   3482    3228    3839                   ║
║  10 89/1   4182    3228    3839                    ║
╚════════════════════════════════════════════════════╝
```

Bild 6.1.F Hilfstabelle für die Grafik INDEXGRAF

Geben Sie die Jahresenden in Spalte A ein. Die Werte für den Index können Sie aus Spalte L der Tabelle LANGZEITTAB kopieren.

Den Betrag für den Durchschnitt 82-89 kopieren Sie in HILFTAB2.C3 aus der Tabelle LANGZEITTAB.L12 und den entsprechenden Wert für den Durchschnitt 85-89 aus LANGZEITTAB.L13 in HILFTAB2.D3. Achten Sie darauf, daß Sie den Kopiervorgang mit der #-Taste beenden.

Kopieren Sie in die **Tabelle HILFTAB2** die Werte aus den Zellen C3 und D3 nach unten.

Entwickeln Sie die **Liniengrafik INDEXGRAF**:

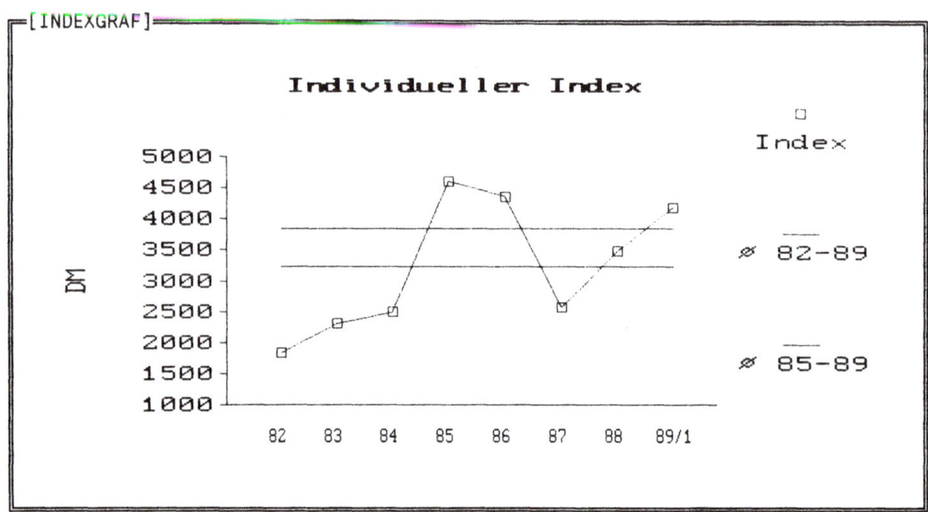

Bild 6.1.G Langfristige Kursentwicklung

Zeichnen Sie den langfristigen Index mit einer Linie mit Markierung ein. Die Durchschnittswerte überlagern Sie mit je einer unmarkierten Linie.

Dazu lauten die Grafikformeln:

```
@DrawGraph(InfoDaten.HilfTab2.B3:InfoDaten.HilfTab2.B10,
    #COLUMN,#LINE,"Individueller Index",,"DM"),
@DrawGraph(InfoDaten.HilfTab2.C3:InfoDaten.HilfTab2.C10,
    #COLUMN,#UNMARKEDLINES),
@DrawGraph(InfoDaten.HilfTab2.D3:InfoDaten.HilfTab2.D10,
    #COLUMN,#UNMARKEDLINES)
```

Sie erkennen an dieser Grafik, daß die Kursverluste des Jahres 1987 in der ersten Hälfte des Jahres 1989 fast wieder aufgeholt wurden.

Die entscheidende Frage nach der weiteren Kursentwicklung läßt sich vielleicht aus dem erkennbaren Aufwärtstrend erkennen. Eine mögliche Rückschlagsgefahr muß jedoch trotzdem im Auge behalten werden.

Neben der globalen Betrachtung des Index erhalten Sie nähere Hinweise durch die Betrachtung der Kursentwicklung einzelner Werte.

Daß die Entwicklung einer bestimmten **Branche** häufig gleichgerichtet verläuft, erkennen Sie, indem Sie einzelne Titel dieser Branche einander gegenüberstellen.

Mehr noch als in der Betrachtung absoluter Kurszahlen kommt diese Gleichgerichtetheit in relativen Zahlen zum Ausdruck.

Für die Grafiken LANGZEITGRAF1 und LANGZEITGRAF2, die diese absolute und relative Entwicklung von Branchenwerten darstellen, brauchen Sie wieder eine Hilfstabelle. Es handelt sich um die **Tabelle HILFTAB3:**

	A Ende	B BHF	C Cbk	D DtBk	E Siem	F Kars	G MM	H Bay	I RWEVZ	J Veba	K VW
1	Ende	BHF	Cbk	DtBk	Siem	Kars	MM	Bay	RWEVZ	Veba	VW
2											
3	82	227	133	274	258	201	145	113	192	137	146
4	83	278	170	334	382	281	138	170	175	165	216
5	84	285	167	402	495	239	156	194	168	174	213
6	85	552	374	924	770	361	296	302	204	305	524
7	86	546	314	822	741	480	171	319	228	309	422
8	87	275	200	379	334	370	106	244	201	247	210
9	88	415	234	563	542	386	212	307	206	268	349
10	89/1	463	266	673	609	614	231	294	264	318	450
11											
12											
13	Index: Ende 82 = 100 %										
14											
15	82	100	100	100	100	100	100	100	100	100	100
16	83	122	128	122	148	140	95	150	91	120	148
17	84	126	126	147	192	119	108	172	87	127	146
18	85	243	281	337	298	180	204	267	106	223	359
19	86	241	236	300	287	239	118	282	119	226	289
20	87	121	150	138	129	184	73	216	105	180	144
21	88	183	176	205	210	192	146	272	107	196	239
22	89/1	204	200	246	236	305	159	260	138	232	308

Bild 6.1.H Hilfsdaten für LANGZEITGRAF1 und LANGZEITGRAF2

Die Zeilen 3 bis 10 enthalten die jeweiligen Jahresendkurse. In den Zeilen 15 bis 22 sind die relativen Werte der Kurse auf der Basis von Ende 1982 dargestellt.

Aus dem Frame HILFTAB2.A3:HILFTAB2.A10 kopieren Sie die Jahresendbezeichnungen im Bereich A15:A22 .

Kopieren Sie die Kurse aus Tabelle LANGZEITTAB.

Zur Berechnung der Indexwerte geben Sie in Zelle B15 die Formel ein:

```
100 / B$3 * B3
```

Kopieren Sie diese Formel in die übrigen Zellen des Bereichs B15:K22.

Bei den drei Banken in den Spalten B bis D können Sie bereits aufgrund dieser Indexzahlen erkennen, daß die Kursentwicklung relativ gleichgerichtet verlaufen ist. Noch deutlicher wird dies, wenn Sie mit den Indexdaten dieser drei Bankwerte eine Liniengrafik erstellen.

Bauen Sie dazu zunächst die **Grafik LANGZEITGRAF1** mit absoluten Werten auf:

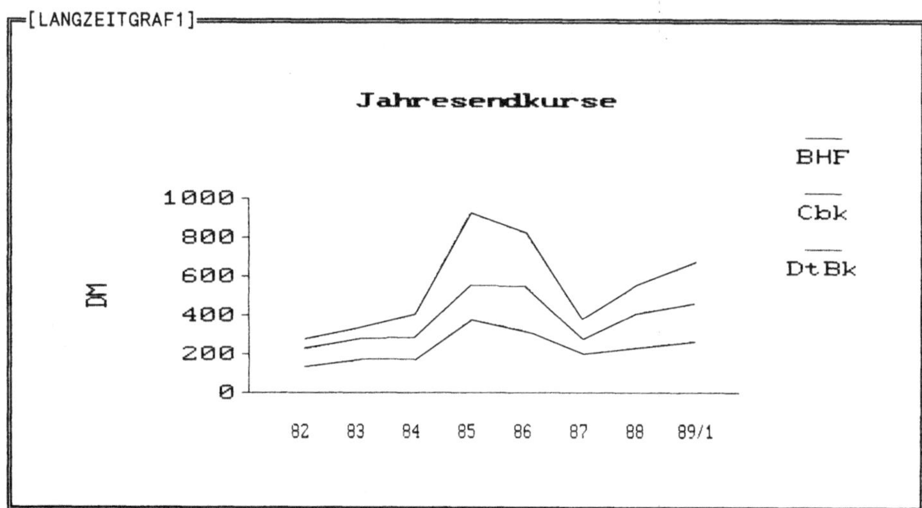

Bild 6.1.I Langfristige Kursentwicklung von drei Bankwerten

Die Grafikformel lautet:

```
@DrawGraph(InfoDaten.HilfTab3.B3:InfoDaten.HilfTab3.D10,
     #COLUMN,#UNMARKEDLINES,"Jahresendkurse",,"DM")
```

Alle drei Linien weisen bei fast genau denselben Zeitwerten die Hoch- und Tief-
punkte aus.

Noch genauer kommt dies in der **Liniengrafik LANGZEITGRAF2** zu den Indexwerten
zum Ausdruck:

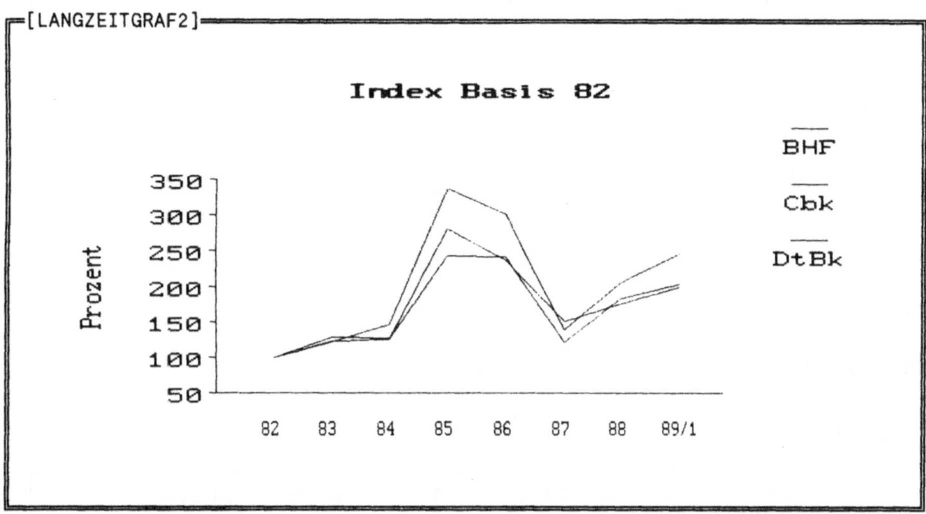

Bild 6.1.J Langfristige Entwicklung von drei Bankwerten mit Indexwerten

Grafikformel:

```
@DrawGraph(InfoDaten.HilfTab3.B15:InfoDaten.HilfTab3.D22,
       #COLUMN,#UNMARKEDLINES,"Index Basis 82",,"Prozent")
```

Sie können eine Grafik zur vergleichenden Entwicklung der Kurse über eine Anzahl von Jahren hinweg auch mit dem Grafiktyp 'Balken nebeneiander' vornehmen. Ein Beispiel dazu stellt die **Grafik 8688GRAF** dar, welche die Entwicklung
des Jahresendkurse von 86 bis 88 gegenüberstellt.

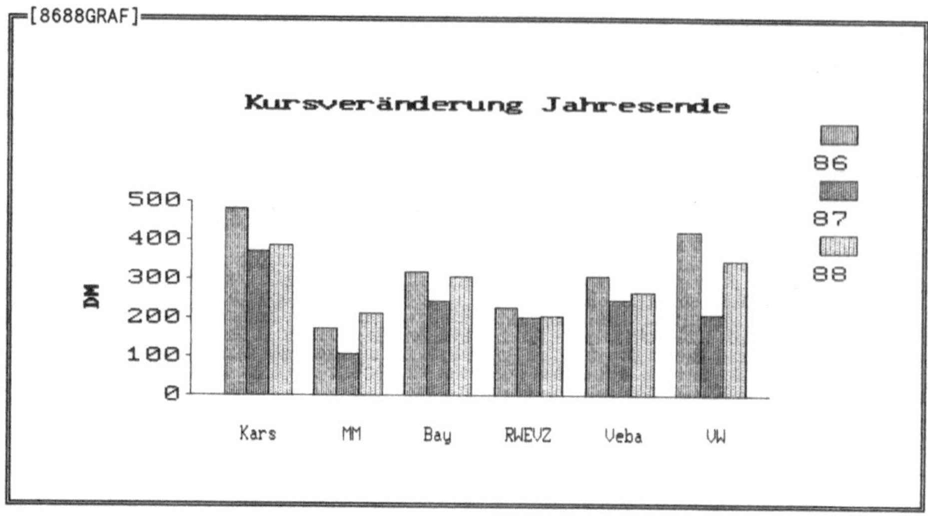

Bild 6.1.K Balkengrafik zur Kursentwicklung

Grafikformel:

```
@DrawGraph(InfoDaten.HilfTab3.F7:InfoDaten.HilfTab3.K9,
      #ROW,#BAR,"Kursveränderung Jahresende",,"DM")
```

Mit dem Grafiktyp Minimum/Maximum/Endwert können Sie darstellen, welche Aktien in einem Zeitraum starke Schwankungen aufgewiesen haben und welche sich relativ stabil verhalten haben. Damit können Sie den Versuch unternehmen Aktien den Gruppen 'mehr spekulative Werte' und 'Renten- und Waisenwerte' zuzuordnen.

Die **Grafik MINIMAXGRAF** zeigt folgende Kursschwankungen:

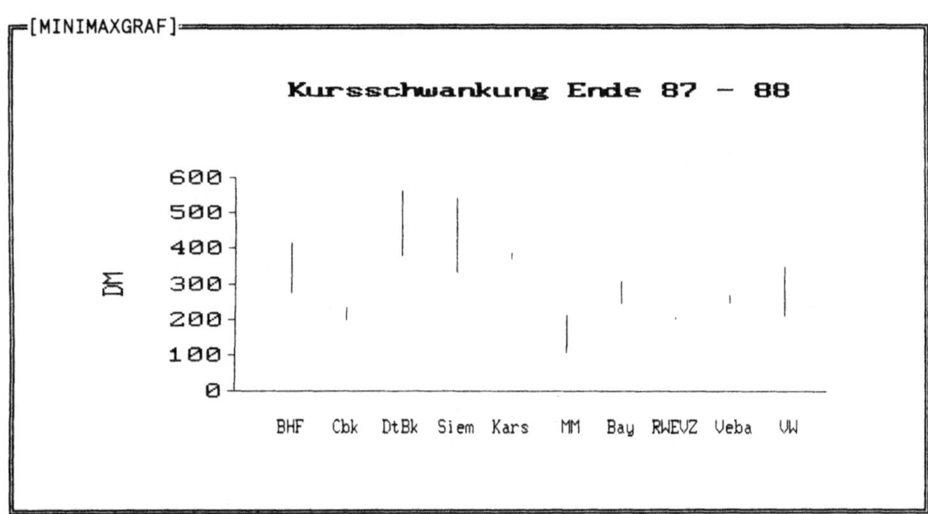

Bild 6.1.L Schwankungsbreite von Kursen

Grafikformel:

```
@DrawGraph(InfoDaten.HILFTAB3.B7:InfoDaten.HILFTAB3.K8,
    #ROW,#HIGHLOW,"Kursschwankung Ende 86 - 87",,"DM")
```

Sie erkennen hier deutlich die starken Schwankungen von der Deutschen Bank und von Siemens. RWEVZ hat sich ganz im Gegensatz dazu nur sehr wenig geändert.

Betrachten Sie die Hilfstabellen und Grafiken lediglich als Anregungen. FRAME-WORK III bietet Ihnen eine Menge von weiteren Möglichkeiten, die Vorgänge um die Aktienkurse transparent zu machen.

6.2 Rentenwerte   **Datei: 20RENTEN**

Im Gegensatz zu Aktien winken bei festverzinslichen Wertpapieren weniger rasche Gewinne.

Dafür ist das Risiko geringer. Die Kursschwankungen sind relativ begrenzt. In einer Phase, in der sich die Zinsen stark ändern, können jedoch auch die Kurse von Festverzinslichen erheblichen Schwankungen unterliegen. Dies zeigt eine Grafik im Info-Teil dieser Anwendung am Beispiel von zwei Serien von Bundesobligationen.

Risikolos ist allerdings der Kauf von Festverzinslichen, wenn das Wertpapier bis zum Ende der Laufzeit gehalten und dann zu 100 % zurückbezahlt wird.

Weit verbreitet ist die sogenannte Geldillusion. Dabei läßt sich der Anleger vom Nominalzinssatz leiten. Die Inflationsrate scheint für viele ein nicht so recht faßbares Phänomen zu sein.

Der Realzins ist aber die entscheidende Zielgröße.

Ebenfalls im Info-Teil verdeutlicht eine Grafik den Zusammenhang zwischen Nominalzins, Inflationsrate und Realzins für die Jahre 1982 bis 1988.

Dieser Info-Teil soll Ihnen Impulse geben für Ihre Anlageentscheidung.

Zur Verwaltung Ihrer festverzinslichen Wertepapiere dient **VERWALTUNG** mit der **Datenbank RENTDB** und der **Tabelle RENTTAB**.

Legen Sie für das Modell 20RENTEN ein Konzept mit folgendem Aufbau an:

```
=[20RENTEN]=========================================
      1   VERWALTUNG
          1.1   RENTDB
          1.2   RENTTAB
      2   INFO
          2.1   ZINSTAB
          2.2   ZINSGRAF
          2.3   BUNDOBLTAB
          2.4   KUSGRAF
```

Bild 6.2.A Konzeptstruktur

Die Endung der Frame-Namen geben den Frame-Typ an:

DB   = Datenbank
TAB = Tabelle
GRAF = Leer-/Textframe

Die Datenbank RENTDB dient der eigentlichen Verwaltung der Rentenwerte. Die Tabelle RENTTAB ermittelt Summen aus den einzelnen Feldern dieser Datenbank.

Die **Datenbank RENTDB** zeigt folgenden Inhalt:

[RENTDB] Bezeichnung	Art	nominal	Zins nom.%	Kaufkurs	Geb.frei	Gebühren
Bundesrepublik Dtl.v.80	10	12.000,00	10,00	109,70		84,00
Bundesbahn v.83	11	8.000,00	8,00	99,75		56,00
Bundesrepublik Dtl.v.84	10	7.000,00	7,00	100,30		49,00
KfW v. 85	20	7.000,00	6,50	102,20		49,00
Bundesobligation S. 76	30	5.000,00	5,00	99,30	J	0,00
Bundesobligation S. 78	30	8.000,00	5,50	98,60	J	0,00
Bundesobligation S. 82	30	10.000,00	6,00	96,30	J	0,00
Bundesobligation S. 83	30	5.000,00	6,50	98,45	J	0,00

.. Kapitaleinsatz	Kaufdatum	Zins p.a.	Zinstermin	Rückzahlung	Tage	Rendite
13.248,00	17.03.84	1.200,00	20.01.	14.02.89	1795	8,08
8.036,00	20.03.84	640,00	20.11.	20.11.93	3532	7,95
7.070,00	05.07.84	490,00	10.05.	10.05.94	3596	6,90
7.203,00	03.04.87	455,00	10.01.	21.01.95	2850	6,14
4.965,00	29.04.88	250,00	22.03.	22.03.93	1788	5,14
7.888,00	15.07.88	440,00	21.05.	21.05.93	1771	5,79
9.630,00	06.03.89	600,00	15.02.	15.02.94	1807	6,78
4.922,50	03.07.89	325,00	15.06.	15.06.94	1808	6,82

Bild 6.2.B Datenbank zur Verwaltung von festverzinslichen Wertpapieren

Geben Sie in das Feld 'Bezeichnung' die Beschreibung des jeweiligen Wertpapiers ein.

Das Feld 'Art' enthält ein Klassifikationsmerkmal für die Datenbankabfrage, z.B. 10 für Anleihen der Bundesrepublik Deutschland.

Tragen Sie außerdem die Daten in die Felder 'Zins nom.%' und 'Kaufkurs' ein.

In das Feld 'Geb.frei' = gebührenfrei, tragen Sie J ein, falls Sie das entsprechende Wertpapier gebührenfrei erworben haben.

Die Gebühren berechnen Sie mit 0,1 % Courtage, 0,5 % Provision und 0,1 % Börsenumsatzsteuer. Dies ergibt insgesamt 0,7 %.

Die Formel zur Berechnung der **Gebühren** lautet:

```
§if([Geb.frei] <> "J",Gebühren:=nominal*7/1000, Gebühren := 0)
```

Sie müssen diese Formel jedoch nicht eintippen.

Wenden Sie die Cursormethode an

1. Bewegen Sie den Cursor auf die Feldbezeichnung 'Gebühren'.

2. Drücken Sie die Funktionstaste <F2> FORMEL EDITIEREN und tippen Sie ein: **§if(**

Dieser Formelteil steht nun in der Editierzeile.

3. Drücken Sie die Taste <Pfeilauf>, um die Cursor-Methode zu aktivieren.

FRAMEWORK hat die Feldbezeichnung 'Gebühr' in die Editierzeile übernommen. Daran stellen Sie fest, daß die Cursor-Methode eingeschaltet ist. Aber diese Feldbezeichnung wollen Sie dort nicht haben.

Bewegen Sie den Cursor auf die Feldbezeichnung **'Geb.frei'.**

In der Editierzeile steht jetzt:

```
§if([Geb.frei]
```

FRAMEWORK hat um die Feldbezeichnung 'Geb.frei' eine eckige Klammer geschrieben, da die Feldbezeichnung einen Punkt enthält. Ein Punkt stellt jedoch einen Begrenzer dar, sodaß FRAMEWORK ohne die Klammer versuchen würde, nur auf das Feld 'Geb' einen Bezug herzustellen, was jedoch nicht gelingen könnte und zu einem Fehler führen müßte.

4. Tippen Sie ein: **<> "J",**

Editierzeile	§if([Geb.frei] <> "J",

5. Zeigen Sie mit dem Cursor die Feldbezeichnung 'Gebühren'

Editierzeile	§if([Geb.frei] <> "J",Gebühren

6. Tippen Sie ein: :=

Editierzeile	§if([Geb.frei] <> "J",Gebühren:=

7. Zeigen Sie mit dem Cursor die Feldbezeichnung 'nominal'

Editierzeile	§if([Geb.frei] <> "J",Gebühren:= nominal

*8. Tippen Sie ein: * 7 / 1000,*

Editierzeile	§if([Geb.frei] <> "J",Gebühren:= nominal * 7 / 1000,

9. Zeigen Sie mit dem Cursor die Feldbezeichnung 'Gebühren'

Editierzeile	§if([Geb.frei] <> "J",Gebühren:= nominal * 7 / 1000, Gebühren

10. Tippen Sie ein: := 0)

Jetzt steht in der Editierzeile die komplette Formel:

Editierzeile	§if([Geb.frei] <> "J",Gebühren:= nominal * 7 / 1000, Gebühren := 0)

11. Lösen Sie mit der <Return>-Taste eine Berechnung aus.

Dies liest sich alles recht kompliziert. Mit etwas Übung werden Sie jedoch feststellen, wie einfach es ist, mit der Cursor-Methode Formeln zu erstellen. Insbesondere können Sie in der Editier-Zeile verfolgen, wie eine Formel entsteht.

Den **Kapitaleinsatz** berechnen Sie mit der Formel:

Kapitaleinsatz:=nominal*Kaufkurs/100+Gebühren

Bevor Sie das **Kaufdatum** eintragen, unterlegen Sie dazu den Bereich mit dem **Datumsformat** 'B.Tag Monat Jahr' über das Menü Zahlen und den Punkt 'Auswahl des Eingabeformats'.

Den **Zins pro Jahr** erhalten Sie mit der Formel:

```
[Zins p.a.]:=nominal * [Zins nom.%] / 100
```

Wenden Sie die Cursor-Methode an. Sie müssen dann keine Feldbezeichnungen und keine Klammern eintippen.

Für den Zinstermin geben Sie nur den Tag und den Monat ein. Damit Ihnen dabei kein Formatfehler passiert, wählen Sie das Menü Zahlen, daraus den Punkt 'Auswahl des Eingabeformats', weiter 'Eingabeformat für Zahlen' und dann 'E. Tag.Monat'. Drücken Sie auf die Taste <Pfeilrechts> und wählen Sie das Datumsformat.

Versehen Sie auch das Feld Rückzahlung für die Rückzahlungstermine mit dem Datumsformat der Art: 'D:Jahr.Monat.Tag'

Die Tage für die Anlagedauer können Sie jetzt recht einfach errechnen lassen mit:

```
Tage:=§diffdate(Rückzahlung,Kaufdatum)
```

Die Rendite ergibt sich mit der Formel:

```
Rendite:=[Zins nom.%] + (nominal - Kapitaleinsatz) / Tage * 365
/ Kapitaleinsatz * 100
```

Auch diese Formel sollten Sie mit der Cursor-Methode entwickeln.

Nach Fertigstellung der Datenbank haben Sie verschiedene Auswertungsmöglichkeiten insbesondere durch Sortieren und durch Filtern.

Als Sortierkriterien dürften insbesondere in Frage kommen: Die Bezeichnung, vor allem aber der Zins- und der Rückzahlungstermin.

Wenn Sie die Datenbank **nach Zinsterminen sortiert** haben, können Sie feststellen, welche Zinszahlungen nacheinander eingehen.

Eine Sortierung nach diesem Kriterium führt zu folgendem Output:

```
┌─[RENTDB══════════════════════════════════════════════════════════
│ Bezeichnung          Kapitaleinsatz Kaufdatum Zins p.a. Zinstermin
│ ══════════════════════════════════════════════════════════════════
│ KfW v. 85                 7.203,00 03.04.87    455,00 10.01.
│ Bundesrepublik Dtl.v.80  13.248,00 17.03.84  1.200,00 20.01.
│ Bundesobligation S. 82    9.630,00 06.03.89    600,00 15.02.
│ Bundesobligation S. 76    4.965,00 29.04.88    250,00 22.03.
│ Bundesrepublik Dtl.v.84   7.070,00 05.07.84    490,00 10.05.
│ Bundesobligation S. 78    7.888,00 15.07.88    440,00 21.05.
│ Bundesobligation S. 83    4.922,50 03.07.89    325,00 15.06.
│ Bundesbahn v.83           8.036,00 20.03.84    640,00 20.11.
└──────────────────────────────────────────────────────────────────
```

Bild 6.2.C Renten-Datenbank nach Zinsterminen sortiert

Das Sortieren nach Terminen hat nur deshalb geklappt, weil Sie vorher das Datumsformat für das Sortierfeld gewählt haben.

Bei Standardformat wäre von links nach rechts sortiert worden, also zunächst nach Tagen, dann nach Monaten und schließlich nach der Jahresangabe. Diese Sortierung hätte zu falschen Ergebnissen geführt.

Verkleinern Sie Felder, bis diese unsichtbar sind

> *Zur besseren Übersicht setzen Sie eine Reihe von Feldern mit Hilfe der Funktionstaste <F4> GRÖSSE auf eine Breite von Null.*

> *Das Unsichtbarmachen dieser Felder und das Sortieren könnten Sie einem Makro übertragen.*

Die aufsteigende **Sortierung nach dem Rückzahlungstermin** ergibt folgende Darstellung:

```
┌─[RENTDB]══════════════════════════════════════════════════════════════════
│ Bezeichnung          Art nominal    Kaufkurs Kaufdatum Rückzahlung
│ ════════════════════════════════════════════════════════════════════════════
│ Bundesrepublik Dtl.v.80  10 12.000,00  109,70 17.03.84  14.02.89
│ Bundesobligation S. 76   30  5.000,00   99,30 29.04.88  22.03.93
│ Bundesobligation S. 78   30  8.000,00   98,60 15.07.88  21.05.93
│ Bundesbahn v.83          11  8.000,00   99,75 20.03.84  20.11.93
│ Bundesobligation S. 82   30 10.000,00   96,30 06.03.89  15.02.94
│ Bundesrepublik Dtl.v.84  10  7.000,00  100,30 05.07.84  10.05.94
│ Bundesobligation S. 83   30  5.000,00   98,45 03.07.89  15.06.94
│ KfW v. 85                20  7.000,00  102,20 03.04.87  21.01.95
└────────────────────────────────────────────────────────────────────────────
```

Bild 6.2.D Renten-Datenbank nach dem Rückzahlungstermin sortiert

Auch bei dieser Liste wurden einige Felder auf eine Breite von Null gesetzt.

Bringen Sie die Felder wieder auf die ursprüngliche Breite und sortieren Sie nach dem Kaufdatum. Sie können die Datenbank neben dem Sortieren insbesondere durch Filter-Formeln auswerten.

Sie interessieren sich nur für die Bundesobligationen. Schreiben Sie in den Formelhintergrund von RENTDB die Filterformel:

```
Art = 30
```

Bestätigen Sie die Formel mit <Return>. Es erscheint folgende Ausgabe:

[RENTDB] Bezeichnung	Art	nominal	Zins nom.%	Kaufkurs	Geb.frei	Gebühren
Bundesobligation S. 76	30	5.000,00	5,00	99,30	J	0,00
Bundesobligation S. 78	30	8.000,00	5,50	98,60	J	0,00
Bundesobligation S. 82	30	10.000,00	6,00	96,30	J	0,00
Bundesobligation S. 83	30	5.000,00	6,50	98,45	J	0,00

Kapitaleinsatz	Kaufdatum	Zins p.a.	Zinstermin	Rückzahlung	Tage	Rendite
4.965,00	29.04.88	250,00	22.03.	22.03.93	1788	5,14
7.888,00	15.07.88	440,00	21.05.	21.05.93	1771	5,79
9.630,00	06.03.89	600,00	15.02.	15.02.94	1807	6,78
4.922,50	03.07.89	325,00	15.06.	15.06.94	1808	6,82

Bild 6.2.E Renten-Datenbank nach Feld "Art" gefiltert

Öffnen Sie die Datenbank wieder mit dem Menü Frames 'Öffne alle', damit Sie wieder alle Datensätze sehen können.

Zur Summenbildung aus den Feldern nominal (Nominalbetrag), Gebühren, Kapitaleinsatz und Zins p.a. verwenden Sie die **Tabelle RENTTAB:**

[RENTTAB]	A	B	C	D	E	F	G
1	Bezeichnung	Art	nominal	Zins nom.%	Kaufkurs	Geb.frei	Gebühren
2							
3	Summen		62000,00				238,00

	H	I	J	K	L	M	N
...	Kapitaleinsatz	Kaufdatum	Zins p.a.	Zinstermin	Rückzahlung	Tage	Rendite
	62962,50		4400,00				

Bild 6.2.F Summentabelle zur Renten-Datenbank

Kopieren Sie die Feldnamen aus der Datenbank RENTDB in die erste Zeile der Tabelle RENTTAB. Richten Sie die Spaltenbreite nach der Feldbreite der Renten-Datenbank aus.

In Zelle C3 ermitteln Sie die **Summe der Nominalbeträge** mit der Formel:

```
§sum(RENTDB.nominal:RENTDB.nominal)
```

Die entsprechende Formel zur Bestimmung der Gebührensumme in Zelle G3 können Sie nicht wie bei einer Tabelle allein durch Kopieren gewinnen. Wenn Sie kopieren, müssen Sie die Formel danach editieren, sodaß sie folgenden Inhalt hat:

```
§sum(RENTDB.Gebühren:RENTDB.Gebühren
```

Für den **Kapitaleinsatz** lautet die Formel entsprechend:

```
§sum(RENTDB.Kapitaleinsatz:RENTDB.Kapitaleinsatz
```

Schließlich benötigen Sie noch die Formel für die Zinsen:

```
§sum(RENTDB.[Zins p.a.]:RENTDB.[Zins p.a.])
```

Zumindest diese Formel sollten Sie mit der Cursormethode entwickeln.

Blenden Sie Koordinatenangaben aus

In der Tabelle RENTTAB wirken jetzt die Zellenkoordinaten noch störend. Sie können diese jedoch entfernen. Bewegen Sie den Cursor in die Tabelle RENTTAB. Wählen Sie im Menü Frames den Punkt 'Namen anzeigen'. Sie stellen fest, daß die Buchstaben für die Spalten- und die Ziffern für die Zeilenbezeichnungen verschwunden sind.

Sie müssen jetzt nur noch die Spalte A wieder an die Breite des Feldes 'Bezeichnung' der Datenbank RENTDB anpassen, da durch den Wegfall der Zeilennummern Platz gewonnen worden ist.

Unterdrücken Sie die Namen und die Rahmen

Blenden Sie sowohl bei der Datenbank RENTDB als auch bei der Tabelle RENTTAB über das Menü Frames den Rahmen aus und lassen Sie die Namen nicht anzeigen.

Bewegen Sie den Cursor in die Tabelle RENTTAB und schieben Sie mit der Taste <Pfeilab> die Zeile mit den Spaltenbeschriftungen aus dem sichtbaren Bereich weg.

Sie haben dann folgende Darstellung auf dem Bildschirm:

```
=[VERWALTUNG]==============================================================
 Bezeichnung              nominal   Gebühren  Kapitaleinsatz Zins p.a.

 Bundesrepublik Dtl.v.80 12.000,00     84,00     13.248,00   1.200,00
 Bundesbahn v.83          8.000,00     56,00      8.036,00     640,00
 Bundesrepublik Dtl.v.84  7.000,00     49,00      7.070,00     490,00
 KfW v. 85                7.000,00     49,00      7.203,00     455,00
 Bundesobligation S. 76   5.000,00      0,00      4.965,00     250,00
 Bundesobligation S. 78   8.000,00      0,00      7.888,00     440,00
 Bundesobligation S. 82  10.000,00      0,00      9.630,00     600,00
 Bundesobligation S. 83   5.000,00      0,00      4.922,50     325,00

 Summen                  62000,00    238,00     62962,50    4400,00
```

Bild 6.2.G Renten-Datenbank mit Summen

Die Datenbank RENTDB und die Tabelle RENTTAB sehen jetzt aus wie ein einziges Dokument.

Dies müssen Sie beim Drucken dieser Datenbank mit Tabelle beachten

Wenn Sie diese Kombination aus Datenbank und Tabelle in der gleichen Form wie auf dem Bildschirm zu Papier bringen wollen, müssen Sie noch die Zeile in der Tabelle löschen, welche die Feldüberschriften enthält, sonst wird auch diese gedruckt.

Außerdem müssen Sie beachten, daß die Breite von Datenbank und Tabelle 68 Stellen beträgt und damit die übliche Zeilenlänge von 65 Stellen überschreitet. Stellen Sie im Menü Drucken über den Punkt 'Formateinstellungen' die Zeilenlänge auf 68 Stellen ein.

Jetzt muß die Ausgabe auf dem Drucker genauso aussehen wie auf dem Bildschirm.

Wenn Sie mit einer Filterformel bestimmte Sätze auswählen, dann können Sie nach wie vor die Summen mit der Tabelle RENTTAB ermitteln. Probieren Sie es aus! Sie müssen nur die Summen neu berechnen lassen, indem Sie auf dem Rand der Tabelle die Funktionstaste <F5> NEUBERECHNUNG drücken.

Sie haben mit der Datenbank RENTDB und der Tabelle RENTTAB ein Instrument zur Verwaltung von festverzinslichen Wertpapieren geschaffen. Wie beim Modell Aktien ist es auch hier wichtig, Daten als Basis für die Anlageentscheidung zu erstellen und aufzubereiten.

Dazu scheint zunächst die Entwicklung des Realzinses von Bedeutung. Dieser wird in **Tabelle ZINSTAB** ermittelt:

```
┌─[ZINSTAB]══════════════════════════════════════════════════════════┐
│     A          B              C              D                       │
│  1 Jahr  Nominalzins  Geldentwertung  Realzins                      │
│  2   82        9,1            5,3          3,8                       │
│  3   83        8,0            3,3          4,7                       │
│  4   84        7,8            2,4          5,4                       │
│  5   85        6,9            2,2          4,7                       │
│  6   86        6,2           -0,2          6,4                       │
│  7   87        5,8            0,2          5,6                       │
│  8   88        6,0            1,2          4,8                       │
└─────────────────────────────────────────────────────────────────────┘
```

Bild 6.2.H Realzinsentwicklung

Tragen Sie die Daten in Spalte A bis C ein. Den Realzins berechnen Sie als Differenz von Nominalzins und Geldentwertung in Zelle D2. Geben Sie dazu in diese Zelle die Formel ein und kopieren Sie dies nach unten:

```
B2 - C2
```

Noch deutlicher wird der Zusammenhang zwischen Nominalzins, Geldentwertung und Realzins mit der **Grafik ZINSGRAF**:

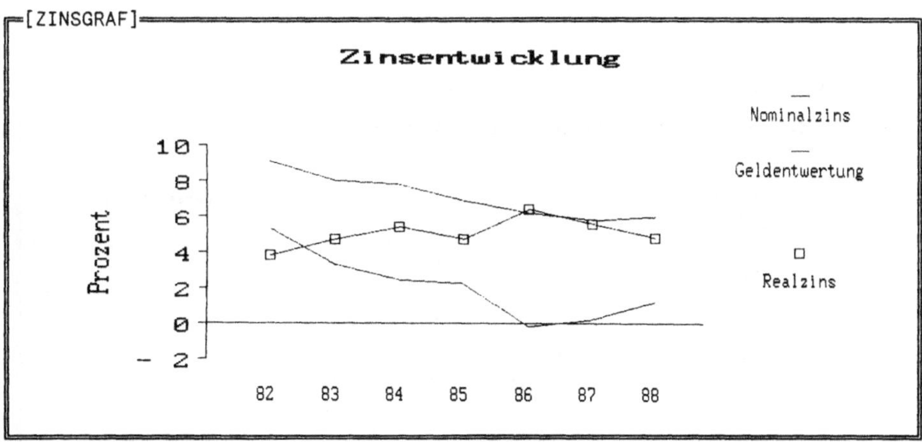

Bild 6.2.I Realzinsentwicklung

Zeichnen Sie zuerst die unmarkierten Linien für den Nominalzins und die Geldentwertung. Überlagern Sie mit einer Linie mit Markierungen die Realzinsentwicklung.

Die Grafikformeln lauten:

```
@DrawGraph(ZINSTAB.B2:ZINSTAB.C8,#COLUMN,#UNMARKEDLINES,
        "Zinsentwicklung",,"Prozent"),
@DrawGraph(ZINSTAB.D2:ZINSTAB.D8,#COLUMN,#LINE)
```

Auch die festverzinslichen Wertpapiere unterliegen Kursschwankungen. In Phasen stark steigender Kapitalmarktzinsen geben die Kurse dieser Wertpapiere nach.

Als Beispiel dafür dienen zwei Bundesobligationen, die 1988 auf den Markt kamen und deren Kurs bereits Mitte 1989 um mehr als 3 bzw. 5 % gefallen ist.

Stellen Sie die entsprechenden Daten dieser beiden Bundesobligationen in der **Tabelle BUOBTAB** dar:

```
=[BUOBTAB]=================================================
           A            B           C                D
  1   Termin       Termin     Serie 76, 5.0 %   Serie 78, 5.5 %
  2   für Grafik   genau         Kurs              Kurs
  3   9.88         14.09.88      96,45             97,90
  4   12.88        27.12.88      96,85             98,30
  5   03.89        29.03.89      94,40             96,35
  6   06.89        29.06.89      94,20             96,50
```

Bild 6.2.J Kursentwicklung von Bundesobligationen.

In der Liniengrafik KURSGRAF werden diese Daten verdeutlicht:

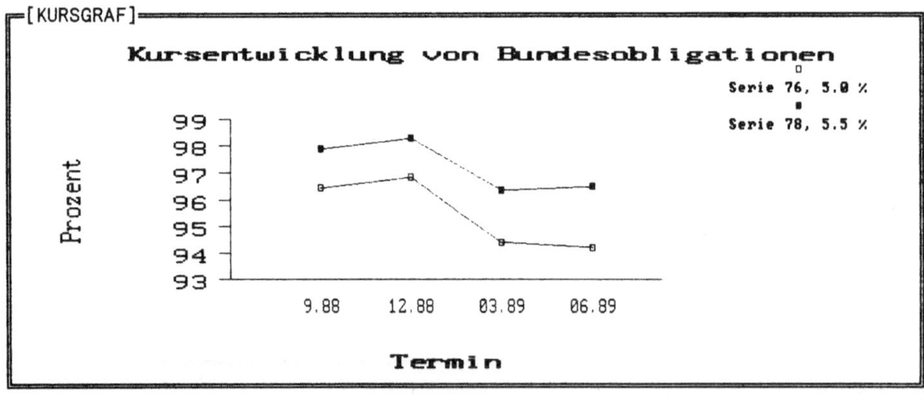

Bild 6.2.K Kursentwicklung von Bundesobligationen

7. Repetitor

Thematik	Dateien
7.1 Vorbemerkungen	
7.2 Tabellenkalkulation	21WAREN
	22POST
7.3 Datenbank	23ADRESS
7.4 Textverarbeitung	24BEWERB

7.1 Vorbemerkungen

Wie bereits in den Benutzerhinweisen beschrieben, können Sie in diesem Kapitel Ihre **Kenntnisse** im Umgang mit FRAMEWORK **auffrischen.**

In 20 Modellen haben Sie erfahren, wie Sie mit Konzepten betriebswirtschaftliche Probleme lösen können. Diese Grundkonzeption, **exemplarisch** FRAMEWORK-Kenntnisse zu vermitteln, soll auch im letzten Teil des Buches beibehalten werden.

Dieses Vorgehen bringt es mit sich, daß eine ganze Reihe von Möglichkeiten, die FRAMEWORK bietet, in diesem Buch nicht behandelt wird. So wird insbesondere auf die Telekommunikation und den Austausch mit Anwendungen in anderen Datenformaten nicht eingegangen.

Der Repetitor macht den Erstanwender von FRAMEWORK mit den grundlegenden Funktionen der Tabellenkalkulation, der Datenbank und der Textverarbeitung bekannt.

Sie entwickeln die Anwendungen nicht von einem Konzept aus, sondern Sie legen einzelne Frames an. Sie lernen dabei am Ende eines Beispiels zur Tabellenverarbeitung auch die Möglichkeit kennen, Frames nach ihrer Fertigstellung so miteinander zu verbinden, daß sich daraus ein Konzept ergibt. Während in den Modellen deduktiv vorgegangen wird, entwickeln Sie hier ein Konzept auf induktive Weise.

Die Anwendungen sind einfach gehalten. Bei der Textverarbeitung werden nur die Textbausteine behandelt.

Für den Fall, daß Sie mit den **Befehlssequenzen** im Umgang mit den Menüs und beim Eingeben von Daten nicht mehr so richtig vertraut sind, finden Sie die Beschreibung dieser Befehle in der auf der folgenden Seite dargestellten Notation.

Notation zur Tastatureingabe

Sämtliche Tastatureingaben sind durch je einen Balken links und rechts der Tastaturfolge gekennzeichnet.

Es kommen folgende Darstellungsformen vor:

---

1. **Einzelne Buchstaben**

   z.B.: █ SETUPFW █

   Die einzelnen Buchstaben von SETUPFW sind nacheinander einzutippen.

2. **Tasten**

   z.B.: █ <Return> █

   Steht eine Buchstabenfolge in spitzer Klammer, ist die entsprechende Taste zu betätigen.

3. **Mehrere Tasten gleichzeitig**

   z.B.: █ <Strg> + N █

   Die links vom Plus-Zeichen stehende Taste ist solange niederzuhalten, bis die rechts vom Plus-Zeichen stehende Taste ebenfalls gedrückt ist.

4. **Kombinationen**

   z.B.: █ <Strg> + N   F TEST <Return> █

   Nach Drücken der Tasten <Strg> und N sind die Taste F, dann die einzelnen Buchstaben von TEST und zum Schluß die Taste <Return> zu betätigen.

7.2 Tabellenkalkulation   Dateien: 21WAREN + 22POST

Das Tabellenkalkulationsmodul von FRAMEWORK III erfüllt dieselben Aufgaben wie die speziellen Tabellenkalkulationsprogramme, z. B. Multiplan oder LOTUS.

Mit diesem FRAMEWORK-Modul können Sie in einem Rechenblatt **an jeder beliebigen Stelle** Daten eingeben, ändern und berechnen.

Die erforderlichen Formeln müssen Sie nicht auf konventionelle Art eintippen, sondern Sie können diese mit der Cursor-Methode auf einfache Weise erstellen. Sie geben nur die Operatoren ein und fahren die Zellen mit dem Cursor an, die als Bestandteil in die Formel eingehen sollen. FRAMEWORK setzt die entsprechenden Zellenkoordinaten automatisch in die Formel ein.

Mit dem Instrument der Tabellenkalkulation können Sie den Einfluß einzelner Datenänderungen auf die übrigen Daten unter Sichtkontakt beobachten. Hierdurch wird das **entscheidungsorientierte Handeln** durch Ausprobieren unterstützt. Bei der aktuellen Lösung nicht zu umfangsreicher Probleme werden Sie somit ein hohes Maß an Flexibilität erzielen.

Eine Tabelle können Sie mit einem **Bereich** vergleichen, wie er in Programmiersprachen wie z. B. BASIC oder Turbo-Pascal vorkommt. Sowohl in FRAMEWORK als auch in o. g. Programmiersprachen wird eine **Matrix** bzw. ein **Vektor** im Hauptspeicher gehalten. Die Größe einer Tabelle wird in BASIC und Turbo-Pascal mit der Dimensionierung bzw. Deklaration festgelegt. In FRAMEWORK geschieht dies menügesteuert (im Menü NEU) durch die Festlegung der Anzahl von Spalten und Zeilen der Matrix. Standardmäßig wird die Zeilenanzahl auf 100 und die Spaltenanzahl auf 50 festgelegt. Sie können diese Vorgabe im SETUP-Menü bei der Installation oder auch später jederzeit ändern.

Die Obergrenze für die **Zeilen-** und für die **Spaltenanzahl** liegt bei FRAMEWORK III jeweils bei **32.000.** Sie können damit eine Tabelle mit maximal 1.024.000.000 Elementen anlegen. Dieser Wert ist allerdings theoretischer Natur, da der Hauptspeicher dafür nicht ausreicht. Über eine Extended Memory oder eine virtuelle Speichererweiterung über Festplatte können Sie die Größe allerdings gegenüber der 640-K-Grenze erheblich ausweiten.

Einen **eindimensionalen Bereich,** also einen Vektor, erhalten Sie in FRAMEWORK III, indem Sie im Menü NEU entweder für die Breite oder für die Länge eine 1 und für die andere Größe eine Zahl > 1 eingeben. In der Regel wird bei der Lösung kaufmännischer bzw. verwaltungstechnischer Probleme mit **zweidimensionalen** Bereichen gearbeitet.

Nach diesen allgemeinen Anmerkungen zur FRAMEWORK-Tabellenkalkulation werden einige wesentliche Grundzüge dieses Moduls in der praktischen Anwendung gezeigt.

Erstellen Sie die **Umsatztabelle WAREN** mit 3 Spalten und 6 Zeilen und gehen Sie in die Tabelle hinein:

■ <Strg> + N   B 3 <Return> L 6 <Return> T 21WAREN   ■
■ <Return> <NUM +>   ■

Die **Tabelle 21WAREN** enthält folgende Angaben:

```
            A              B              C
 1 Umsatz 89/201   Karlsruhe       Augsburg
 2 ─────────────────────────────────────────────
 3 Sport           45.357,64 DM    53.414,72 DM
 4 Textil          63.214,00 DM    51.045,23 DM
 5 Foto             9.718,44 DM    12.788,43 DM
 6 Video           21.788,00 DM    23.966,65 DM
```

Bild 7.2.A Tabelle 21WAREN

Vermeiden Sie Eingabefehler durch Festlegen des Eingabeformats

Zur Vermeidung von Formatfehlern bei der Eingabe können Sie das Eingabeformat menügesteuert festgelegen.

*Im **Menü Zahlen** führt Sie der Punkt 'Auswahl des Eingabeformats' zu folgenden sieben Möglichkeiten der Formatfestlegung:*

```
┌─Auswahl des Eingabeformats──────────────┐
│    Standard                             │
│    Text                                 │
│    numerisch                            │
│    Datum                                │
│    Uhrzeit                              │
│    logisch                              │
│    Formel                               │
└─────────────────────────────────────────┘
```

Für die Auswahl des Datum-Formats stehen Ihnen in einem Untermenü ebenfalls sieben Möglichkeiten zur Verfügung.

Sie sollten das Eingabeformat insbesondere dort festlegen, wo Zahlen einzugeben sind, mit denen gerechnet werden soll. Wenn Sie hier aus Versehen Texte bzw. einzelne Buchstaben eingeben, können Ihre Formeln kein Ergebnis ermitteln. Sie erhalten dann als Fehlermeldung die Ausgabe:

```
#VALUE!
```

In der Tabelle WAREN sind Zahlen im Bereich B3:C6 enthalten. Zur Formatfestlegung verfahren Sie wie folgt:

Gehen Sie mit dem Cursor auf Zelle B3, drücken Sie die Funktionstaste <F6> AUSWAHL und danach die Pfeiltasten nach rechts und nach unten so lange, bis der ganze numerische Bereich unterlegt ist. Schließen Sie die Auswahl mit <Return> ab.
◼ <F6> <Pfeilrechts> .. <Pfeilab> .. <Return> ◼

Das numerische Eingabeformat fixieren Sie mit der Tastenombination:
◼ <Strg> + Z A N ◼

Da der numerische Bereich noch unterlegt ist, können Sie gleich das **Währungsformat** als Ausgabeformat festlegen. Zuletzt wurde das Zahlenmenü aufgerufen, deshalb kann es mit der Einfügetaste wieder aktiviert werden.
◼ <Einfg> W ◼

Sie können selbstverständlich auch das Eingabeformat für die Zeilen 1 und 2 und für die Spalte 1 auf dieselbe Weise festlegen, wie Sie eben das numerische Eingabeformat ausgewählt haben. Sie müssen dazu lediglich das Format Text statt des Formats numerisch auswählen.

Jetzt können Sie die einzelnen **Daten eingeben:**
◼ Umsatz 89/201 <Tab> Karlsruhe <Tab> Augsburg <Return> ◼
◼ <Return><Return> <Pos1> Sport <Tab> 45357.64 usw. ◼

Die Spalten sind zu schmal, sodaß sich insbesondere die Überschriften überlappen. Sie müssen daher verbreitert werden. Damit Sie nicht jede Spalte einzeln verbreitern müssen, wählen Sie zunächst eine Zeile aus:
◼ <Strg> + <Pos1> <F6> <Ende> <Return> ◼

Nun **verbreitern** Sie die ausgewählten Spalten mit der Taste <F4> GRÖSSE und fünfmaligem Betätigen der Taste <Pfeilrechts>. Schließen Sie die Verbreiterung mit <Return> ab:

■ <F4> + <Pfeilrechts> .. <Return>   ■

Dazu werden Sie übrigens auch in der Nachrichtenzeile aufgefordert. Dort trägt FRAMEWORK jedesmal, wenn Sie die Taste <F4> GRÖSSE betätigen, folgende Nachricht ein:

GRÖSSE: Neue Größe mit Cursortasten zeigen -- Abschließen mit RETURN

Bringen Sie den Cursor in Zelle A2. Halten Sie zum Zeichnen der Linie in Zeile 2 die <Strg>-Taste fest und geben Sie nacheinander die Ziffern 5 und 4 ein. Drücken Sie direkt danach die <Alt>-Taste und tippen Sie auf dem Pfeiltastenblock die Ziffern 1, 9 und 6 ein:

■ <Strg> + 54   <Alt> + 196 <Return>   ■

Sie sollten jetzt Ihre Anwendung **speichern**:

■ <Strg> + <Return>   ■

Sie müssen beim Speichern nicht auf den Rand eines Frames zu wechseln, sondern Sie können dort, wo Sie gerade arbeiten, mit der angegebenen Sequenz speichern.

Falls Sie nicht auf dem Standardlaufwerk speichern wollen, müssen Sie vorher das **Primärlaufwerk** festlegen. Dazu wechseln Sie mit der <Scroll-Lock>-Taste auf den Laufwerkstapel, wählen mit den Pfeiltasten das entsprechende Laufwerksverzeichnis an und betätigen danach folgende Tastenkombination:

■ <Strg> + <Return>   ■

Es erfolgt die Meldung:

Primärlaufwerk ist eingestellt

Nun wird die Tabelle WAREN erweitert, damit Sie die **Summen, Extrem- und Durchschnittswerte** berechnen können.

Erweiteren Sie die Tabelle WAREN zu folgendem Inhalt:

```
┌─[21WAREN]════════════════════════════════════════════════════════
│             A                B              C              D
│  1 Umsatz 89/201  Karlsruhe       Augsburg      Summe
│  2 ──────────────────────────────────────────────────────────────
│  3 Sport           45.357,64 DM   53.414,72 DM   98.772,36 DM
│  4 Textil          63.214,00 DM   51.045,23 DM  114.259,23 DM
│  5 Foto             9.718,44 DM   12.788,43 DM   22.506,87 DM
│  6 Video           21.788,00 DM   23.966,65 DM   45.754,65 DM
│  7 ──────────────────────────────────────────────────────────────
│  8 Summe          140.078,08 DM  141.215,03 DM  281.293,11 DM
│  9 Maximum         63.214,00 DM   53.414,72 DM  114.259,23 DM
│ 10 Minimum          9.718,44 DM   12.788,43 DM   22.506,87 DM
│ 11 Mittelwert      35.019,52 DM   35.303,76 DM   70.323,28 DM
│ 12 ──────────────────────────────────────────────────────────────
└──────────────────────────────────────────────────────────────────
```

Bild 7.2.B Tabelle 21WAREN mit Auswertung

Stellen Sie den Cursor in die Spalte C und erzeugen Sie eine **neue Spalte**:
■ <Strg> + N S 1 <Return>   ■

Bringen Sie den Cursor auf Zelle A6 und schaffen Sie **sechs neue Zeilen**:
■ <Einfg> Z 6 <Return>   ■

Tragen Sie die Begriffe 'Summe', 'Summe', 'Maximum', 'Minimum' und 'Mittelwert' ein.

Das Eingabeformat Formel

Sie können für die Bereiche, die Formeln erhalten sollen, das Eingabeformat Formel festlegen.

Dadurch wird allerdings nicht unbedingt gewährleistet, daß tatsächlich auch eine Formel in die formatierten Zellen eingegeben wird. Nur bei Eingabe von Texten, nicht aber bei der Eingabe von Zahlen, erfolgt eine Fehlermeldung.

Nach der Vorwahl des Formats Formel müssen Sie die Taste <F2> FORMEL EDITIEREN nicht drücken, um eine Formel eintippen zu können, die mit einem Buchstaben beginnt, wie dies z. B. bei der Summenbildung für Zelle D3 mit der Formel B3+C3 der Fall ist.

In diesem Beispiel soll jedoch die Summe mit einer Funktion berechnet werden. Eine solche Funktion beginnt mit dem §- bzw. wahlweise mit dem @-Zeichen. An der Eingabe eines solchen Zeichens *zu Beginn der Editierung erkennt FRAMEWORK bereits, daß eine Formel editiert werden soll. In diesem Fall müssen Sie deshalb zur Formel-Editierung nicht die Taste <F2> FORMEL EDITIEREN drücken.*

Aus diesem Grunde wäre also die Vorwahl des Formats Formel nicht erforderlich.

In unserem Beispiel haben Sie jedoch direkt im Anschluß an eine Zeile, für welche das numerische Format vorgewählt worden ist, mehrere Zeilen angefügt. Damit ist die Formatvorwahl auf die folgenden Zeilen übergegangen, jedoch nur in den Spalten, die diese Formatierung enthalten.

FRAMEWORK hat vermutet, daß in der Tabelle nach einem Zahlenfeld ein weiteres Zahlenfeld kommt. Häufig wird diese Vermutung zutreffen. Dann hat FRAMEWORK für Sie die Aufgabe der Formatvorwahl erledigt. In allen anderen Fällen muß dieses FRAMEWORK-Verfahren korrigiert werden.

Im konkreten Fall können Sie in die angefügten Zeilen im Bereich B8:D11 keine Formeln eingeben, wenn Sie diese Formatvorgabe nicht ändern.

Unterlegen Sie also den Formelbereich B8:D11 mit der Funktionstaste <F6> AUSWAHL. Wählen Sie das Menü Zahlen, darin den Punkt 'Auswahl des Eingabeformats' und dann das Format Formel.

Um die **Umsatzsumme** in der Artikelgruppe Sport zu berechnen, könnten Sie konventionell vorgehen. Sie würden den Cursor auf Zelle D3 bringen und die Formel eintippen, mit der die Summe der Werte aus Zelle B3 und C3 gebildet wird.

■   §SUM(B3:C3)   ■

Es geht aber auch noch einfacher. Das können Sie vielleicht an diesem einfachen Beispiel der Summation noch nicht so genau erkennen. Wenn Sie es jedoch mit einer großen Anzahl von Formel zu tun haben, die Sie editieren sollen, dann wird Ihnen das bald klar werden.

Verwenden Sie die Cursormethode zur Vereinfachung der Formelgenerierung

*Sie können die **Cursormethode** (auch Zeigemodus genannt) zur Entwicklung der Formel anwenden. Dazu müssen Sie die Adressen des Anfangs- und des Endelements der Summation nicht eintippen, sondern Sie können diese durch Zeigen in die Formel einfügen lassen. Dazu tippen Sie in Zelle D3 ein:*

■   §SUM(■

Aktivieren Sie den Zeigemodus mit der ‹Pfeilauf›-Taste. In der Editierzeile erscheint die Zellenkoordinate, auf der sich der Cursor momentan befindet. Bewegen Sie den Cursor, so wird die entsprechende Adresse in der Editierzeile laufend angepaßt.

Bringen Sie den Cursor mit den Pfeiltasten auf das erste zu summierende Element, also auf B3, dann geben Sie das Bereichstrennzeichen : ein.

Aktivieren Sie wieder den Zeigemodus durch Druck auf die ‹Pfeilauf-Taste› und stellen Sie den Cursor auf das letzte zu summierende Element, also Zelle C3. Sie können dabei beoachten, wie die Adressen der Feldelemente in die Formel eingetragen werden. Schließen Sie die Eingabe mit der runden rechten Klammer und ‹Return› ab.

FRAMEWORK hat in den Formelhintergrund der Zelle C3 die Formel eingetragen:

```
§SUM(B3:C3)
```

Kopieren Sie die Formel nach unten:
■ ‹F8› ‹Pfeilab› ‹F6› ‹Pfeilab› ‹Pfeilab› ‹Return› ‹Return›   ■

Die Summenformeln werden dabei automatisch angepaßt: Aus der Formel §SUM(B3:C3) wird die Formel §SUM(B4:C4) usw. Es handelt sich dabei um einen **relativen Bezug**, da sich die Formeln entsprechend der jeweiligen Zellenadressen ändern.

Entsprechend können Sie die Spaltensummen in den Zellen B8 bis D8 bilden.

Lassen Sie zusätzlich zu der Summe den maximalen, den minimalen Wert und den Mittelwert berechnen. Tippen Sie dazu folgende Formeln in die angegebenen Zellen ein oder probieren Sie nochmals die Cursor-Methode aus:

Zelle	Formel
B9	§MAX(B3:B6)
B10	§MIN(B3:B6)
B11	§AVG(B3:B6)

Unterlegen Sie den Bereich B8:B11 mit <F6> AUSWAHL und kopieren Sie die Formeln mit <F8> KOPIEREN nach rechts.

Die Linien in den Zeile 7 und 12 erzeugen Sie mit ASCII-196

Stellen Sie das Währungsausgabeformat der neu ermittelten Werte noch ein und passen Sie die Spaltenbreite an, wo es nötig ist.

Schützen Sie Ihre Formeln

Damit die Formeln nicht zufällig durch Eingabe einer Zahl überschrieben werden, sollten Sie diese gegen Änderungen schützen.

Unterlegen Sie den zu schützenden Bereich z. B. B8:D11 mit der Taste <F6> AUSWAHL. Öffnen Sie das Menü Editieren und wählen Sie dann den Punkt 'Gegen Änderungen schützen' aus.

Analog können Sie auch die Begriffe und die Linien in der Tabelle schützen.

Um noch etwas tiefer in die Möglichkeiten einzusteigen, welche FRAMEWORK bietet, wird die Tabelle 21WAREN nochmals erweitert.

In der Tabelle 21WAREN sollen neben den absoluten Umsatzzahlen auch noch die prozentualen angegeben werden.

Die Tabelle 21WAREN soll folgendermaßen aussehen:

```
┌─[WAREN]═══════════════════════════════════════════════════════════════════════
│        A              B            C            D            E           F
│  1 Umsatz         Karlsruhe                 Augsburg                    Summe
│  2 89/201         absolut       in %        absolut       in %
│  3 ────────────────────────────────────────────────────────────────────────────
│  4 Sport          45.357,64 DM   32,38      53.414,72 DM   37,83    98.804,74 DM
│  5 Textil         63.214,00 DM   45,13      51.045,23 DM   36,15   114.304,36 DM
│  6 Foto            9.718,44 DM    6,94      12.788,43 DM    9,06    22.513,81 DM
│  7 Video          21.788,00 DM   15,55      23.966,65 DM   16,97    45.770,20 DM
│  8 ────────────────────────────────────────────────────────────────────────────
│  9 Summe         140.078,08 DM  100,00     141.215,03 DM  100,00   281.393,11 DM
│ 10 ────────────────────────────────────────────────────────────────────────────
│ 11 Maximum        63.214,00 DM   45,13      53.414,72 DM   37,83   114.304,36 DM
│ 12 Minimum         9.718,44 DM    6,94      12.788,43 DM    9,06    22.513,81 DM
│ 13 Mittelwert     35.019,52 DM   25,00      35.303,76 DM   25,00    70.348,28 DM
│ 14 ────────────────────────────────────────────────────────────────────────────
└────────────────────────────────────────────────────────────────────────────────
```

Bild 8.2 C: Tabelle 21WAREN mit Prozentwerten

Fügen Sie nach der ersten Zeile eine weitere Überschriftszeile ein. Stellen Sie dazu den Cursor auf Zeile 1 und geben Sie ein:
■ <Strg> + N Z 1 <Return>   ■

Nach der nun mit 9 bezeichneten Zeile fügen Sie ebenso eine neue Zeile ein. In dieser Zeile soll eine Linie die Summe von den Extrem- und Mittelwerten abgren- zen.

Stellen Sie den Cursor auf Zeile 9 und geben Sie ein:
■ <Strg> + N Z 1 <Return>   ■

Übertragen Sie den Zusatz '89/201' von Zelle A1 in Zelle A2.

Zum eingegebenen absoluten Umsatz des einzelnen Zweigbetriebs soll der prozentuale berechnet werden.

Stellen Sie dazu den Cursor auf Spalte B und fügen hier eine neue Spalte ein:
■ <Strg> + N S 1 <Return>   ■

Fügen Sie ebenso nach der neuen Spalte D eine neue Spalte ein:
■ <Strg> + N S 1 <Return>   ■

Die Linien können Sie durch Kopieren mit Taste <F8> gewinnen.

Unterscheiden Sie den absoluten vom relativen Bezug

Die Formel in Zelle C4 zur Berechnung des Prozentanteils lautet:

```
100 / B$9 * B4
```

*Sie enthält einen **absoluten** und einen **relativen** Bezug. Die Zeilen-angabe von Zelle B9 wird durch das vor der Zahl 9 stehende $-Zei-chen absolut adressiert, während die Spalte B relativ angegeben wird.*

Beim Formelteil B4 ist sowohl der Zeilen- als auch der Spaltenbezug relativ.

Wäre die Zeilenangabe in Zelle B9 relativ adressiert, dann würde aus B9 der Bezug B10 werden, wenn die Formel von Zelle C4 in Zelle C5 kopiert wird. Dies wäre falsch, da in Zelle B10 kein Wert steht. Ein solcher Fehler führt zur Meldung:

```
#VALUE!
```

Kopieren Sie die Formel 100 / B$9 * B4 mit <F8> KOPIEREN, <F6) AUSWAHL und der Taste <Pfeilab> nach unten.

Die Formeln der Zellen C4 bis C7 können Sie in die Zellen E4 bis E7 kopieren. Diese Formeln werden dabei korrekt angepaßt. Ebenso können Sie übrigen For-meln kopieren.

Kombinationsmöglichkeiten von absolutem und relativem Bezug

Soll der Bezug auf eine Zeilen- oder Spaltenangabe oder beides beim Kopieren nicht geändert werden, so muß vor die entsprechende An-gabe das $-Zeichen gesetzt werden. Die verschiedenen Kombinations-möglichkeiten am Beispiel einer Zelle in Spalte B und Zeile 8 stellt folgende Übersicht dar:

Zellenangabe	Spalte	Zeile
B8	variabel	variabel
$B8	fest	variabel
B$8	variabel	fest
B8	fest	fest

Drucken Sie die Tabelle 21WAREN mit Zeilen- und Spaltenkoordinaten

Beim üblichen Drucken wird eine Tabelle ohne Spalten- und Zeilenangabe ausgegeben. Bei der Entwicklung komplexerer Tabellen ist es jedoch hilfreich, wenn eine Ausgabe auf dem Drucker mit Angabe der Zellenkoordinaten erfolgt.

Zu diesem Zweck ist auf der Beispiele-Diskette, die mit FRAMEWORK III.1 geliefert wird, Makro Alt-G enthalten. Dieses fügt beim Ausdruck in eine Kalkulationstabelle Standard-Spalten- und Zeilenmarken ein.

Zur Initialisierung von ALT-G kopieren Sie Makro ALT-G.FW3 und die Dateien SPALTE.FW3 und AUSRICHT.FW3 in den Bereich für benutzerdefinierte Funktionen der Bibliothek. Speichern Sie die Bibliothek-Frames.

Alt-G muß in der Bibliothek zwischen geschweiften Klammern stehen, also {ALT-G}. Die linke geschweifte Klammer wird wie folgt geschrieben: Alt-Taste festhalten und auf dem Pfeiltastenblock die Ziffer 1 2 3 eingeben, die rechte Klammer mit ⟨Alt⟩ 1 2 5.

Zur Ausführung von ALT-G muß der Cursor auf dem Rahmen des Tabellenkalkulations-Frames stehen. Es wird die ⟨Alt⟩-Taste festgehalten, bis G eingegeben ist.

Gehen Sie mit dem Cursor auf den Rand des Frames 21WAREN und drucken Sie die Tabelle aus:

■ ⟨Strg⟩ + D S   ■

Dieses einfache Beispiel der Tabelle 21WAREN wurde ausgewählt, damit Sie Ihre Kenntnisse im Bereich Tabelle auffrischen konnten, ohne gleich größere Steine in den Weg gelegt zu bekommen.

Im Rahmen dieser Wiederholungseinheit sollte allerdings eine ganz wesentliche Funktion von FRAMEWORK noch angesprochen werden, die am Beispiel 21WAREN nicht dargestellt werden kann.

Bei verschiedenen Aufgabenstellungen, z. B. beim Schreiben von Rechnungen oder beim Ermitteln von Gebühren kann die Tabellenkalkulation eine starke Hilfe bieten, indem Sie nach Eingabe einer Nummer aus einem Bereich die dazugehörigen Angaben, wie z. B. den Preis oder die Bezeichnung sucht und in ein Ergebnisfeld überträgt.

Dazu soll aus dem Bereich der **Post- und Fernmeldegebühren** eine Tabelle entwickeln werden.

Für die schnelle Suche der benötigten Daten stellt FRAMEWORK folgende Funktion zur Verfügung:

```
§vlookup
```

Die Bedeutung dieser Funktion, gezeigt vom FRAMEWORK-Hilfesystem

Die Aufgabe dieser Funktion können Sie sich von FRAMEWORK zeigen lassen. Sie sollten dazu allerdings FRAMEWORK auf der Festplatte installiert haben. Über das Hilfesystem mit seinem mehrfach verzweigten Menü können Sie sich rasch Informationen beschaffen.

Geben Sie ein:
■ <F1> s   a   u   e   ■

Damit haben Sie folgende Beschreibung auf dem Bildschirm:

*§vlookup (Wert, Bereich, Abstand) sucht **Wert** in der ersten Spalte des **Bereichs** und liest mit **Abstand**-Spalte rechts oder links den Wert der ausgewählten Zelle.*

Um diese Funktion anzuwenden, müssen Sie zunächst die Tabelle GEBÜHRTAB anlegen:
■ <Strg> + N   B 6 <Return> L 26 <Return> T GEBÜHRTAB <Return>   ■

Legen Sie nur soviel Zellen an, wie Sie auch tatsächlich brauchen

Sie könnten selbstverständlich auch das Erzeugen der Tabelle abkürzen, indem Sie die im Menü vorgegebene Anzahl von Zeilen und Spalten einfach bestätigen, anstatt diese einzugeben.

Sie müßten dann allerdings damit rechnen, daß bei einer Standardeinstellung von z. B. 100 Zeilen und 50 Spalten in Ihrer Tabelle ein große Anzahl nicht benötigter Zellen enthalten ist. Wenn Sie in

*einer solchen Tabelle mit der Tastenkombination ⟨STRG⟩ + ⟨Ende⟩
ans Tabellenende gehen, dann sehen Sie nur leere Zellen.*

*Deshalb ist es empfehlenswert von vornherein die Zahl der Zeilen
und Spalten anzugeben, die tatsächlich auch benötigt werden.*

Die **Tabelle GEBÜHRTAB** soll folgenden Inhalt bekommen:

```
          A           B         C         D           E          F
 1     Brief               Drucksache            Büchersendung
 2 Gewicht ab g       DM      Gewicht ab    DM      Gewicht ab g    DM
 3            0      1,00          0       0,60            0      0,60
 4           21      1,70         21       1,00          101      0,80
 5           51      2,40         51       1,40          251      1,20
 6          101      3,20        101       1,80          501      2,00
 7          251      4,00        250       2,40         1001      3,00
 8          501      4,80        501    zu schwer       2001   zu schwer
 9         1001   zu schwer
10
11
12                          Paket
13                  1. Zone   2. Zone   3. Zone
14 Gewicht ab kg      DM        DM        DM
15        0,000      5,20      5,50      5,80
16        5,001      5,90      6,30      6,70
17        6,001      6,60      7,10      7,60
18        7,001      7,30      7,90      8,50
19        8,001      8,00      8,70      9,40
20        9,001      8,70      9,50     10,30
21       10,001      9,40     10,30     11,20
22       12,001     10,90     11,90     12,90
23       14,001     12,40     13,50     14,60
24       16,001     13,90     15,10     16,30
25       18,001     15,40     16,70     18,00
26       20,001   zu schwer zu schwer zu schwer
```

Bild 7.2.D Gebührentabelle

Wählen Sie für die Zellen, in welche Zahlen zu schreiben sind, wieder das numerische Format vor.

Sie unterlegen dazu den Bereich mit der Taste ⟨F6⟩ Auswahl. Dann geben Sie
ein:

■ ⟨Strg⟩ + Z   A   N   ■

Diese Tabellen für Briefe, Drucksachen, Büchersendungen und Pakete unterschei-
den sich in der Schreibweise von den amtlichen Gebührentabellen der Deutschen
Bundespost. Während z. B. in der amtlichen Gebührentabelle ein Eintrag bei
Standardbriefen lautet:

über 50 g bis 100 g

ist in obiger Tabelle eingetragen:

ab 51 g

Dieser Unterschied kommt daher, daß im Tabellenkalkulationsframe mit der Funktion §vlookup gearbeitet wird.

Diese Funktion sucht einen Wert in der ersten Spalte eines Bereichs, also z. B. in der Spalte 'Gewicht ab g'. Wird der Wert dort gefunden oder festgestellt, daß der nächste Wert in dieser ersten Spalte größer ist als der vorgegebene Wert, dann geht §vlookup um die in der Funktion angegebene Anzahl von Spalten nach rechts und liest den dort stehenden Wert.

Nachdem Sie die Tabelle GEBÜHRTAB fertiggestellt haben, nehmen Sie die **Ausgabe der Ergebnisse** mit der **Tabelle PORTOAUSGABE** vor.

Legen Sie die neue Tabelle an:
■ <Strg> + N B 5 <Return> L 16 <Return> T PORTAUSGABE <Return>■

Beim Erzeugen einer neuen Tabelle darf sich der Cursor in keiner Tabelle befinden

> *Denken Sie beim Anlegen dieser Tabelle daran, daß der Cursor auf dem Rand des Frames GEBÜHRTAB stehen muß, bzw. daß überhaupt kein Frame auf dem Bildschirm ist.*

> *Wenn sich der Cursor in einer Tabelle befindet, dann können Sie keine neue Tabelle anlegen, denn diese neue Tabelle kann nicht in die Tabelle an der Stelle gelegt werden, an welcher der Cursor steht.*

> *Sollten Sie es trotzdem versuchen, dann erhalten Sie in der Nachrichtenzeile die Meldung, daß die Operation mit den markierten Daten unmöglich ist.*

FRAMEWORK zeigt, daß eine geplante Operation nicht durchführbar ist

FRAMEWORK zeigt Ihnen aber schon vor einem solchen Fehlversuch, daß die geplante Operation nicht durchführbar ist. Im Menü wird der entsprechende Punkt in Schrägschrift statt in der üblichen Normalschrift dargestellt.

Die **Tabelle PORTOAUSGABE** bekommt folgenden Inhalt:

```
       A       B     C                D                      E
 1  Briefsendungen          Stand: 1. April 1989         Porto
 2
 3  Gewicht in Gramm?       Brief:                       1,70 DM
 4
 5          ┌──────────┐    Drucksache, Warensendung:    1,00 DM
 6          │    24    │
 7  <Wahl mit Alt-A>   Büchersendung:                    0,60 DM
 8
 9
10  Paketsendungen          Stand: 1. September 1989
11
12  Gewicht in kg?          1. Zone bis  100 km:        10,90 DM
13          ┌──────────┐
14          │    14    │    2. Zone bis  300 km:        11,90 DM
15
16  <Wahl mit Alt-B>        3. Zone über 300 km:        12,90 DM
```

Bild 7.2.E Portoausgabe

In den Bereich E3 bis E15 kommen Ergebnisse, die mit der Formel §vlookup gewonnen werden. Diese Zellen belegen Sie mit dem Währungsformat.

Heben Sie die Eingabestellen hervor

Damit der Anwender genau sieht, wo er Eingaben vorzunehmen hat, heben Sie diese Zellen durch Doppelrahmen hervor.

Die Doppelrahmen für die Gewichtseingaben in den Zellen B5 und B14 entwickeln Sie mit folgenden ASCII-Zeichen:

```
┌ ═ ┐      Alt-201   Alt-205   Alt-187

║          Alt-186

└   ┘      Alt-200             Alt-188
```

Die Formel in Zelle E3 zur Gebührenermittlung lautet:

```
§vlookup(B5,GEBÜHRTAB.A3:GEBÜHRTAB.B9,1)
```

Der Wert der Zelle B5 dient als Suchwert, z. B. 80 g. Gesucht wird in den Ge-
bührentabllen im Bereich A3 bis B9. Dieser Wert wird dort in Zelle A5 zwar nicht
gefunden, er ist jedoch kleiner als der nächste Wert in Zelle A6. Deshalb geht
das Suchen um die am Ende der Funktion angegebene Anzahl von Spalten weiter,
bis in diesem Fall 2.40 DM gefunden wird. Dieser Wert wird in Zelle E3 der Tabelle PORTOAUSGABE eingetragen.

Die weiteren Formeln lauten:

Zeile	Formel
5	§vlookup(B5,GEBÜHRTAB.C3:GEBÜHRTAB.D8,1)
7	§vlookup(B5,GEBÜHRTAB.E3:GEBÜHRTAB.F8,1)
12	§vlookup(B14,GEBÜHRTAB.A15:GEBÜHRTAB.B26,1)
14	§vlookup(B14,GEBÜHRTAB.A15:GEBÜHRTAB.C26,2)
16	§vlookup(B14,GEBÜHRTAB.A15:GEBÜHRTAB.D26,3)

Sie können jetzt Ihre Anwendung einsetzen.

Verbesserungen der Anwendung

*Nach Fertigstellung der Tabelle PORTOAUSGABE können Sie Gebühren
berechnen lassen. Zu jeder Berechnung müssen sich beide Tabellen,
die Tabelle GEBÜHRTAB und die Tabelle PORTOAUSGABE im Hauptspeicher befinden. Sie müssen also zu jeder Sitzung beide Tabellen
laden. Dies können Sie vereinfachen, indem Sie beide Tabellen in einem umfassenden Frame zusammenfassen. Dann brauchen Sie nur
noch diesen Frame zu Beginn Ihrer nächsten Sitzung zu laden.*

*Wenn wir gerade dabei sind, über Verbesserungen dieser Anwendung
nachzudenken, dann können wir gleich zwei weitere Punkte in An-
griff nehmen. Zunächst kann es stören, wenn die Tabelle PORTOAUS-
GABE mit Zeilen- und Spaltenkoordinaten auf dem Bildschirm erscheint. Zur Entwicklung einer Tabelle mögen diese Angaben ja
hilfreich sein, aber später können Sie auch stören.*

*Und noch ein dritter Punkt sei angesprochen: Wenn Sie von der
Portoberechnung von Briefsendungen zu den Paketen wechseln, dann*

müssen Sie den Cursor von Zelle B5 auf Zelle B14 bewegen. Auch dies läßt sich vereinfachen.

Sie können die Koordinaten einer Tabelle entfernen

Der Cursor muß sich in der Tabelle PORTOAUSGABE befinden. Wählen Sie im Menü Frame den Punkt 'Namen anzeigen', dann verschwinden die Koordinaten:

■ ⟨Strg⟩ + F N   ■

Jetzt dürfte es Sie allerdings stören, daß die Tabelle an den linken oberen Bildschirmrand angeklatscht ist. Fügen Sie oben zwei Zeilen und links eine Spalte ein. Dann sieht es schon besser aus!

Falls Ihnen das Einfügen Schwierigkeiten machen sollte:

Sie stellen den Cursor auf Zeile 1 und geben ein:

■ ⟨Strg⟩ + N Z 2 ⟨Return⟩   ■

Danach stellen Sie den Cursor auf Spalte 1:

■ ⟨Strg⟩ + N S 1 ⟨Return⟩   ■

Die Daten von Zeile 1 müssen Sie jetzt noch mit der Taste ⟨F7⟩ ÜBERTRAGEN in die Zeile 3 schaffen. Entsprechend verfahren Sie mit den Daten der Spalte 1.

Jetzt sieht die Tabelle schon recht ordentlich aus.

Wenn Sie es nicht bereits getan haben, dann können Sie auf ganz einfache Weise erreichen, daß die Tabelle auf den **ganzen** Bildschirm verteilt ist:

■ ⟨F4⟩ ⟨F4⟩ ⟨Return⟩   ■

Fassen Sie Tabellen derselben Anwendung zusammen

Jetzt machen wir uns an das zweite Problem. Wir bringen beide Ta-bellen in einen Frame. Sie brauchen dann nur noch einen Frame zu laden.

Denken Sie daran, daß eine Anwendung häufig aus mehreren Frames besteht. Wenn Sie diese in einem einzigen zusammenfassen, dann wird nicht nur der Ladevorgang einfacher, auch der Bildschirm ist dann viel übersichtlicher.

Erzeugen Sie den umfassenden Textframe 22POST:
■ <Strg> + N   F 22POST <Return>   ■

Bringen Sie den Cursor auf den Rand der Tabelle PORTOAUSGABE, wählen Sie diese Tabelle mit der Taste <F7> ÜBERTRAGEN aus, bewegen Sie die Taste <Pfeilauf> solange, bis der Rahmen des Frames 22POST unterlegt ist und gehen Sie in diesen Frame hinein. Bestätigen Sie das Übertragen mit der <Return>-Taste:
■ <F7> <Pfeilauf> <NUM +> <Return>   ■

Im Dateiverzeichnis am rechten unteren Bildschirmrand wird jetzt die Tabelle PORTOAUSGABE nicht mehr ausgewiesen. Sie existiert jetzt nicht mehr als selbständiger Frame.

Verlassen Sie den Frame 22POST mit der <NUM ->-Taste und übertragen Sie die Tabelle GEBÜHRTAB auf dieselbe Weise wie die Tabelle PORTOAUSGABE.

Der umfassende Frame POST enthält jetzt die beiden Tabellen PORTOAUSGABE und GEBÜHRTAB.

Sie haben ein Konzept induktiv entwickelt

Sie haben ein Konzept geschaffen und zwar auf induktive Art. Sie können ein Konzept auch deduktiv entwerfen. Dann müssen Sie allerdings von vornherein wissen, welche Frames Sie zusammenfassen. Bei der deduktiven Methode wählen Sie aus dem Menü NEU den Punkt Konzept.

Mit der Taste <F10> können Sie von der Frame-Darstellung auf die Konzeptdarstellung und zurück wechseln.

Vereinfachen Sie die Eingabe durch Makros

Bisher haben Sie den Cursor bei Briefsendung auf die Zelle B5 bewegt und dort das Gewicht eingegeben. Bei Paketsendungen mußten Sie den Cursor auf die Zelle B14 bewegen.

Sie können dies einfacher haben. Dazu erzeugen Sie zwei Makros.

Der Cursor muß sich im umfassenden Frame 22POST auf dem Rand des Unterframes GEBÜHRTAB befinden.

Generieren Sie die Textframes MAKROA und MAKROB:
■ <Strg> + N   F MAKROA <Return>   ■
■ <Strg> + N   F MAKROB <Return>   ■

Schalten Sie auf dem Rand von MAKROA in den Formelbereich um mit <F2> FORMEL EDITIEREN und tippen Sie ein:

```
§setselection("22POST.Portoausgabe.C7")
```

Der Formelbereich von MAKROB erhät den Eintrag:

```
§setselection("22POST.Portoausgabe.C16")
```

Damit Sie beide Makros mit der Tastenkombination <Alt> + A bzw. <Alt> + B aufrufen können, müssen Sie in den Formelbereich des umfassenden Frames 22POST noch eintragen:

```
;mit F5 starten !
§setmacro({alt-a},[22POST].MAKROA),
§setmacro({alt-b},[22POST].MAKROB)
```

Wie Sie eben in den Formelhintergrund des Frames 22POST geschrieben haben, müssen Sie zu Beginn jeder Sitzung die Makros mit der Taste <F5> aktivieren. Dabei muß der Cursor auf dem Rand des umfassenden Frames 22POST stehen.

7.3 Datenbank   **Datei: 23ADRESS**

Das Datenbankmodul von FRAMEWORK III läßt sich mit anderen Datenbanksystemen vergleichen, z. B. dBASE IV.

Dabei können Sie allerdings einige Unterschiede feststellen. FRAMEWORK hält die gesamte augenblicklich in Bearbeitung befindliche Datei im Hauptspeicher. Bei dBASE dagegen wird immer nur der Teil der Datenbank in den Hauptspeicher geladen, der für die aktuelle Bearbeitung gerade benötigt wird.

Dies ergibt in FRAMEWORK den Vorteil, daß die **Verarbeitung sehr schnell** ist. Sie merken dies insbesondere beim Sortieren und Suchen. Der Nachteil besteht darin, daß die Größe der FRAMEWORK-Dateien durch den Hauptspeicher begrenzt ist. Wenn Sie bei einem 640-K Speicher noch ca. 200 K für eine Datenbank frei haben, dann ist das nicht sehr viel.

Im SETUP-Menü können Sie einen virtuellen Hauptspeicher einstellen über Erweiterungskarten oder über die Magnetplatte. Bei einer virtuellen Speichererweiterung per Magnetplatte müssen Sie allerdings mit einer starken Verzögerung der Verarbeitungsgeschwindigkeit rechnen, weil dabei die benötigten Daten zwischen Hauptspeicher und Platte bewegt werden.

Eine **ideale Kombination** stellt FRAMEWORK zusammen mit dBASE dar. Sie können in dBASE große Datenmengen speichern und in FRAMEWORK rasch und menügesteuert auf sehr flexible Art auswerten. FRAMEWORK liest problemlos dBASE-Dateien ein und ist auch in der Lage dBASE-Dateien zu schreiben. Beim Einlesen von dBASE-Dateien können Sie selektiv vorgehen, d. h. nur diejenigen Sätze übernehmen, die einem oder mehreren Kriterien entsprechen.

Wir beschränken uns hier auf FRAMEWORK. Auf dBASE wird nur für den Fall verwiesen, daß Sie sehr große Datenmengen zu bearbeiten haben.

Sie sollen aber die Datenbank von FRAMEWORK insbesondere in der praktischen Arbeit und nicht nur in der Theorie kennenlernen. Zu diesem Zweck erstellen Sie nun eine **Adreßdatenbank.**

In jedem Büro sind Adressen zu verwalten. Sie können diese in ein Telefonbuch in alphabetischer Reihenfolge eintragen. Bei jeder benötigten Nummer schlagen

Sie nach, wenn Sie diese nicht gerade auswendig kennen. Wenn Sie über wenig Verbindungen verfügen, dann reicht das vollauf.

Meist sind es aber viele Nummern, die Sie nicht alle auswendig merken können. Außerdem benötigen Sie nicht nur Telefonnummern, sondern auch die Fax- und die Telex-Nummer und auch die Adresse des Geschäftspartners.

FRAMEWORK kann Ihnen bei der Arbeit mit Adressen sehr viel helfen. Es bietet Ihnen starke Unterstützung zum raschen **Auffinden** der Daten und auch zum Schreiben von Adreßaufklebern und Serienbriefen.

Legen Sie eine Datenbank mit 10 Spalten (Feldern) und 20 Zeilen (Sätzen) an. Geben Sie ihr den Namen 23ADRESS und vergrößern Sie diese auf den ganzen Bildschirm. Gehen Sie anschließend in die Datenbank hinein:

■ <Strg> + N B 10 <Return> L 20 <Return> D 23ADRESS <Return> ■
■ <F4> <F4> <Return> <NUM +> ■

In dieser einführenden Darstellung geben Sie aus Gründen der Übersichtlichkeit nur die folgenden zehn Feldbezeichnungen ein:

Name1 Name2 Vorwahl Tel Telex Fax PLZ Ort Straße/Nr Bemerkungen
■ Name1 <Tab> Name2 <Tab> Vorwahl <Tab> Tel <Tab> Telex <Tab> ■

Passen Sie die Datenbankstruktur später Ihren individuellen Bedürfnissen an
> *Sie können die Anzahl der Felder durch Ein- und Anfügen später vergrößern. So dürfte es sich empfehlen, die Anrede, die jeweilige Vorwahl für das Ausland und das jeweilige Land - um nur ein paar Beispiele zu nennen - ebenfalls in die Datei aufzunehmen.*

Geben Sie in die einzelnen Felder den ersten Satz ein:

```
Name1          Niedermaier KG
Name2          Spirituosen
Vorwahl        0711
Tel            8901
Fax            82345-23
Telex          78901-23
PLZ            7000
Ort            Stuttgart 1
Straße/Nr      Reinsburgstr. 123
Bemerkungen    Sehr gute Qualität. Liefert sehr pünktlich. Umgehend
               bestellen!
```

Einstellung des Eingabeformats

In der Telefonnummer kann ein Bindestrich enthalten sein. Nach dem Bindestrich steht die Apparatnummer für die direkte Durchwahl. Genauso kann in der Fax- und Telexnummer ein Bindestrich vorkommen.

Damit darf für diese Nummern jedoch nicht mehr das numerische Format verwendet werden, da der Bindestrich nicht dem numerischen Format entspricht, es sei denn Sie interpretieren ihn als Substraktionszeichen.

Sie müssen das **Textformat** *verwenden.*

Nun erkennt aber FRAMEWORK von sich aus auf numerisches Format, wenn Sie ein Eingabe vornehmen, die mit einer Ziffer beginnt. Folgt dann aber ein Zeichen, das nicht in numerischem Format vorliegt, so führt dies zu Fehlern. Geben Sie z. B. '234-23' ein, so erscheint auf dem Bildschirm '211'. FRAMEWORK hat den Ausdruck '234-23' als Rechenaufgabe verstanden und dabei den Bindestrich als Minuszeichen interpretiert. Geben Sie '0711' ein, so erscheint in numerischem Format auf dem Bildschirm '711'. Die führende Null hat in numerischem Format keine Bedeutung. Sie benötigen aber die führende Null in Ihrem Verzeichnis.

Sie müssen also gewährleisten, daß die Inhalte der Felder Telefon-, Fax- und Telexnummern in Textformat, d. h. in alphanumerischem Format eingegeben werden. In den FRAMEWORK-Versionen vor III.0 mußte dazu zu Beginn jeder einzelnen Eingabe die Leertaste betätigt werden. (Ein Blank stellt ein alphanumerisches Zeichen dar. Damit konnte FRAMEWORK das alphanumerische Format erkennen.) So können Sie auch in der Version 3.1 von FRAMEWORK verfahren. Es geht hier aber auch noch viel einfacher:

Sie stellen das Textformat genügesteuert ein. Dazu unterlegen Sie den Eingabebereich der Felder Telefon, Fax und Telex mit der Funktionstaste <F6> Auswahl.

Danach wählen Sie das Menü Zahlen und über den Punkt 'Auswahl des Eingabeformats' das Textformat.

*Bei der Vorwahl und der Postleitzahl verhält es sich genau umgekehrt. Hier müssen Sie gewährleisten, daß tatsächlich eine **numerische** Eingabe erfolgt. Unterlegen Sie auch hier den Eingabebereich mit der Funktionstaste <F6> AUSWAHL.*
Dann wählen Sie das Menü Zahlen und über den Punkt 'Auswahl des Eingabeformats' das numerische Format.

Die Datenbank liegt in der **Standardausgabeform** vor. Es handelt sich um die sogennante **Tabellendarstellung**. Für jeden Datensatz ist eine Zeile vorhanden. Je länger ein Satz ist, um so kleiner ist der Anteil des Satzes, den Sie ohne Cursorbetätigung mit einem Blick auf dem Bildschirm wahrnehmen können.

Sie wollen einen kompletten Satz mit einem Blick auf dem Bildschirm anschauen
> *Wenn Sie den ganzen Satz auf einmal betrachten wollen, dann müssen Sie eine der beiden anderen Ausgabeformate für Datenbanken wählen:*

> die **dBASE-** oder die **Maskendarstellung.**

Schalten Sie um auf die **dBASE-Darstellung.** Achten Sie darauf, daß sich der Cursor noch innerhalb der Datenbank befindet:

■ <F10> <F10>   ■

In der dBASE-Darstellung erscheint der eingegebene Satz wie folgt:

```
      [Name1] Niedermaier KG
      [Name2] Spirituosen
   [Vorwahl] 0711
        [Tel] 0711/78901-23
        [Fax] 82345-23
      [Telex] 78901-23
        [PLZ] 7000
        [Ort] Stuttgart 1
  [Straße/Nr] Reinsburgstr. 123
[Bemerkungen] Sehr gute Qualität. Liefert sehr pünktlich. Umgeh
```

Bild 7.3 A Adreßdatensatz in dBASE-Darstellung

Sie sehen, daß sich die dBASE-Darstellung nur für Datenbanken eignet, deren Felder relativ kurze Feldlängen aufweisen. Der Inhalt des Feldes 'Bemerkungen' wird nicht vollständig auf dem Bildschirm ausgegeben.

Die maximale Feldlänge die auf dem Bildschirm komplett ausgegeben wird, beträgt 62 Stellen. Es fehlen also bei den Bemerkungen im Wort nachbestellen die Buchstaben 'llen'. Sie können den vollständigen Satz allerdings anschauen, wenn Sie den Cursor auf diesen Feldinhalt stellen und mit der Leertaste auf den Editiermodus umstellen. Diese ist aber eine etwas umständliche Art längere Feldinhalte zu betrachten.

Sie sollten deshalb in einem solchen Fall die **Maskendarstellung** verwenden.

Dann haben Sie die Möglichkeit, auch **sehr lange Felder** auf dem Bildschirm darzustellen. Dabei können Sie auch mehrere Zeilen für ein Feld verwenden. Dies führt zu einer übersichtlichen Darstellung. Es erscheint jeweils ein ganzer Satz auf dem Bildschirm.

Schalten Sie von der dBASE- auf die Maskendarstellung um. Achten Sie darauf, daß sich der Cursor noch innerhalb der Datenbank befindet:

■ <F10> <F10>   ■

Mit den Funktionstasten <F4> GRÖSSE und <F3> POSITION und mit den Pfeiltasten vergrößern, verkleinern und arrangieren Sie die einzelnen Felder so, daß sie folgendes Aussehen bekommen:

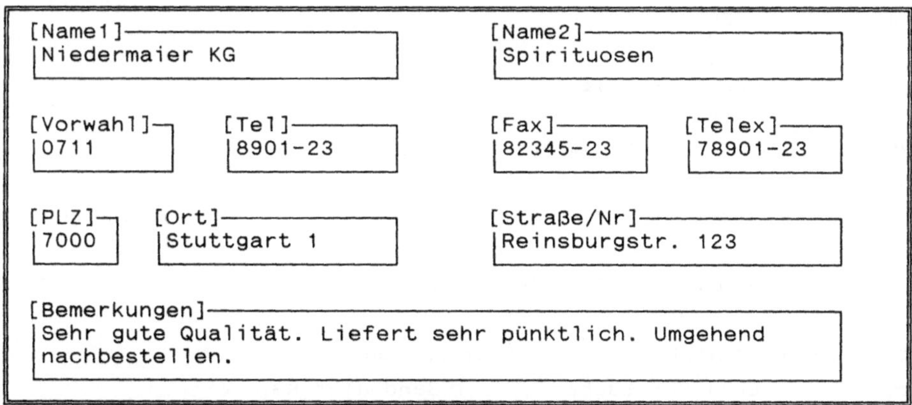

Bild 7.3 B Adreßdatensatz in Masken-Darstellung

In der Masken-Darstellung verhalten sich die Felder der Datenbank wie Textframes. Jedes Feld wird wie ein Frame dargestellt. Der Datenbereich eines Feldes kann bis zu 64.000 Zeichen umfassen. Bei der Dateneingabe in die Datenbank, die auf Maskendarstellung eingestellt ist, wird der Zeilenumbruch am Maskenrand vorgenommen. Sie sehen im Feld Bemerkungen, daß das Wort 'nachbestellen' auf die zweite Zeile umgebrochen worden ist.

Wenn Sie vorhaben, mehr zu schreiben, als der aktuelle Rahmen des Feldframes aufnimmt, dann gehen Sie einfach mit der Taste <NUM +> in den Feldframe hinein und zoomen mit der Funktionstaste <F9> ZOOM. Sie haben jetzt den ganzen Bildschirm zur Eingabe des entsprechenden Feldinhalts zur Verfügung. Nach der Eingabe zoomen Sie die Größe wieder zurück und verlassen den Feldframe mit der Taste <NUM ->.

Auf dem Rand eines beliebigen dieser Feldframes können Sie mit der Taste <Seitehoch> zum vorhergehenden und mit der Taste <Seiteab> zum nächsten Satz gelangen.

Die Nummer des aktuellen Satzes und die Gesamtzahl der angelegten (mit Daten belegten und noch nicht belegten) Sätze wird in der Statuszeile angegeben.

Stellen Sie den nächsten Satz ein und geben Sie als zweiten Satz folgende Daten ein:

```
Name1           Weber OHG
Name2           Getränke
Vorwahl         07581
Tel             2345-32
Fax             3245-43
Telex           432654
PLZ             7968
Ort             Saulgau
Straße/Nr       Hauptstr. 114
Bemerkungen     Neuer Kunde!
```

Bewegen Sie dazu den Cursor auf den Rand des Feldframes Name1.

Stellen Sie den nächsten Satz (Satz 2) mit der Taste <Seiteab> ein und tippen Sie ein 'Weber OHG'. Mit der <Tab>-Taste gelangen Sie zum nächsten Feldframe:

■ <Seiteab> Weber OGH <Tab> Getränke <Tab> 07581 <Tab> usw.   ■

Fügen Sie einen dritten und einen vierten Satz an:

```
Name1           Emil Kornbacher     | Sandmaier KG
Name2           Weine               | Feinkost
Vorwahl         3608                | 0724
Tel             2345-12             | 31314-5
Fax             2345                | 33445
Telex           43456               | 54321
PLZ             8000                | 7967
Ort             München 40          | Bad Waldsee
Straße/Nr       Postfach 40 20 10   | Ballenmoos 18
Bemerkungen     Neuer Kunde!        | Starke Umsatzentwicklung
```

Drucken Sie eine Liste aus

In der Maskendarstellung haben Sie auf dem aktuellen Bildschirm immer nur einen einzigen Satz. Wenn Sie Ihre Datenbank auf das Tabellenformat umstellen mit ⟨F10⟩ ⟨F10⟩, dann erscheinen alle vier Sätze untereinander auf dem Bildschirm, aber nur wenige Felder gleichzeitig.

Wesentlich mehr Daten können Sie gleichzeitig sehen, wenn Sie die Feldinhalte in kleiner Schrift ausdrucken lassen. In komprimierter Schrift bringen Sie maximal 132 Zeichen in eine Zeile auf normal positioniertes Papier im Format DIN A 4. Ein Satz der Datenbank ADRESS hat jedoch eine Länge von 165 Zeichen. Es werden also rein rechnerisch beim Drucken in Kleinschrift zwei Zeilen benötigt, um einen Satz auf Papier des Formats DIN A 4 in Hochformat auszugeben. Versuchen Sie es auch einmal im Querformat!

FRAMEWORK druckt standardmäßig zuerst die Feldinhalte aller Sätze, welche in eine Zeile passen. Danach folgen die restlichen Felder. In die erste Ausgabezeile passen alle Felder bis inklusive dem Feld Straße/Nr. Die Bemerkungen stehen damit allein auf dem folgenden Blatt. Bei vier Sätzen lassen sich die Bemerkungen noch leicht den übrigen Daten des Satzes zuordnen. Wenn Sie aber mit vielen Sätzen arbeiten, wird diese Art der Zuordnung recht schwierig.
Dieses Zuordnungsproblem läßt sich beheben, indem Sie die erste Spalte fixieren.

Stellen Sie dazu den Cursor auf den Feldnamen 'Name2', wählen Sie das Menü Editieren und darin den Punkt 'Fixieren von Zeilen/Spalten'.

■ ⟨Strg⟩ + E F   ■

Wie weit Sie auch den Cursor nach rechts bewegen, Sie können immer die Inhalte des fixierten Feldes 'Name1' sehen.

Drucken Sie die Datenbank aus. Wählen Sie das Menü Drucken und darin den Punkt 'Formateinstellungen'. Legen Sie die Zeilenlänge mit 86 fest und wählen Sie 'Schrift komprimiert'.

■ ⟨Strg⟩ + D F L 86 ⟨Return⟩ S ⟨Esc⟩   ■
■ ⟨Strg⟩ + D S   ■

Sie erhalten folgende Ausgabe:

Name1	Name2	Vorwahl	Tel	Fax	Telex	PLZ	Ort
Niedermaier KG	Spirituosen	0711	8901-23	82345-23	78901-23	7000	Stuttgar
Weber OHG	Getränke	07581	2345-32	2345-43	432654	7968	Saulgau
Emil Kornbacher	Weine	3608	2345-12	2345	43456	8000	München
Sandmaier KG	Feinkost	0724	31314-5	33445	54321	7967	Bad Wald

Name1	Straße/Nr
Niedermaier KG	Reinsburgstr. 123
Weber OHG	Hauptstr. 114
Emil Kornbacher	Postfach 40 20 10
Sandmaier KG	Ballenmoos 18

Name1	Bemerkungen
Niedermaier KG	Sehr gute Qualität. Liefert sehr pünktlich. Umgehend beste...
Weber OHG	Neuer Kunde!
Emil Kornbacher	Neuer Kunde!
Sandmaier KG	Starke Umsatzentwicklung

Bild 7.3 C Ausgabe mit dem Drucker in der Tabellendarstellung

FRAMEWORK hat also auch beim Drucken das erste Feld fixiert.

Sie können also bei der Ausgabe in der Tabellendarstellung platzsparend vorgehen. Wenn Sie dagegen die Datenbank in der **Maskendarstellung** drucken lassen,
wird jeder Satz auf eine neue Seite gedruckt.

Für die Niedermaier KG ergibt sich folgende **Druckausgabe in der Maskendarstellung:**

```
Name1                      Name2
Niedermaier KG             Spirituosen

Vorwahl        Tel         Fax          Telex
0711           8901-23     82345-23     78901-23

PLZ    Ort                 Straße/Nr
700 Stuttgart 1            Reinburgstr. 123

Bemerkungen
Sehr gute Qualität. Liefert sehr pünktlich. Umgehend bestellen.
```

Bild 7.3 D Ausgabe mit dem Drucker in der Maskendarstellung

Sie wollen bestimmte Felder nicht drucken lassen

Wenn eines oder mehrere Felder z. B. das Feld Bemerkungen nicht auf Ihrer Liste erscheinen soll, dann müssen Sie vorher mit der Taste <F4> die Breite dieser Felder, z. B. also des Feldframes 'Bemerkungen' auf 0 stellen.

Sie sehen dann allerdings noch den Rahmen, den Namen des Feldes und den ersten Textbuchstaben.

Gehen Sie in den Feldframe hinein und geben Sie zu Beginn des Textes eine Leerstelle eine.

Wählen Sie auf dem Rand des Feldframes das Menü Frames und setzen Sie die Punkte 'Namen anzeigen' auf '--' und 'Rahmen ausblenden' auf 'Ja'.

Der entsprechende Feldinhalt wird nicht gedruckt.

Sie suchen eine Nummer

Wenn Sie nun eine Telefonnummer suchen, dann können Sie Ihre eben erstellte Liste verwenden, wenn nur wenige Datensätze vorhanden sind.

*Wenn relativ viele Daten anfallen, dann sollten Sie lieber mit Hilfe des Bildschirms suchen. Sie können dabei durch zweimaliges Betätigen der Funktionstaste <F10> von der Masken- zur Tabellendarstellung umschalten. Wenn Sie von der Tabellen- zur Maskendarstellung wechseln wollen, dann müssen Sie die Taste <F10> nur einmal zu drücken. In beiden Fällen muß sich der Cursor jedoch **innerhalb** des Rahmens des Datenbankframes befinden.*

Sortieren erleichtert das Suchen

Sowohl in der Tabellendarstellung als auch in der Maskendarstellung können Sie ohne Mühe über das Menü Suchen nach dem Feld sortieren lassen, auf dem sich gerade der Cursor befindet.

Wissen Sie z. B. von einem Kunden nur noch, daß sich seine geschäftliche Niederlassung in Saulgau befindet, dann sortieren Sie in der Tabellendarstellung menügesteuert nach dem Feld 'Ort':

■ ⟨Strg⟩ + S V   ■

Ihren Kunden haben Sie dann gleich gefunden.

Sie können die Datenbank selbstverständlich auch sortieren lassen, wenn Sie die Masken-Darstellung aktiviert haben. Nur bringt Ihnen dies nicht viel, da immer nur ein Satz aktuell auf dem Bildschirm sichtbar ist.

Verwenden Sie im Menü Suchen den Punkt 'Suchen nach:'

Das Verfahren des Sortieren ist für eine Suche natürlich nur eine Hilfe. Es geht schneller, wenn Sie FRAMEWORK tatsächlich auch suchen lassen. Dies klappt in der Maskendarstellung genau so gut wie in der Tabellendarstellung.

Sorgen Sie mit der Funktionstaste ⟨F10⟩ dafür, daß sich die Datenbank in der Maskendarstellung befindet. Stellen Sie den Cursor auf den Rand des Feldframes 'Ort' und geben Sie als Suchname im Suchmenü 'Saulgau' ein. FRAMEWORK bringt den richtigen Satz auf den Bildschirm. Im Suchmenü muß dabei der Punkt 'Inhalt berücksichtigen' auf 'Ja' stehen.

Sie müssen aber nicht den ganzen Ortsnamen einzugeben. Es genügt, wenn Sie ein S eingeben. Allerdings zeigt Ihnen FRAMEWORK dann alle Stellen, an denen ein S vorkommt, also zunächst das kleine s von Bad Waldsee und dann erst das große S von Saulgau.

Wenn Sie allerdings im Menü Suchen den Punkt 'Groß-/Kleinschreibung ignorieren' nicht auf 'Ja' eingestellt haben, dann wird Ihnen nur der Datensatz von Saulgau angezeigt. (Danach können Sie noch Stuttgart angezeigt bekommen.)

Sie können auch nach einem Teilstring suchen lassen. Wenn Sie sich an den Ortsnamen Saulgau nicht mehr richtig erinnern können, sondern nur noch wissen, daß darin die Buchstabenkombination 'gau' vorkommt, dann können Sie auch nach dieser suchen lassen. Auch so zeigt Ihnen FRAMEWORK den richtigen Satz. Um die Adresse des Geschäftspartners aus Bad Waldsee zu finden, müssen Sie sich nur noch an die Buchstaben 'See' zu erinnern. Die Punkt 'Groß-/Kleinschreibung ignorieren' muß dann allerdings auf 'Ja' stehen.

Achten Sie darauf, daß zu Beginn des Suchvorgangs der 1. Satz als aktueller Satz eingestelt ist. FRAMEWORK sucht ab diesem Satz

So erstellen Sie Adreßaufkleber

*Wenn Sie von jeder Adresse nur **einen** Aufkleber benötigen, dann erstellen Sie einen Textframe und nennen ihn z. B. ETIK:*

█ <Strg> + N F ETIK <Return> <NUM +> █

In diesen Frame geben Sie ein Muster für Ihre Etiketten ein:

```
<Name1>
<Name2>

<PLZ> <Ort>
<Straße/Nr>
```

Bild 7.3 F Frame mit Etikettenmuster

Stellen Sie den Cursor auf den Rand des Frames ETIK. Jetzt brauchen Sie nur noch im Menü Anwendung den Punkt 'Etiketten-Druckdatei' zu wählen und dannden Namen Ihrer Adressdatei anzugeben und Ihre Etiketten werden auch schon gedruckt:

█ <NUM -> <Strg> + A E ADRESS <Return> █

Wenn Sie zwei oder drei Etiketten mit der jeweils derselben Anschrift in einer Zeile drucken wollen, dann lassen Sie mit der Kombination <Alt> + <F7> aus der Bibliothek einen Frame anlegen, tragen das Etikettenmuster in einen Teilframe und kopieren dieses Muster in den bzw. die übrigen Teilframes. Dann gehen Sie so vor, wie Sie es gerade gelesen haben.

Serienbriefe, eine Mischung von Feldinhalten und Texten

Analog den Etiketten erstellen Sie einen Musterframe. Sie können ihm denselben Inhalt geben wie dem gerade angelegten Frame ETIK:

```
<Name1>
<Name2>

<PLZ> <Ort>
<Straße/Nr>
```

Mit diesem Teil des Musterframes wird die Verbindung zu Ihrer Adressdatenbank hergestgellt.

Sie können jetzt aber an jeder beliebigen Stelle Texte dazuschreiben. Das Mailmerge wird ebenfalls im Menü Anwendung vorgenomen, jetzt aber unter dem Punkt 'Text mischen mit:'. Ein ausführliches Beispiel zum Serienbrief finden Sie in Modell 2.7.

Schicken Sie den richtigen Brief an die richtigen Adressaten

Bevor Sie Serienbriefe erstellen, wählen Sie den Adressatenkreis aus, indem Sie Ihre Datenbank filtern. Wollen Sie z. B. nur an Ihre Kunden schreiben, deren Postleitzahlen zwischen 7000 und 8000 liegen, dann bringen Sie den Cursor auf dem Rand des Frames ADRESS, schalten Sie mit der Taste <F2> FORMEL EDITIEREN in den Formelbereich um und geben Sie folgende Filterformel ein:
§and(PLZ > 7000, PLZ < 8000)

Starten Sie diese Formel mit <F5> NEUBERECHNEN. Es werden dann nur die beiden Sätze mit den Postleitzahlen 7967 und 7968 ausgegeben.

Jetzt können Sie gezielt diese Kunden anschreiben.

Wie Sie feststellen konnten, verfügen Sie mit FRAMEWORK über ein sehr flexibles System zur Verwaltung Ihrer Adressen. Insbesondere die Kombination von Text und Datenbank im Mailmerge und die Anreicherung der Datenbank mit Textverarbeitungsqualitäten sind hervorzuheben. Sie können in der Maskendarstellung in jedem Datenbankfeld beliebig lange Texte schreiben. Schalten Sie mit Druck auf die Taste <F10> um zur Tabellendarstellung, dann erscheinen die Felder wieder in begrenztem Format und Sie sehen wieder eine größere Menge von Daten, die Sie in ihrem Zusammenhang betrachten können.

7.4 Textverarbeitung   Datei: **24BEWERB**

An einem konkreten Beispiel erfahren Sie, wie viel Ihnen FRAMEWORK bei Ihrer täglichen Schreibarbeit helfen kann.

In den Modellen haben Sie bereits die Serienbrieferstellung kennengelernt. Nun können Sie ausprobieren, wie einfach es ist, mit **Textbausteinen** zu arbeiten.

Sie erzeugen die Bausteine menügesteuert. Diese werden automatisch in der Bibliothek abgestellt.

Wenn Sie mit relativ vielen Textbausteinen arbeiten wollen, dann empfiehlt es sich jedoch, diese Bausteine getrennt auf der Platte oder Diskette zu speichern. Sie können dazu die entsprechenden Bausteine nach der Generierung auf die Platte oder Diskette auslagern und bei Bedarf wieder in die Bibliothek kopieren. Selbstverständlich ist es auch möglich, mit FRED ein Programm zu schreiben, das die Textbausteine nach Wunsch automatisch auf einem externen Datenträger ablegt und bei Bedarf einliest.

Geben Sie bei der Erstellung der Textbausteine von folgendem Sachverhalt aus: Mehrere Schüler haben sich bei Ihnen um verschiedene Lehrstellen beworben. Sie wollen die Antwortschreiben auf bequeme Art und Weise verfassen.

Dazu erstellen Sie zunächst ein Antwortschreiben ohne Verwendung von Textbausteinen. Danach schreiben Sie dieselbe Antwort, diesmal jedoch mit Hilfe von Textbausteinen. So können Sie leicht feststellen, welche Vorteile Ihnen das Textbausteinverfahren bringt.

Erzeugen Sie den **Textframe 24BEWERB** und gehen Sie in den Frame hinein:
■   <Strg> + N   F   24BEWERB <Return> <NUM +>   ■

Geben Sie folgenden Text ein:

Fa. Leute GmbH, Bauelemente, Gerbergasse 101, 7900 Ulm

Herrn
Kurt Mayer
Antonstr. 4

7980 Sigmaringen

                                        Ulm, 23.20.1989

Bewerbung

Sehr geehrter Herr Mayer!

Sie haben sich um eine Stelle als Auszubildender für den Beruf
Bürokaufmann beworben.

Wir möchten Ihnen mitteilen, daß wir Sie aufgrund der von Ihnen
zugesandten Unterlagen in die engere Wahl gezogen haben.

Vereinbaren Sie bitte mit unserem Herrn Wagner einen Termin zu
einem Vorstellungsgespräch.

Selbstverständlich übernehmen wir die Ihnen entstehenden
Fahrtkosten.

Mit freundlichen Grüßen

Bild 7.4.A Originalschreiben

Am Beispiel dieses Textes erstellen Sie einige Textbausteine. Sie können danach
ohne weiteres dieses Textbausteinsystem ausweiten.

Folgende Textbausteine sollen verwendet werden:

Name	Inhalt des Textbausteins
ABS	Fa. Leute GmbH, Bauelemente, Gerbergasse 101, 7900 Ulm
AN	Sehr geehrter Herr ,
BEW1	Sie haben sich um eine Stelle als Auszubildender für den Beruf beworben.
BEW2	Wir teilen Ihnen mit, daß wir Sie in die engere Wahl gezogen haben.
TERMIN	Vereinbaren Sie bitte mit unserem Herrn einen Termin zu einem Vorstellungsgespräch.
FAHR	Selbstverständlich übernehmen wir die Ihnen entstehenden Fahrkosten.
MFG	Mit freundlichen Grüßen

Zum Anlegen der Textbausteine benötigen Sie einen leeren Textframe, in den Sie den Text des Bausteines schreiben können.

Legen Sie dazu den Frame HILF an und gehen Sie in ihn hinein:
■ <Strg> + N F HILF <Return> <NUM +>   ■

Legen Sie den Textbaustein ABS über das Menü NEU mit dem Punkt 'Makro/ Abkürzung' an:
■ <Strg> + N M   ■

FRAMEWORK fordert Sie auf, den Namen des Textbausteins einzugeben. Geben Sie ein:
■ ABS <Return>   ■

Sie können jetzt den Text des Bausteins im Frame HILF eingeben.
■ Fa. Leute GmbH, Bauelemente, Gerbergasse 101, 7900 Ulm   ■

In der Nachrichtenzeile steht die Meldung:

Makro/Abkürzung wird in die BIBLIOTHEK aufgenommen -- Ende mit STRG-UNTBR

Geben Sie also nach der Editierung des Bausteintexts ein:
■ <Strg> + <Rollen>   ■

Der Textbaustein ABS steht jetzt in der Bibliothek.

Verfahren Sie genau so mit den übrigen Textbausteinen.

Ihren Brief können Sie nun erstellen, indem Sie den jeweiligen Bausteinnamen eingeben und danach die Tasten ⟨Alt⟩ und ⟨Rück⟩ drücken.

Erzeugen Sie den Textframe BEWERB2 und gehen Sie in den Frame hinein:
■ ⟨Strg⟩ + N F BEWERB2 ⟨Return⟩ ⟨NUM +⟩   ■

Geben Sie den Namen des Textbausteins ABS ein:
■ ABS ⟨Strg⟩ + ⟨Rück⟩   ■

FRAMEWORK löscht den Bausteinnamen ABS und schreibt darüber.
Fa. Leute GmbH, Bauelemente, Gerbergasse 101, 7900 Ulm

Wenn Sie nacheinander die obigen Textbausteine aufrufen, dann erhalten Sie folgenden Text:

```
Fa. Leute GmbH, Bauelemente, Gerbergasse 101, 7900 Ulm
Sehr geehrter Herr          ,
Sie haben sich um eine Stelle als Auszubildender für den Beruf
beworben.
Wir teilen Ihnen mit, daß wir Sie in die engere Wahl gezogen haben.
Vereinbaren Sie bitte mit unserem Herrn          einen Termin zu einem
Vorstellungsgespräch.
Selbstverständlich übernehmen wir die Ihnen entstehenden Fahrkosten.
Mit freundlichen Grüßen
```

Bild 7.4.B Textbausteinkomponenten eines Schreibens

Sie müssen jetzt nur noch die Textlücken füllen, um den Text den jeweiligen Bedingungen anzupassen. Außerdem müssen Sie den Text noch formatieren.

Das Schreiben BEWERB2 muß danach genau so aussehen wie das Originalschreiben 24BEWERB.

Indem Sie 7 Textbausteinnamen eingetippt haben, hat FRAMEWORK für Sie 57 Wörter geschrieben.

Praktische Arbeit mit Textbausteinen

Für die praktische Verwendung von Textbausteinen benötigen Sie eine übersichtliche Auflistung der angelegten Textbausteine mit Name und Inhalt.

Mit etwas Übung werden Sie die benötigten Textbausteine an der richtigen Stelle anbringen. Sie werden also nicht wie gerade eben sämtliche benötigten Textbausteine aufrufen und erst danach den Text in Ordnung bringen, sondern Sie werden die Textbausteine dort einsetzen lassen, wo Sie diese gerade benötigen und, falls nötig, sofort abändern bzw. im Format anpassen.

Eine weitere Erleichterung für Ihre Arbeit mit Texten bringt Ihnen die automatische Wortprüfung mit Standard- und individuellem Wörterbuch, das Syonymwörterbuch und insbesondere auch Makros, mit denen Sie den Aufruf der Menüwahl vereinfachen, z. B. können Sie damit nach Betätigung von nur zwei Tasten einen Text hochstellen lassen oder das Zeilenlineal zur Änderung wesentlicher Textverarbeitungsparameter einblenden lassen oder eine Passage in Sperrschrift schreiben.

Während Wortprüfung und Synoymwörterbuch zum FRAMEWORK-Standard gehören, müssen Sie die Makros selbst erstellen. Sie erhalten dazu in Band II eine Reihe von Vorschlägen.

Stichwortverzeichnis

Literatur über FRAMEWORK I/II

Becker, Thilo, Sybex Ratgeber Framework II
Installation und Start, Benutzer-Oberfläche, Handhabung von Frames, Textverarbeitung, Datenbank, Tabellenkalkulation, Grafik, FRED .., 1988, 570 S., Sybex

Franze/Menzel/Mödl, Framework-Praxis
Band 1: Konzepte (Reihe "Computer-Praxis im Unterricht"), Disketten zusätzlich lieferbar, 1988, 254 S., kart., Teubner Verlag

Franze/Menzel/Mödl, Framework-Praxis
Band 2: Anwendungen (Reihe "Computer-Praxis im Unterricht"), Disketten zusätzlich lieferbar, 1989, 272 S., kart., Teubner Verlag

Franzen, Wolfgang, Kostenrechnung und Controlling mit Framework II
Praktische Anwendungen für IBM PC und Kompatible - Lösung betriebswirtschaftlicher Probleme, Diskette, 1988, 206 S., 124 Abb., 2. Auflage, Vogel Verlag

Frühauf Thomas, Framework II
Als Begleiter neben dem Terminal hilft dieses Handbuch mit präzisen Formulierungen, Befehle und Vereinbarungen zu erschließen, 1986, 126 S., Oldenbourg

Gießen S./Prepeneit R., Framework II
Die Einführung wird durch Zusammenfassungen am Ende jedes Kapitels sowie den umfassenden Anhang ein wichtiges Nachschlagewerk, 1988, 204 S., inkl. Diskette, Markt & Technik

Harrison, Bill, Einführung in die Anwendungen von Framework II
Schritt - für - Schritt - Einführung anhand vieler praktischer Beispiele: Tabellenkalkulation, Datenbanksystem, Textverarbeitung, Grafik u. a., 1987, 198 S., Vieweg

Hergert, G./ Kamin, J., Arbeiten mit Framework II
Textverarbeitung, Dateiverwaltung, Tabellenkalkulation, Kommunikation und Grafik, sowie Programmieren mit FRED, Installation, 1987, 528 S. mit Abb., Hardcover, Sybex

Hinze, Kurt, Framework - Beispiele für die prakt. Anwendung von Framework II
Kalkulation, Datenbank und Textverarbeitung, Beispiele und Lösungsmöglichkeiten, Diskette: IBM-Format 360 KB, ca. 280 S. + Diskette (IBM PC), KRS Verlagsgesellschaft

Hrsg. Data Becker, Data Becker Führer Framework II
Dieser Data Becker Führer bezieht sich auf die deutsche Version von Framework II, 160 S., kart., Data Becker

Kolberg M., Framework-II-Schulung
14 in sich abgeschlossene Übungen mit Übungsdiskette für die verschiedenen Bearbeitungsphasen; ein intensives Trainingsprogramm, 1987, 710 S., inkl. Diskette, Markt & Technik

Kolberg M., Integrierte Datenverarb. mit Framework II
Einführung und Beschreibung von Framework, 1986, 397 S., inkl. Disk Markt & Technik

Kolberg, M., FRAMEWORK II Programmieren mit FRED
Grundlagen, Lehrbuch und Nachschlagewerk in einem. 9 Demoprogramme; 210 kurze FRED-Programme, die die Wirkungsweise verdeutlichen, 1987, 434 S., inkl. Diskette, Markt & Technik

Kost R., Framework
Eine nützliche praxisbezogene Einführung für jeden Framework-Anwender: u. a. FRED, Makros, Tabellenkalkulation .., 1988, 302 S., inkl. Diskette, Markt & Technik

Studer Jürg, Framework II effektiv nutzen
Für alle Anwender, die elementare Kenntnisse von Framework besitzen, aber noch schneller und effizienter damit arbeiten möchten, 1988, 249 S., inkl. Disk, Markt & Technik

Valentin, R., Schnellübersicht Framework II
Grundlagen, Frame bearbeiten und drucken, Arbeit mit Dateien, Textverarbeitung,Tabellenkalkulation, Datenbank, Grafik, Konzepte u. a., 7/1988, 474 S., Markt & Technik

Voß, Framework II für Einsteiger
Trainingsabschnitte für Textverarbeitung oder Tabellenkalkulation, (für Einsteiger geeignet Version I und II), 326 S. Hardcover, Data Becker

Weiler, Elmar A., Die InterAktiv-Schulung FRAMEWORK II
Inkl. Lernprogramm auf 2 Disketten für IBM PC u. Komp. führt durch die Übungen am PC, eine sehr effektive Lernmethode!!, 1987, IV, 172 S., geb., 2 Disks, Vieweg

Wolff, Hans-Ulrich, Schneller erfolgreich mit Framework II.
Für den engagierten PC-Anwender in Wirtschaft und Verwaltung, Unterstützung beim Einarbeiten in Framework, 1986, 112 S., 24 Bilder, Vogel Verlag

FRAMEWORK III

Albrecht/Esser, Das große Buch zu Framework III.
Ob Tastaturbelegung oder Gebrauch der Maus, ob Einführung in die Datenintegration oder Beschreibung der Standardfunktionen u. a., 1988, 332 S., Hardcover, Data Becker

Collet/Dripke/Schätzel, Framework III griffbereit - Programmierung
Ist eine übersichtliche Arbeitshilfe für jeden, der mit Framework III resp. FRED programmiert, 1988, 64 S., kart., Vieweg

Forefront Corp./Kling, B., Prof. Programmentwicklung mit FRAMEWORK III
Handbuch für Systementwickler. FRED-Funktionen, Beispiele, Unterprogrammroutinen, Programmiertips u. a., 1989, 290 S., geb., Vieweg

Hamann K., Framework-III-Praktikum
Arbeiten mit Bezugsorten, Makros, Schreibweise u. Interpretation von Funktionen, Funktionsanalyse durch Ableitungen, 1989, 200 S., inkl. Disk, Markt & Technik

Harrison, Bill, Framework III - Das große Anwenderbuch, Schritt - für - Schritt
    Einführung anhand vieler praktischer Beispiele: Tabellenkalkulation, Da-
    tenbanksystem, Textverarbeitung, Grafik u. a., 1989, ca. 480 S., geb.,
    Vieweg

Hergert D./Kamin J./Becker Th., Arbeiten mit Framework III
    Einführung in die Bedienung und Funktionsweise der einzelnen
    Parogrammteile: Konzepte, Tabellenkalkulation, Grafiken, Textverarbeitung,
    1988, 608 S., Sybex

Kolberg, M., Framework III
    Schneller Einstieg, zahlreiche Beispiele, als Nachschlagewerk geeignet, im
    Anhang: Hinweise zur Installation; FRED-Funktionen .., 1989, 467 S., inkl.
    Disk, Markt & Technik

Moder, Adolf, Kostenrechnung mit Framework III
    Kurzfristige Erfolgsrechnung, Vergleich Kosten, Gewinne u. Umsatzerlöse
    u. eine Aussage über die Wirtschaftlichkeit sind möglich, 1989, 181 S.,
    geb. inkl. 2 Disk, Vieweg

Stone, Deborah L., Framework III (Einführung + Referenz)
    Das "integrierteste aller Integrierten" in Kursform, zugleich ein Befehls-
    lexikon., 1989, 544 S., Markt & Technik

Valentin, R., Schnellübersicht Framework III
    Neuartiges Nachschlagewerk gibt in kompakter Form schnelle Antworten
    auf die Fragen, die bei der täglichen Arbeit mit dem Programmieren auf-
    treten, 1988, 448 S., Markt & Technik

Valentin, R., Schnellübersicht FRED (Framework III)
    In kompakter Form schnelle Antworten die bei der täglichen Arbeit mit
    dem Programm anfallen, übersichtlich und praxisgerecht, 1989, 311 S.,
    Markt & Technik

Valentin, Robert, Framework-III-Schulung
    Umfassende Einführung in die Grundlagen von Framework III; für Selbst-
    studium und Gruppenunterricht. Vertiefung in Folgelektionen, 1989,
    350 S., inkl. 5.25" Disk, Markt & Technik

Voss Werner Prof. Dr., Software-Seminar Framework III
    Systematisch und anhand eines durchgängigen Beispiels. Mit dem Soft-
    ware-Seminar arbeiten Sie in kürzester Zeit mit Framework III, 1989, ca.
    250 S., inkl. Disk., i. Vorbereitung, Data Becker

Wolff, Hans-Ulrich, Schneller erfolgreich mit Framework III
    Unterstützung beim Einarbeiten in Framework III: Textverarbeitung; Ta-
    bellenkalkulation; Datenbanken; Grafik u. Telekommunikation, 1989, 180 S.,
    55 Abb., geb., Vogel Verlag

Hinweise zur Diskettenversion

Die Nutzung der Disketten ist nur dem Käufer persönlich gestattet. Schulen können mit schriftlicher Genehmigung des B. G. Teubner Verlages für Unterrichtszwecke Kopien innerhalb einer Schule verwenden.

Die Disketten (zwei Disketten 5 1/4 Zoll/360 KB oder eine Diskette 3 1/2 Zoll/720 KB) enthalten alle in diesem Band verwendeten Beispiele und Programme. Die Dateien sind durch eine Nummer und einer "sprechenden" Abkürzung gekennzeichnet. Diese Kennzeichnung finden Sie jeweils am Kapitelanfang im Buch wieder.

Die Dateien sind im FW III-Format (.FW3) abgespeichert, können jedoch auch z. B. mit FRAMEWORK III in das FRAMEWORK II-Format umgewandelt und danach bearbeitet werden.

Außerdem wurde eine DOS-Datei **HINWEISE** als ASCII-File mit allgemeinen Hinweisen zur Benutzung der Diskette aufgenommen, die Sie auf der DOS-Ebene mit dem Befehl *TYPE HINWEISE* auf Ihrem Bildschirm auflisten, oder mit dem Befehl *COPY HINWEISE PRN* auf dem Drucker ausgeben können.

Wie alle Textdateien können Sie **HINWEISE** auch als Frame innerhalb von Framework laden.